高等院校**计算机**
基础课程新形态系列

Python

程序设计基础教程

微课版

代崴 王方 / 主编

人民邮电出版社
北 京

图书在版编目（CIP）数据

Python 程序设计基础教程：微课版 / 代崴，王方主
编. -- 北京：人民邮电出版社，2024. --（高等院校
计算机基础课程新形态系列）. -- ISBN 978-7-115
-65011-5

Ⅰ. TP311.561

中国国家版本馆 CIP 数据核字第 2024688YQ6 号

内 容 提 要

本书是一本系统、实用、易学的 Python 入门教材。全书围绕 Python 3 的核心知识点，按照 Python 编程的学习逻辑逐步展开讲解，采用"理论讲解+基础示例+实战运用"的思路组织内容。全书共 9 章，第 1~4 章为基础篇，介绍 Python 开发环境搭建、语法基础、控制结构和常用数据结构等内容；第 5~7 章为提高篇，介绍 Python 自定义函数、文件操作和面向对象编程等内容；第 8、9 章为应用篇，介绍 Python GUI 编程和数据库编程。

本书注重实战应用，每个重要知识点都配有实战案例，帮助读者将理论知识转化为实践编程能力。同时，本书还提供了丰富的配套资源，包括微课视频、PPT 课件等，方便读者学习和复习。

本书难度适中，既可作为应用型高等院校程序设计课程的教材，也可作为计算机等级考试的参考书。

◆ 主　编　代　崴　王　方
　 责任编辑　张　斌
　 责任印制　陈　犇

◆ 人民邮电出版社出版发行　　北京市丰台区成寿寺路 11 号
　 邮编　100164　电子邮件　315@ptpress.com.cn
　 网址　https://www.ptpress.com.cn
　 三河市祥达印刷包装有限公司印刷

◆ 开本：787×1092　1/16
　 印张：14.5　　　　　　　　　2024 年 8 月第 1 版
　 字数：418 千字　　　　　　　2024 年 8 月河北第 1 次印刷

定价：59.80 元

读者服务热线：(010)81055256　印装质量热线：(010)81055316
反盗版热线：(010)81055315
广告经营许可证：京东市监广登字 20170147 号

近年来，随着人工智能、大数据等技术的发展，Python 以其简洁、易读和强大的功能特性，在众多领域大放异彩。作为人工智能领域的首选语言，Python 凭借其丰富的库和框架，大大简化了机器学习和深度学习算法的实现工作；在大数据处理方面，Python 高效的数据处理能力和强大的数据分析库，让数据处理变得高效而精准；在科研领域，Python 的灵活性和扩展性使其成为科研工作者的得力助手。此外，Python 在 Web 服务、桌面应用、游戏开发、自动化等领域也有着广泛的应用。

随着 Python 的普及和应用领域的不断扩展，越来越多的人开始关注并学习这门语言，教育部考试中心在 2017 年宣布将 Python 纳入全国计算机等级考试科目。Python 是一门优雅、简洁的编程语言，无论是计算机相关专业的初学者，还是希望利用编程提高工作效率的职场人士，抑或是对人工智能、大数据等领域充满好奇的探索者，将 Python 作为编程入门语言，都是绝佳的选择。

本书旨在为读者提供系统、全面的 Python 入门指导，力求做到循序渐进、由浅入深。每章紧扣 Python 编程的核心知识点，通过短小精悍的基础示例演示语法的作用和使用要点，帮助读者逐步建立起 Python 编程的逻辑思维和养成良好的编程习惯。同时，本书注重理论与实践的结合，对于重要的知识点都提供了一个专项实战案例，这些案例均提炼自实际需求，且提供相应的提示板块，读者可以选择阅读不同级别的提示，并根据提示完成后续部分，在实际操作中巩固所学知识，提升编程能力。此外，本书内容涵盖 Python 二级考试高频考点，并在第 1～7 章末尾对该章出现的考点进行梳理，明确相关知识点及应掌握的技能，帮助读者为考试做好准备。书中的部分重难点和案例提供了微课视频，读者扫描二维码即可查看。

全书共 9 章，分为基础篇（第 1～4 章）、提高篇（第 5～7 章）、应用篇（第 8～9 章），主要内容如下。

第 1 章：介绍 Python 的特点和应用，指导读者完成 Python 集成开发环境（IDE）的搭建。

第 2 章：讲解 Python 语法基础，包括变量、数据类型、运算符等，帮助读者奠定编程基础。

第 3 章：介绍 Python 的选择结构和循环结构等，帮助读者掌握编写逻辑清晰的代码的技巧。

第 4 章：介绍 Python 重要的数据结构，包括字符串、列表、集合和字典等，帮助读者掌握数据的高效存储与操作方法，提升数据处理能力。

第 5 章：介绍函数的定义与调用，帮助读者了解函数参数的传递机制，掌握通过函数复用代码，提高编程效率的技巧。

第 6 章：介绍使用 Python 操作文件的方法，包括文本文件和 CSV 文件的操作，以及目录的遍历与管理等，使读者能够轻松处理文件数据。

第 7 章：开启面向对象编程之旅，介绍类的定义与对象的使用，以及封装、继承和多态等面向对象编程的特性等。

第 8 章：探索 Python GUI 编程，使用 tkinter 库创建图形用户界面，实现窗口、按钮、文本框等控件的创建与交互，设计具有良好交互功能的桌面应用。

第 9 章：了解 Python 数据库编程，学习 sqlite3 模块的基本操作，包括数据库的创建，表的定义，数据的增、删、改、查等。

本书提供的配套资源包括教学大纲、PPT 课件、源代码、课后习题解析、微课视频及题库，读者可登录人邮教育社区（www.ryjiaoyu.com）下载。

全书由代崴负责统稿工作，其中第 1 章和第 9 章由王方编写，第 2～8 章由代崴编写。感谢李明明老师和万盛萍老师的审阅与宝贵建议，感谢袁浩同学协助资料的整理和示例的测试工作。本书在编写过程中得到文华学院各级领导的大力支持及帮助，在此表示衷心的感谢。

由于编者水平有限，书中难免存在疏漏之处，由衷地希望读者能够拨冗指正并通过编者联系方式进行反馈和交流。编者电子邮箱：daiw2024@163.com。

编者

2024 年 4 月

基础篇

第 1 章 Python 概述与环境配置

导言

Python 是一种功能强大、易于学习的编程语言，广泛应用于网络爬虫、数据分析、Web 服务等领域。本章首先介绍 Python 的历史、现状、特点及其应用领域，然后讲解下载与安装 Python 的步骤和扩展包的管理，最后对 Python 的编程方式和常用 IDE 进行说明。

通过阅读本章，读者将对 Python 有初步了解，为后续学习打下坚实基础。

学习目标

知识目标	<ul><li>了解：Python 历史、现状、特点、应用领域、常用 IDE</li><li>理解：Python 的编程方式</li><li>掌握：Python 安装步骤，pip 工具使用方法，IDLE 和 PyCharm 基本使用方法</li></ul>
能力目标	<ul><li>能够正确搭建和配置 Python 开发环境</li><li>能够使用 pip 工具管理第三方库</li><li>能够选择合适的 IDE 进行后续课程学习</li></ul>

1.1 初识 Python

Python 作为一门易上手的编程语言，目前广泛应用于各个领域。了解 Python 的历史、现状、特点和应用领域，是掌握这门语言的第一步，本节将对这些内容进行介绍。

1.1.1 Python 历史和现状

Python 由荷兰程序员吉多·范罗苏姆（Guido van Rossum）设计。第一个 Python 解释器发布于 1991 年，使用 C 语言实现，彼时 Python 已能调用 C 语言动态库，支持列表、字典等核心数据结构、函数、异常处理、类，并且能够通过导入模块的方式拓展系统。

Python 最初由吉多独立开发，随后他建立了核心团队以实现持续维护和发展。Python 的流行得益于两个关键因素：其一，硬件技术的突破降低了硬件资源对编程技术的制约，程序员越来越关注编程语言的易用性，Python 隐藏了许多底层细节，程序员可以将更多精力集中在业务逻辑的实现，这一设计吸引了大批使用者，使 Python 迅速流行起来；其二，互联网的普及为开源软件的发展和 Python 社区的形成奠定了基础，吉多坚持 Python 的开放性，不同领域的开发者可以将各自的专业知识和需求带入 Python 的开发中，不断地扩展和改进 Python 的功能。

Python 有 2.x 和 3.x 两个主要版本。

Python 2.x 是早期版本，已在 2020 年 1 月 1 日终止支持。Python 2.6 和 Python 2.7 作为过渡版本，除了支持 Python 2.x 语法外，还支持部分 Python 3.0 语法，以便用户将代码迁移到 Python 3.x。

Python 3.x 是 Python 当前的主流版本。Python 3.0 于 2008 年 12 月发布，相比 Python 2.x，Python 3.x 在语法上更加清晰和现代化，并引入了一些新的功能，在设计时不考虑向下兼容，因此许多针对早期 Python 版本设计的程序无法在 Python 3.x 上正常运行。

经过多年的发展和演变，Python 已经成为功能强大、易学易用且应用广泛的编程语言，接连摘得 TIOBE 年度编程语言称号。尽管 Python 还存在一些不足，例如 Python 的性能可能不如某些编译型语言（如 C++），以及某些设计和实现决策引发了争议和批评，但它的未来发展仍然非常值得期待。

1.1.2　Python 特点

Python 作为开源、跨平台、解释型高级编程语言，其主要特点如下。

1. 简单易学

Python 语法简洁清晰，易于理解和学习，内置强大的函数和模块以及丰富的第三方扩展包，开发人员可以快速构建出高质量的应用程序。

2. 面向对象

Python 支持面向对象编程，允许用户以"对象"为基础组织程序，这有助于构建复杂的软件系统，并使代码的可重用性和可维护性得到保证。

3. 可移植

Python 支持跨平台运行，可移植性强，开发人员可以方便地在不同平台上开发和部署 Python 应用程序。

4. 丰富的库

Python 的开源特性令其拥有庞大的开发社区和丰富的库，涵盖数据分析、人工智能、自动化、游戏等众多领域，这些库为开发人员提供了更多的选择和支持，使 Python 在解决各种问题时更加灵活和强大。

库（Library）指的是一组相关的模块集合，它们提供了一系列函数、类和方法，用于解决特定领域或问题。模块（Module）指的是包含 Python 代码的文件，它是组织和管理代码的基本单元，可以包含函数、类、变量和语句等。平时说的库既可以是一个模块，也可以是多个模块。

5. 可扩展

Python 具有很强的可扩展性，可以通过 C、C++等语言进行扩展，也可以通过模块和库来增强其功能。这使 Python 可以轻松地与其他技术集成，并满足不断变化的应用需求。

6. 可嵌入

Python 可以嵌入其他应用程序，为这些应用程序提供脚本编程的能力。这使 Python 可以与其他技术进行深度集成，从而扩展其应用领域。

Python 的这些特点使其具有很强的模块化和集成化的能力，易与其他语言编写的代码、库和框架进行集成，因此 Python 也被称为连接不同系统和应用程序的"胶水语言"。

1.1.3　Python 应用领域

1．Web 开发

Python 提供了强大的基础库和丰富的 Web 框架，例如 Django、Flask、Tornado 等，利用这些 Web 框架可以快速、安全地构建 Web 应用。

2．游戏开发

Python 可用于游戏开发。例如，PySoy 是一个适用于 Python 的 3D 游戏引擎，它将渲染、物理、动画和网络紧密结合在一起；pygame 则提供了开发 2D 游戏的基本功能和库。

3．桌面应用程序

Python 的内置模块 tkinter 及第三方界面库 wxPython、PyQt 等，支持在多个平台创建 Python 桌面应用。

4．网络爬虫

Python 拥有成熟的网络爬虫工具和框架，如 Requests、Scrapy 和 pyspider 等。

5．数据库

Python 内置的 sqlite3 模块能够操作 SQLite3 数据库，这是一个广泛应用于桌面程序、嵌入式设备、中小型网站、数据分析等场景的文件数据库。此外，Python 还能通过 pyodbc、mysql-connector-python 等扩展库操作 SQL Server、MySQL 等大型数据库。

6．云计算

Python 是云计算开发的重要语言之一，特别是在 OpenStack 框架的开发中得到了广泛应用。

7．自动化

Python 在自动化领域的应用非常广泛，例如使用 Ansible、SaltStack 等可以轻松地与操作系统进行交互，简化自动化运维的工作流程。Python 与 Selenium、Appium 等自动化测试工具集成，可以模拟用户操作进行 Web 应用程序和移动应用程序的测试，生成详细的测试报告，包括测试用例的执行情况、失败原因和异常信息等。Python 还可以用于自动化各种流程，包括数据处理、文件操作、数据迁移等，提高工作效率和质量。

8．科学计算与数据分析

Python 在数据处理领域有着广泛的应用，SciPy 库是用于科学计算的重要工具包，提供了许多数学算法，可以用于信号处理、图像处理、统计推断等各种科学计算任务。使用 NumPy、pandas 等库可以完成数据清洗、数据转换等任务。Matplotlib 等库提供了各种绘图工具，可用于绘制折线图、散点图、条形图、饼图以及更加复杂的三维图形和动画效果。

9．机器学习与人工智能

Python 拥有丰富的机器学习库和框架，如 Scikit-learn、TensorFlow、Keras 和 PyTorch 等，这些库和框架提供了各种算法和工具，使机器学习的开发变得更加高效和便捷。

1.2　Python 下载与安装

截至 2023 年 11 月，Python 最新的稳定版本为 3.12。由于 Python 3.x 并不向下兼容 Python 2.x，建议下载较新的 Python 3.x 版本学习。本书使用 Python 3.12.0 进行讲解。

1.2.1 下载 Python 安装包

进入 Python 官网下载与操作系统匹配的安装包，本书使用的是 Windows 11 操作系统，选择【Downloads】-【Windows】，进入下载页面，如图 1-1 所示。

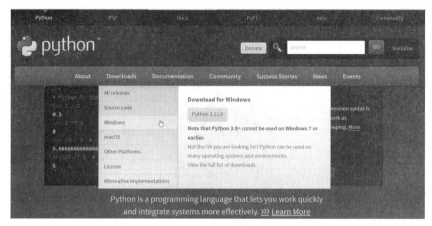

图 1-1　Python 官网下载页面

选择 3.12.0 版本后，单击 "Download Windows installer (64-bit)" 链接，如图 1-2 所示。读者需要根据实际使用的操作系统选择相应的版本。

图 1-2　选择安装文件

1.2.2 安装 Python

下载 Python 安装包后双击安装程序 python-3.12.0-amd64.exe，进入 Python 安装界面，如图 1-3 所示。

图 1-3　Python 安装界面

5

本界面各部分信息说明如下。

1. 权限设置

勾选"Use admin privileges when installing py.exe"复选框，确保安装过程中有足够的权限。

2. Path 环境变量设置

勾选"Add python.exe to PATH"复选框可以将 Python 的安装路径加入 Windows 系统环境变量 Path，之后可以方便地在命令行中启动 Python 解释器，以及导入和使用 Python 库。

3. Install Now

单击"Install Now"按钮，Python 3.12.0 将会安装至默认路径，如图 1-4 所示。

4. Customize installation

单击"Customize installation"按钮，则可以自定义 Python 安装位置和需要的工具，可选的配置如图 1-5 所示。

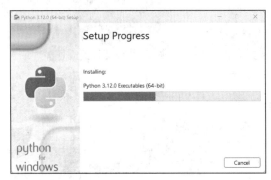

图 1-4　Python 3.12.0 正在安装中

图 1-5　可选的配置

可根据需要选择是否安装某个组件。其中，"pip"是管理 Python 扩展包的工具，"tcl/tk and IDLE"包含 Python 内置的图形界面编程模块 tkinter，以及集成开发环境（Integrated Development Environment，IDE）IDLE。

配置好后单击"Next"按钮进入高级选项配置界面，在这里可以修改 Python 的安装路径，如图 1-6 所示。

配置好文件关联、快捷方式、Path 环境变量、安装路径等内容后，单击"Install"按钮开始安装。安装成功的界面如图 1-7 所示。

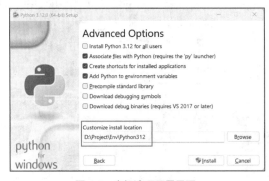

图 1-6　高级选项配置界面

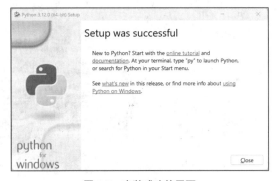

图 1-7　安装成功的界面

安装后的目录文件如图 1-8 所示。其中，python.exe 是 Python 的解释器，用于解释和执行 Python 代码，它将 Python 代码转换为机器能够理解和执行的指令。

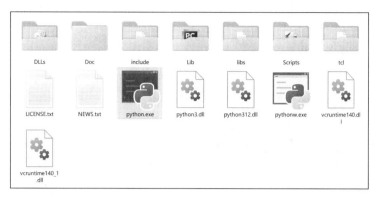

图 1-8　安装后的目录文件

1.3　Python 扩展包的管理

Python 社区的生态系统非常活跃，有大量的扩展包可选择，可以帮助开发者快速解决问题、实现所需功能。如果想在本地 Python 开发环境中使用扩展包，可使用 Python 的包管理器 pip 来安装、卸载和升级扩展包。

1.3.1　安装扩展包

1. 打开 Windows 命令提示符窗口

通过"Win+R"组合键调出"运行"对话框，在"打开"文本框中输入"cmd"后按"Enter"键，如图 1-9所示，可打开命令提示符窗口。

2. 输入安装命令

pip 安装指令格式如下：

```
pip install package_name
```

其中"package_name"是要安装的包的名称，如果要安装的包依赖其他包，pip 会自动下载安装依赖包。

图 1-9　通过"运行"对话框打开命令提示符窗口

图 1-10 展示了安装 Numpy 包的命令和过程，安装完成后会提示安装成功。

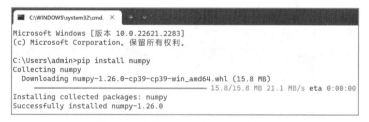

图 1-10　安装 Numpy 包的命令和过程

3. 指定镜像网站下载

可在安装指令中使用命令行参数"-i"指定镜像网站：

```
pip install 库名 -i 镜像网站url --trusted-host 域名
```

例如从阿里云镜像下载速度更快，可输入以下命令：

```
pip install numpy -i http://mirrors.aliyun.com/pypi/simple --trusted-host mirrors.aliyun.com
```

4. 指定版本号下载

如果需要某个包的特定版本，可以指定版本号，例如下列指令将安装 1.13.0 版本的 Numpy 而非最新版本：

```
pip install numpy==1.13.0
```

5. 使用离线安装包

如果下载了离线安装包，也可以通过 pip 安装。例如已经下载了 Numpy 包的离线安装文件"numpy-1.23.2-pp38-pypy38_pp73-win_amd64.whl"，可执行下列命令进行安装：

```
pip install numpy-1.23.2-pp38-pypy38_pp73-win_amd64.whl
```

1.3.2 卸载扩展包

如果不再需要某个扩展包，可以将其卸载，命令格式为：

```
pip uninstall package_name
```

例如卸载 Numpy 包，可运行如下命令：

```
pip uninstall numpy
```

1.3.3 更新扩展包

如果需要更新已安装的扩展包，以获取最新的功能或修复漏洞，可运行如下命令：

```
pip install --upgrade package_name
```

这个命令可以将指定的扩展包更新到最新版本。

1.4　Python 编程方式

Python 是一种解释型编程语言，这意味着 Python 代码在执行时，由 Python 解释器读取每行代码，然后立即执行它。解释型语言的执行方式与编译型语言有明显不同，后者（如 C 或 C++）要先将源代码编译成二进制机器码再执行。虽然解释型语言在执行速度上可能不如编译型语言，但现代解释器通过即时编译和其他优化技术，能够显著提高性能。

Python 支持脚本式编程和交互式编程两种编程方式。

1.4.1　脚本式编程

在脚本式编程中，需要将 Python 代码写在以 ".py" 为扩展名的脚本文件中，然后调用解释器执行脚本文件，直到脚本中的所有代码执行完毕。

通过 "Win+R" 组合键调出 "运行" 对话框，在 "打开" 文本框中输入 "notepad" 后按 "Enter" 键，打开记事本工具。在编辑区中输入图 1-11 所示的语句，该语句使用了 Python 内置的函数 print()，其作用是在命令提示符窗口中输出圆括号内的信息。注意，单引号必须是英文字符。

图 1-11　在记事本中编写 Python 代码

将其命名为"demo1_1.py",如图 1-12 所示,具体保存路径可自行规划,本书将脚本文件保存在"D:\src\chapter01\"目录下。

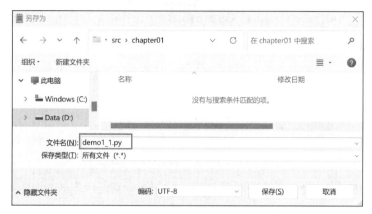

图 1-12　保存为脚本文件 demo1_1.py

在命令提示符窗口中执行 Python 脚本文件:

`python 脚本文件完整路径`

该命令会运行 Python 解释器,即 Python 安装目录下的 python.exe 程序,解释并执行指定脚本文件中的代码。图 1-13 展示了运行 demo1_1.py 脚本文件的命令以及运行结果。

图 1-13　调用 Python 解释器解释并执行脚本文件 demo1_1.py

1.4.2　交互式编程

在命令提示符窗口中输入"python"后按"Enter"键即可启动交互式编程,如图 1-14 所示。

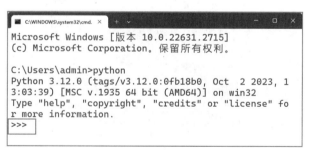

图 1-14　启动 Python 交互式编程

Python 交互式编程的标志是最左边的">>>",这是 Python 命令行的提示符,表示 Python 解释器正等待用户输入 Python 语句。用户可以在提示符之后输入想要执行的语句,然后按"Enter"键,该语句会立即提交到 Python 解释器执行,执行结果即时返回显示。注意,提示符">>>"不需要用户输入。

输入语句"5+10",按"Enter"键后 Python 解释器会立即执行该语句,将计算结果 15 返回并显示在下一行，然后显示提示符"＞＞＞"继续等待用户输入，如图 1-15 所示。

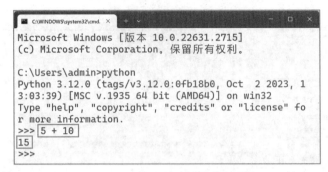

图 1-15　Python 交互式编程执行语句

在交互式编程中，可以逐行输入并执行 Python 代码，非常适合测试和调试。

1.5　Python 集成开发环境

IDE 是综合性开发工具，一般包括代码编辑器、编译器、调试器和其他辅助工具，提供代码提示和自动补全、代码调试、项目和文件管理、协作开发等高级功能，使开发人员能更方便地编写、测试和共享代码，提高开发效率和代码质量。

Python 常用的 IDE 有 PyCharm、IDLE、Spyder、Anaconda、VS Code 等，本节介绍 Python 自带的 IDLE 和目前广泛应用于项目开发的 PyCharm。

1.5.1　IDLE

Python 自带的 IDLE 是一个简洁的 IDE，具备基本的 IDE 功能，支持交互式编程和脚本式编程，提供基本代码编辑、语法高亮和程序调试等功能。

1. 启动 IDLE

选择"开始"菜单中的 IDLE 命令，如图 1-16 所示，即可运行 IDLE 程序。

图 1-16　选择 IDLE 命令

2. 在 IDLE 中进行交互式编程

IDLE 运行后的主窗口如图 1-17 所示，默认处于交互式编程模式，用户可以在命令提示符"＞＞＞"之后输入 Python 语句。图中执行的语句完成了一次人机交互：首先通过 input()函数提示用户输入称呼，并将输入的称呼"Python 新手"存入变量 name，然后通过 print()函数输出问候信息（本例中出现的术语将在后续内容讲解，第 2 章介绍变量以及 input()、print()的用法，第 5 章介绍函数）。

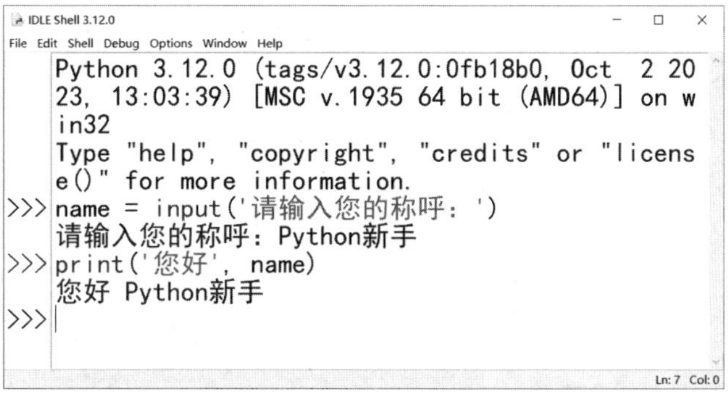

图 1-17　IDLE 主窗口

3. 在 IDLE 中编写脚本文件

通过"File"→"New File"命令打开一个标题为"untitled"的窗口，可在其中编写脚本文件，如图 1-18 所示。

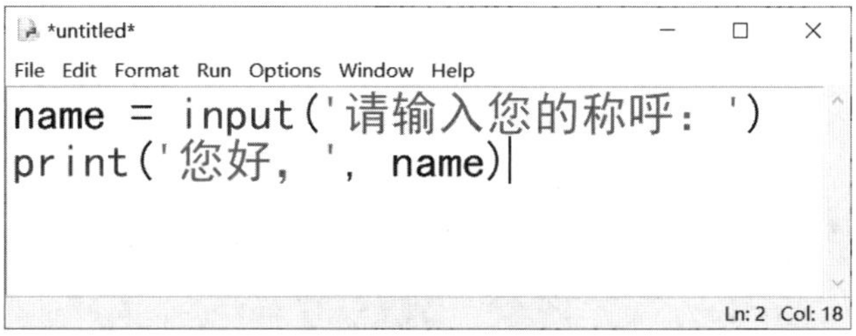

图 1-18　在 IDLE 中编写脚本文件

没有保存的脚本文件不能运行，因此先将该脚本文件保存为"demo1_2.py"。选择"Run"→"Run Module"命令或者按"F5"键，IDLE 会自动调用 Python 解释器执行该脚本文件，执行的结果将显示在 IDLE 主窗口中，如图 1-19 所示。"RESTART: D:\src\chapter01\demo1_2.py"下面是解释器执行 demo1_2.py 脚本后的结果。

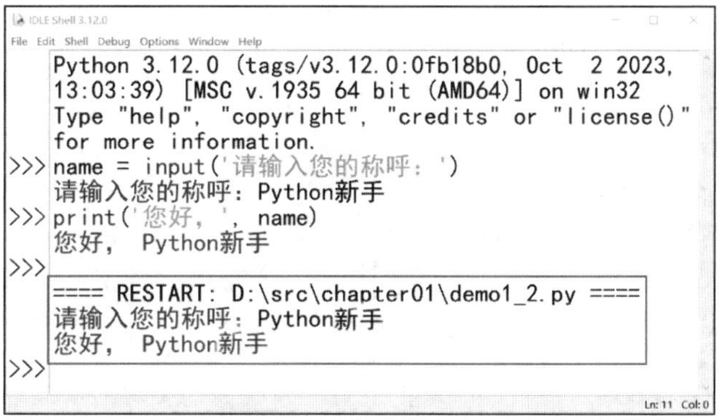

图 1-19　在 IDLE 主窗口中显示运行结果

1.5.2　PyCharm

PyCharm 是 JetBrains 公司开发的专业级 IDE，提供一个可配置的编辑器，支持项目管理、代码补全、语法高亮、代码折叠、代码跳转、调试、单元测试、版本控制等功能。PyCharm 分社区版和专业版，相比免费的社区版，付费的专业版提供更多高级功能，例如支持 Python Web 框架、数据库开发等。本书后续示例均在 PyCharm 中编写、测试运行，接下来将介绍 PyCharm 社区版 2023.2.5 的安装及其基本使用方法。

1. 下载 PyCharm 社区版

进入 PyCharm 官网，如图 1-20 所示，在页面下方的"社区版"中，下载符合自己操作系统的应用程序。

图 1-20　PyCharm 官网下载页面

2. 安装 PyCharm

双击下载好的安装文件 pycharm-community-2023.2.5.exe 开始安装，整个过程基本不需要特殊配置，安装向导界面如图 1-21～图 1-26 所示，安装结束后需要重启计算机完成安装。

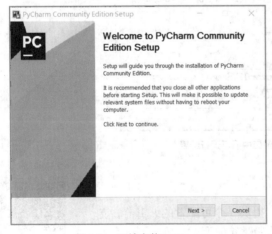

图 1-21　开始安装 PyCharm

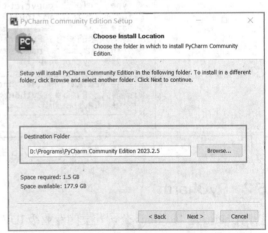

图 1-22　配置安装路径

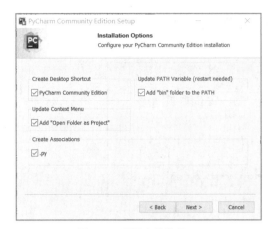

图 1-23　配置安装选项

图 1-24　选择开始菜单文件夹

图 1-25　PyCharm 安装中

图 1-26　安装完成，立刻重启

3. 启动 PyCharm

双击桌面的 PyCharm 图标，启动 PyCharm，第一次启动的窗口如图 1-27 所示。

图 1-27　PyCharm 第一次启动的窗口

选择左侧的"Customize"选项，对程序的界面主题色、字号大小等进行简单配置，如图 1-28 所示。

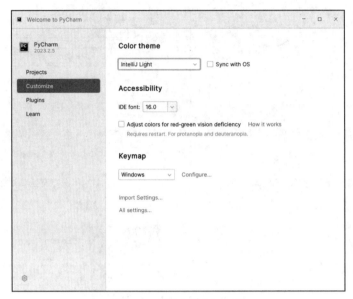

图 1-28　更改主题色和字号

4. 创建项目

在 PyCharm 中，项目管理是基于文件夹的，一个项目就是一个文件夹，项目中的脚本文件和子目录都存放在对应的文件夹中。在图 1-28 所示界面中选择左侧的"Projects"选项，单击右侧的"New Project"按钮，进入"New Project"窗口，如图 1-29 所示，准备创建第一个 PyCharm 项目。

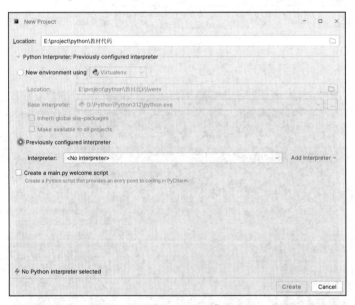

图 1-29　"New Project"窗口

在"New Project"窗口中，"Location"用于配置新项目的存放路径，图中的配置表示新项目名为"教材代码"，对应存放的文件夹为"E:\project\python\教材代码"。

"Location"下方的"Python Interpreter"用于配置该项目使用的 Python 解释器，有两个选择："New

environment using"需要配置虚拟环境，本书使用"Previously configured interpreter"，也就是 1.2.2
小节介绍的安装在操作系统中的 Python 解释器。

　　首次创建项目时需要配置已安装的解释器的位置。单击右侧的"Add Interpreter"→"Add Local
Interpreter"按钮，在弹出的"Add Python Interpreter"窗口中，选择左侧的"System Interpreter"选
项，如图 1-30 所示，在窗口右侧可以看到，自动发现了已经安装的 Python 的解释器。

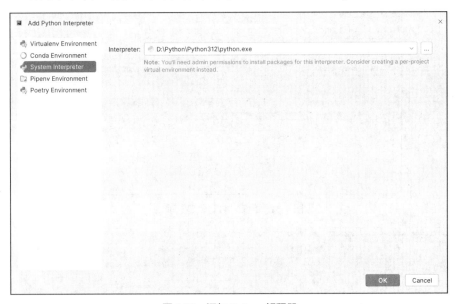

图 1-30　添加 Python 解释器

　　如果这里没能自动发现，可以单击最右侧的"..."按钮，进入 Python 的安装目录，手动选择
python.exe 添加，如图 1-31 所示。

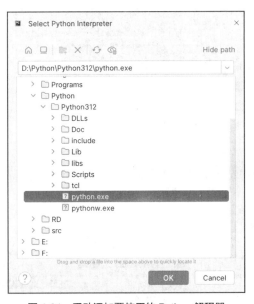

图 1-31　手动添加要使用的 Python 解释器

　　单击"OK"按钮返回，配置好项目使用的解释器，如图 1-32 所示。单击下方的"Create"按钮
将创建一个名为"教材代码"的项目，并进入 PyCharm 的工作界面，如图 1-33 所示。

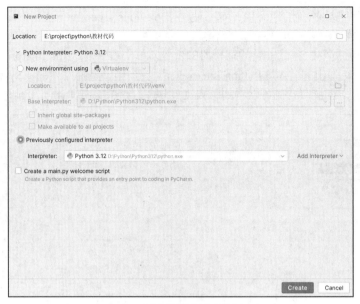

图 1-32 创建"教材代码"项目

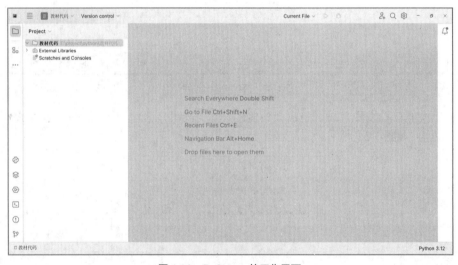

图 1-33 PyCharm 的工作界面

5. 在项目中添加子目录

此时项目还是空的，选中左侧 Project 栏的项目名称，单击鼠标右键，在弹出的快捷菜单中选择 "New" → "Directory" 命令，如图 1-34 所示。

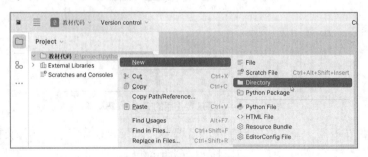

图 1-34 创建子目录的菜单

在弹出的窗口中填入子目录名，按"Enter"键即可创建一个子目录，如图 1-35 所示。

图 1-35　创建 chapter01 子目录

6. 在项目中添加脚本文件

选中项目树中的目录 chapter01，单击鼠标右键，在弹出的快捷菜单中选择"New"→"Python File"命令，如图 1-36 所示。

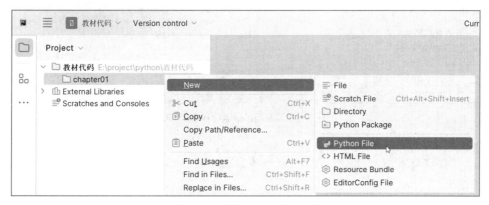

图 1-36　创建 Python 脚本文件

在弹出的窗口中填入 Python 脚本文件名，按"Enter"键即可创建脚本文件，如图 1-37 所示。

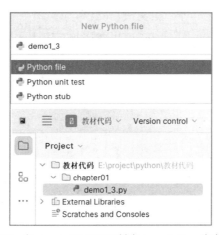

图 1-37　在 chapter01 目录下创建 demo1_3.py 脚本文件

7. 编辑和运行脚本文件

双击创建好的脚本文件 demo1_3.py，PyCharm 会在右侧的编辑区将它打开，在编辑区输入图 1-38 所示的代码段。

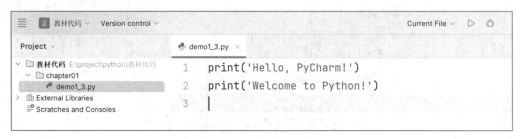

图 1-38　编辑 demo1_3.py

可以通过以下 3 种方式运行 demo1_3.py。

（1）单击图 1-38 左上角的图标 ☰ 显示应用菜单，选择"Run"→"Run 'demo1_3.py'"命令运行 demo1_3.py，如图 1-39 所示。

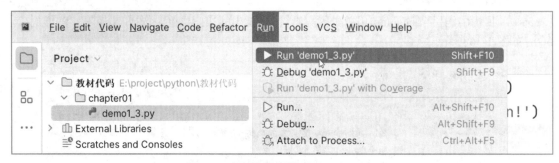

图 1-39　通过应用菜单运行 demo1_3.py

（2）单击图 1-38 右上角的图标 ▷ 运行 demo1_3.py。

（3）在工作区内单击鼠标右键，在弹出的快捷菜单中选择"Run 'demo1_3'"命令运行 demo1_3.py，如图 1-40 所示。

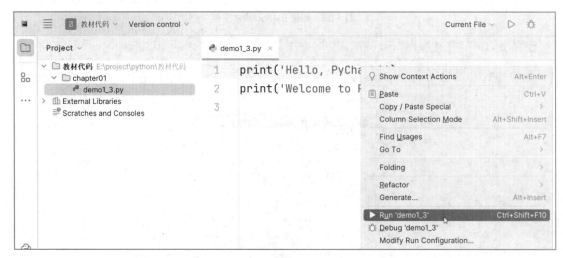

图 1-40　通过右键菜单运行 demo1_3.py

运行结果将呈现在 **PyCharm** 编辑区下方，如图 1-41 所示，第 1 行是 PyCharm 调用 Python 解释器执行 demo1_3.py 的命令，第 2 行和第 3 行显示了两个 print()函数输出的信息，第 4 行表示程序结束且退出码为 0，说明程序是执行完毕后正常退出的。

图 1-41 demo1_3.py 的运行结果

8. 进行交互式编程

PyCharm 中也可以进行交互式编程，单击程序界面左侧边下方的 ⏎ 按钮，进入"Python Console"，在这里可以进行交互式编程。输入图 1-42 所示的语句，按"Enter"键后 PyCharm 将立即执行"3+3"并显示计算结果 6。注意，在"Python Console"内进行交互式编程是独立的，与在编辑区编辑、运行脚本文件是互不干涉的。

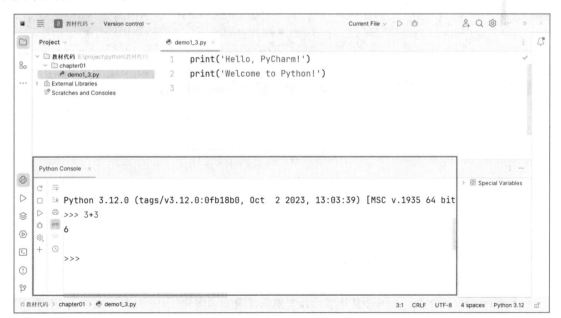

图 1-42 在 PyCharm 中进行交互式编程

本章小结与知识导图

本章概述了 Python 的历史、现状、特点及其应用领域，介绍了 Python 的下载与安装、包管理工具 pip、Python 的编程风格以及常用 IDE。

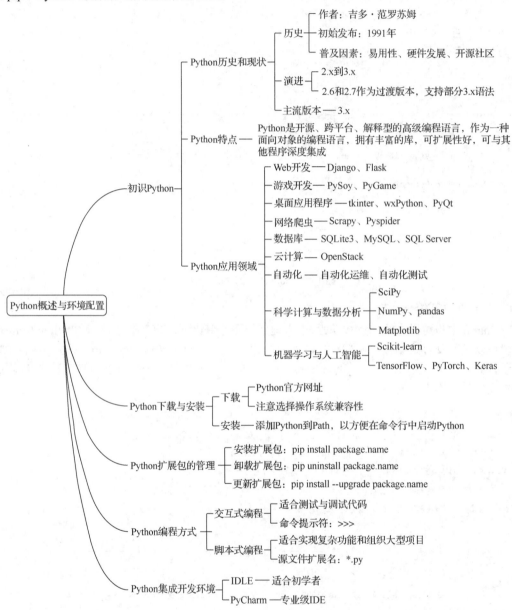

习题

一、选择题

1. Python 最初是由（　　）设计的。
   - A. Guido van Rossum
   - B. John Resig
   - C. Dennis Ritchie
   - D. Tim Berners-Lee

2. 以下不是 Python 主要应用领域的是（　　）。
   - A. 网络爬虫
   - B. 数据科学
   - C. 桌面应用开发
   - D. 实时系统

3. 安装 Python 时，通常会同时安装一个名为 pip 的工具，它的作用是（　　）。
   - A. 编写 Python 代码
   - B. 运行 Python 程序
   - C. 管理 Python 的第三方库
   - D. 调试 Python 代码

4. Python 当前的主流官方版本是（　　）。
   - A. Python 2
   - B. Python 3
   - C. Python 2 和 Python 3
   - D. 没有官方版本

5. 下列编程工具中，（　　）不是专门用于 Python 开发的。
   - A. PyCharm
   - B. Spyder
   - C. Anaconda
   - D. Eclipse

6. 有关 Python 支持的编程方式，说法错误的是（　　）。
   - A. 在 Python 命令行中逐行输入代码并立即执行是交互式编程
   - B. 将 Python 代码保存在文件中，并通过命令行运行该文件是脚本式编程
   - C. 在 IDE 中无法进行交互式编程，只能进行脚本式编程
   - D. Python 交互式编程的命令提示符是 ">>>"

7. 以下关于 Python 的描述中，错误的是（　　）。
   - A. 对于需要更高执行速度的功能，如数值计算和动画，Python 可以调用 C 语言编写的底层代码
   - B. Python 语法简洁，易于学习，适合快速开发
   - C. Python 是解释执行型语言，因此执行速度比编译型语言慢
   - D. Python 是脚本语言，仅限于快速编写简单的脚本和自动化任务

二、简答题

1. 简述 Python 的特点。
2. 简述 Python 交互式编程和脚本式编程的区别。
3. 为什么 Python 被叫作"胶水语言"？

三、实践题

1. 参照 1.2 节，搭建 Python 开发环境。
2. 参照 1.5.1 小节，在 IDLE 中输入范例代码，体验 Python 交互式编程和脚本式编程。
3. 参照 1.5.2 小节，安装 PyCharm，创建项目并输入范例代码运行，学习 PyCharm 的基本使用方法。
4. 表 1-1 中列出了一些第三方库，参照 1.3 节，选取其中的 2～3 个库，执行在线安装、离线安装、卸载、更新等操作，并自行查阅相关资料对这些库做进一步了解。

表 1-1　第三方库

第三方库	说明
PyInstaller	将 Python 源文件打包成可直接运行的可执行文件，使 Pyhton 程序在没有安装 Python 环境的机器上也可以运行
jieba	用于中文分词，可将一段中文文本分隔成多个中文词语序列
wordcloud	用于生成词云，可视化文本数据中的关键词，常用 jieba 库等做分词处理，再生成词云
Requests	用于网络爬虫
Scrapy	
pyspider	
NumPy	用于数据分析
pandas	
SciPy	
PDFMiner	用于文本处理
python-docx	
beautifulsoup4	
Matplotlib	用于数据可视化
seaborn	
Mayavi	
PyQt/PySide	用于 GUI 程序开发
wxPython	
PyGTK	
Scikit-learn	用于机器学习
TenserFlow	
PyTorch	
Django	用于 Web 应用开发
Pyramid	
Flask	
pygame	用于游戏开发
Panda3D	
Cocos2D	

第 2 章　Python 语法基础

导言

任何一种编程语言都有自己的语法规范，本节将介绍 Python 的基本语法，包括注释、关键字、变量、数据类型等的含义和使用。通过阅读本章，读者将能更好地理解和编写 Python 代码，为之后学习控制结构、函数等高级内容打下基础。

学习目标

知识目标	● 识记：注释规则、标识符命名规则、常用运算符的含义 ● 理解：Python 的编程结构和语法规则，特别是代码块、缩进等的概念；动态数据类型的含义；模块的概念 ● 掌握：Python 变量的定义和使用方法，基本输入输出函数的使用方法，模块的导入方法
能力目标	● 能够编写符合 Python 风格的源代码，包括正确的缩进、注释和代码块等 ● 能够熟练地创建、修改变量，能够结合算术运算符、赋值运算符、逻辑运算符等进行简单的计算 ● 能够使用基本输入输出函数与用户做简单交互 ● 能够导入和使用 Python 模块，并能够正确引用其他模块中的对象

2.1　Python 源程序的格式框架

Python 源程序的格式框架不是简单的形式要求，而是代码可读、可维护和高效执行的基石。本节将介绍 Python 的注释、代码块与缩进、保留关键字、变量以及数据类型的基本使用规则。

2.1.1　注释

注释用于在源代码中进行注解，例如解释变量、语句、函数、文件等的作用，说明某些较为难懂的算法流程等，以提高代码的可读性和可维护性。在 Python 中，可以使用以下两种注释。

1. 单行注释

单行注释以 "#" 开头，可以单独占一行，也可以跟在某条语句之后。"#" 及其之后的内容都视为注释内容，解释器执行语句时会忽略注释。下面的示例 2-1 中对变量 rect_width 和 rect_height 的含义进行了注解。

【示例 2-1】单行注释。

```
1.    # 以下为矩形的参数
2.    rect_width = 10  # 矩形的宽
3.    rect_height = 15 # 矩形的高
```

2. 多行注释

当注释内容较多、单独一行书写不方便时，可以使用多行注释。多行注释以 3 个引号作为开始和结束，3 个双引号（"""）或 3 个单引号（'''）均可，但它们的实际用途略有不同。

3 个双引号引起来的多行注释，通常用作文档字符串（doc-strings），放在函数、类的内部或文件的开头，注解函数、类、文件的作用和用法，配合 Pydoc、Sphinx 等工具可自动生成源代码的帮助文档，示例 2-2 中给出了源文件、say_hello() 函数的注释信息。

而 3 个单引号引起来的多行注释则放在上述 3 种情况之外的其他位置，示例 2-2 末尾的多行注释解释了最后两条可执行语句的作用。

【示例 2-2】多行注释。

```
1.    """
2.    第 2 章的源代码示例包括：
3.    注释
4.    常量与变量
5.    运算符与表达式
6.    数据类型
7.    """
8.
9.    def say_hello(name):
10.       """
11.       作用：和传入的对象说 Hello
12.       参数：
13.           name - 打招呼的对象的名字
14.       """
15.       print('Hello,', name)  # 先输出 "Hello,"，再输出变量 name 的值
16.
17.    '''
18.    以下是可执行语句，首先定义一个变量 n 并存放名字 "张三"，然后调用函数 say_hello()，并将 n 作为打招呼的对象传给参数 name
19.    '''
20.    n = '张三'
21.    say_hello(n)
```

在示例 2-2 的代码中有一些空行，它们不是必需的，但适当的空行能够提高代码的可读性和可维护性。通常建议在文件头注释和实际代码之间、变量声明和使用之间、不同组的变量声明之间、导入模块的语句之间、类或函数的定义之间、类的方法定义之间、多个逻辑段之间等位置使用空行，以清晰地区分不同的代码块。例如，示例 2-2 的代码第 8 行空行分隔了文件头注释和函数定义，第 16 行空行之后是可直接执行的语句及其说明。本书示例均遵循以上空行使用原则。

2.1.2 代码块与缩进

"代码块"是 Python 程序中的一个重要概念，指作为单元执行的代码段，可以由一条或多条语句组成，也称为"复合语句"，通常用于实现选择结构、循环结构、函数体和类体。

示例 2-3 实现了一个选择结构，if 语句之后的两行代码形成了一个代码块，它们是一个整体、

一个单元，即当变量 score 大于或等于 90 时，输出考核级别和评语，两条输出语句都会执行，而不满足该条件时，两条语句都不会执行。

【示例 2-3】代码块与缩进。

```
1.    score = 92
2.    if score >= 90:
3.        print('优秀')
4.        print('再接再厉，勇攀高峰！')
5.
6.    print('程序结束')
```

如何界定代码块的开始和结束呢？Python 中使用"冒号+缩进"的形式表示代码块的所属关系。如示例 2-3 所示，if 语句的末尾有一个冒号"："，表示该选择结构的开始，其后的两行语句相对于 if 语句都向右缩进了 4 个空格，具有相同缩进量的这两行语句就构成了 if 语句的代码块，而最后一行的 print() 语句没有相对于 if 语句向右缩进，故不属于 if 语句的代码块。

注意，语句之间的空行并不会影响代码块的所属关系，即第 3 行和第 4 行语句之间即使有空行也仍然是一个整体，是属于 if 语句的代码块。

Python 的缩进通常使用 4 个空格表示，虽然制表符 tab 也可以用于缩进，但由于不同编辑器关于制表符的宽度设定不同，尤其是需要跨平台开发的源代码，不推荐使用制表符进行缩进。

缩进可以嵌套使用。如示例 2-4 所示，根据天气和温度给出出行建议，当变量 weather 的值是字符串"sunny"时，执行第 5～8 行的代码块，这是第一层缩进。而第 5～8 行亦是一个选择结构：当变量 temperature 的值大于 30 时，输出"今天很热，记得带伞和防晒霜。"，否则输出"今天很适合外出，享受阳光吧！"。尽管第 5 行 if 分支和第 7 行 else 分支包含的代码块都只有一条输出语句，但这两条输出语句也必须相对于第 5 行的 if、第 7 行的 else 向右缩进，这是第二层缩进。注意，同一层代码块缩进必须是相同的。

【示例 2-4】嵌套的缩进。

```
1.    weather = 'sunny'
2.    temperature = 25
3.
4.    if weather == 'sunny':
5.        if temperature > 30:
6.            print('今天很热，记得带伞和防晒霜。')
7.        else:
8.            print('今天很适合外出，享受阳光吧！')
```

2.1.3　保留关键字

Python 中，有一些单词被赋予了特定含义，这些具有特殊含义和用途的单词就叫作"保留关键字"，开发者不能再用它们命名自己定义的变量、函数、类等编程元素。

Python 的保留关键字共有 35 个，如表 2-1 所示，其中大部分关键字的作用后续内容会涉及，本小节暂不介绍。

表 2–1　Python 的保留关键字

序号	关键字	序号	关键字	序号	关键字	序号	关键字
1	and	6	break	11	elif	16	for
2	as	7	class	12	else	17	from
3	assert	8	continue	13	except	18	global
4	async	9	def	14	FALSE	19	if
5	await	10	del	15	finally	20	import

续表

序号	关键字	序号	关键字	序号	关键字	序号	关键字
21	in	25	nonlocal	29	raise	33	while
22	is	26	not	30	return	34	with
23	lambda	27	or	31	TRUE	35	yield
24	None	28	pass	32	try		

2.1.4 变量

程序的本质就是处理和加工各种数据，在 Python 中，数据体现为对象。Python 对象是具有特定类型和值的数据实体，例如数据 100、'Hello'和 3.14 在 Python 中都是对象，分别属于整型、字符串型和浮点型，并且各自持有整数值、文本内容和浮点数值。

Python 中的变量并不直接存储数据，它只是对象的引用。当在 Python 中创建一个变量并给它赋值时，实际创建的是一个指向内存中某个对象的引用，这个引用允许通过变量名来访问和操作对象，可以将"变量名"理解为对象的"别名"。

当一个变量名第一次出现时，即定义一个新的变量，定义时必须给它一个初始值。其定义语法为：

变量名 = 初始值

如示例 2-5 第 1 行所示，定义了一个新变量 name，但它并不存储字符串'张三'。此时在内存中有一个类型为字符串型、值为'张三'的对象，变量 name 存储的是对该对象的引用。

同理，示例 2-5 中的变量 age、apple_price 也不直接存储整数 18、浮点数 8.50，而是在内存中存在这样两个对象：值为 18 的整型对象、值为 8.50 的浮点数对象，age 和 apple_price 分别存储对这两个对象的引用。

【示例 2-5】定义变量。

```
1.    name = '张三'
2.    age = 18
3.    apple_price = 8.50
```

由于变量实际存储的只是对象的引用，而非对象本身，通过运算符"="可以令已经定义的变量引用其他对象，并且不受对象类型的约束。如示例 2-6 第 4 行所示，apple_price 重新引用了值为7.99 的浮点数对象，第 5 行则引用了值为"7.99 元/斤"的字符串对象。

【示例 2-6】修改变量。

```
1.    # 定义变量 apple_price，初始值引用值为 8.50 的浮点型对象
2.    apple_price = 8.50
3.    # 修改已经定义的变量 apple_price
4.    apple_price = 7.99
5.    apple_price = '7.99元/斤'
```

为了避免烦琐的文字描述，后续内容如非必要，不再强调变量是对象的引用，仅使用"变量"一词介绍。

变量名及后续将要介绍的函数名、类名等都属于标识符，Python 标识符的命名规则如下。

（1）合法字符

Python 标识符必须以英文字母或下画线开始，之后可以使用英文字母、下画线和数字。以下画线开头的标识符在 Python 中有特殊含义，推荐使用有意义的单词作为标识符，多个单词之间用下画线连接。虽然 Python 支持使用汉字作为标识符，但不推荐这么做。

（2）大小写

Python 标识符区分英文字母的大小写，例如 name 和 Name 是不同的变量。

（3）命名冲突

Python 标识符不能与内置关键字相同。

如果开发者自定义的标识符与 Python 内置的或已导入的模块名、函数名、对象名、类型名等重名，会改变这些模块、函数、对象等原本的含义和行为，应避免这种情况。

2.1.5　数据类型

生活中常常出现各种类型的数据，如整数、小数、复数、英文字母、汉字等，不同类型的数据有自己的特点和计算规则。当数据在程序中使用时，"数据类型"决定了数据的性质以及可以对数据执行的操作，使开发者可以准确地存储和处理数据，提高数据安全性。

Python 是动态类型语言，即不用显式地声明数据类型，但这不意味着 Python 没有数据类型，表 2-2 列出了部分 Python 内置的数据类型。

表 2-2　部分 Python 内置的数据类型

数据类型	类型名称		示例	说明
数值类型	int		10 –100 0	整数，可以是正数、负数或 0。Python 的整数没有长度限制，但实际能表示的数值大小受限于系统内存
	float		3.14、–0.91	浮点数，表示带有小数的数据
	complex		1+2j	复数，表示具有实部和虚部的数据
布尔类型	bool		True False	表示逻辑运算的结果：若陈述成立则为 True（真），不成立则为 False（假），如关系运算、逻辑运算等运算的结果，常用于选择结构和循环控制
序列	不可变序列	str：字符串	'' 'c' 'hello!'	序列是以整数作为索引的有限序列集，当一个序列的长度为 n 时，索引集包含数字 0、1、……、$n-1$。序列 a 的元素 i 可通过 a[i] 访问使用。根据可变性，序列可以分为不可变序列和可变序列
		tuple：元组	(1, –5, 7)	
		bytes：字节串	b'hello!'	
	可变序列	list：列表	[1, 2, 6]	
		bytearray：字节数组		
集合	set		{'a', 'b', 'c'}	集合是无序的、不重复的数据容器
字典	dict		{'right' : 4, 'wrong' : 2}	字典是包含键值对的数据容器
空类型	NoneType		None	空类型只有一个取值 None，用于变量不指向任何值或者函数没有返回值的情况

变量的类型取决于它引用对象的类型，可以使用 type()函数获取变量的数据类型，语法格式为：type(变量名)。

如示例 2-7 所示，第 1 行中变量 x 引用值为 10 的整数对象，则 x 的类型应为 int；第 2 行调用 type()函数，将变量名 x 传给该函数，即可得到变量 x 的数据类型，然后通过 print()函数输出。

【示例 2-7】获取变量的类型。

```
1.    x = 10
2.    print(type(x))  # 输出结果：<class 'int'>
```

在 Python 中，不同类型的数据之间可以互相转换。Python 提供了一些函数用于将一种数据类型转换为另一种数据类型，例如 int()函数可以将其他类型的数据转换为整数，float()函数用于将其他类型的数据转换成浮点数，str()函数用于将其他类型的数据转换成字符串，bool()函数用于将其他类型的数据转换成布尔值等。如示例 2-8 所示，第 3 行代码将字符串'10'转换成整数 10，转换成数值类型后才能进行算术运算；第 5 行代码又将 x 的数据类型转换成字符串。

【示例 2-8】转换数据类型。

```
1.   # 默认转换为十进制，如需转换为其他进制，可使用第 2 个参数指定
2.   # 如 int('F10', 16)将字符串'F10'转换为十六进制整数
3.   x = int('10')
4.   x = x + 2
5.   s = str(x)
```

类型转换也可能出现转换失败的情况，例如 int('uy10')将字符串'uy10'转换成整数，由于其中含有十进制无法识别的字符"uy"，转换时会报错。

此外，内置函数 isinstance()可以测试对象是否为指定类型的实例。如示例 2-9 所示，变量 x 初始值为 10，是整型变量，第 2～5 行代码的选择结构里，用 isinstance()函数判断 x 是否为字符串类型的实例：如果 x 是字符串类型的实例，将返回 True，进入 if 分支输出"是字符串"；否则返回 False，进入 else 分支输出"不是字符串"。显然 x 不是字符串，程序将输出"不是字符串"。

【示例 2-9】判断类型实例。

```
1.   x = 10
2.   if isinstance(x, str):
3.       print('是字符串')
4.   else:
5.       print('不是字符串')   # 输出结果：不是字符串
```

2.1.6 对象共享

当把一个变量赋值给另一个变量时，实际是创建了对象的另一个别名。如示例 2-10 所示，当执行第 2 行代码时，b 成为 a 所引用对象的另一个别名，a 和 b 实际引用的是同一个对象。

【示例 2-10】变量给变量赋值。

```
1.   a = 'Hello'
2.   b = a
3.
4.   x = [1, 2, 3]
5.   y = x
6.   x[0] = 0
7.   print(y)  # 输出结果：[0, 2, 3]
```

如果对象是可变数据类型，通过一个变量所做的修改将反映在所有引用该对象的变量上。如示例 2-10 中第 4～7 行所示，x 和 y 都引用列表对象[1, 2, 3]，通过变量 x 将列表第一个元素修改为 0，然后输出变量 y 的值，结果为修改后的数据。

内置函数 id()返回一个对象的唯一标识，是一个整数，通常代表该对象的地址（非实际物理内存地址，而是 Python 运行时环境中标识对象的数值）。由于地址是唯一的，可以使用 id()返回的结果判断两个对象是否同一个。示例 2-11 展示了 id()的使用，它不仅可以接收变量名，也可以接收字面量，运行结果如图 2-1 所示。

【示例 2-11】获取对象的内存地址。

```
1.   x = 10
2.   y = 10
3.   m = 12.5
4.   n = 12.5
5.   s1 = 'Hello'
6.   s2 = 'Hello'
7.   t1 = (2, 4, 6)
8.   t2 = (2, 4, 6)
```

```
9.   l1 = [1, 3, 5]
10.  l2 = [1, 3, 5]
11.  print('10 的地址：', id(10))
12.  print('x 的地址：', id(x))
13.  print('y 的地址：', id(y))
14.  print('12.5 的地址：', id(12.5))
15.  print('m 的地址：', id(m))
16.  print('n 的地址：', id(n))
17.  print('Hello 的地址：', id('Hello'))
18.  print('s1 的地址：', id(s1))
19.  print('s2 的地址：', id(s2))
20.  print('t1 的地址：', id(t1))
21.  print('t2 的地址：', id(t2))
22.  print('l1 的地址：', id(l1))
23.  print('l2 的地址：', id(l2))
```

```
10的地址： 140716889459416
x的地址： 140716889459416
y的地址： 140716889459416
12.5的地址： 2152240950352
m的地址： 2152240950352
n的地址： 2152240950352
Hello的地址： 2152243229296
s1的地址： 2152243229296
s2的地址： 2152243229296
t1的地址： 2152243392000
t2的地址： 2152243392000
l1的地址： 2152241549568
l2的地址： 2152241551424

Process finished with exit code 0
```

图 2-1　示例 2-11 运行结果

对于不可变类型的对象，如 int、float、str、tuple 等，Python 会进行优化。当两个变量被赋予相同的不可变类型的值时，Python 可能会让这两个变量引用内存中已经存在的相同对象，而不是为每个变量创建一个新的对象，这也是图 2-1 中 x 和 y、m 和 n、s1 和 s2、t1 和 t2 地址相同的原因。这种策略有助于减少内存占用，提高程序的效率。

对于可变类型的对象，如 list、dict、set、class 等，每个对象在内存中都有独立的存储空间。图 2-1 中的变量 l1 和 l2 的地址不同，说明解释器创建了两个值为[1, 3, 5]的列表对象，l1 和 l2 分别引用了它们。

2.2　运算符与表达式

运算符和表达式是编程的核心要素，程序通过运算符和表达式进行计算、比较和逻辑判断，从而实现对数据的处理和分析。本节将介绍 Python 运算符和表达式的基本使用。

2.2.1　运算符

在 Python 中，运算符是用来对变量或数据进行算术运算、赋值运算、逻辑运算等各种运算的符号，参与运算的变量或数据称为"操作数"。

1. 算术运算符

算术运算符用于数学运算，可以用圆括号改变算式中运算的优先级，以变量 a=10、b=4 为例，表 2-3 列举了算术运算符的基本使用方法。

表 2-3 算术运算符的基本使用方法

算术运算符		示例	说明
加法	+	print(a + b)	输出结果为 14
减法	–	print(a – b)	输出结果为 6
乘法	*	print(a * b)	输出结果为 40
真实除	/	print(a / b)	输出结果为 2.5，真实除的结果为实数
整数除	//	print(a // b)	输出结果为 2，整数除会将商向下取整
取模	%	print(a % b)	输出结果为 2，即 a 除以 b 的余数
乘方	**	print(a ** b)	输出结果为 10000，即 a 的 b 次方（a^b）

2. 比较运算符

比较运算符用于对常量、变量或表达式的值进行比较，如果比较成立则返回 True，否则返回 False。比较运算常用在选择结构和循环结构中，表 2-4 列举了比较运算符的基本使用方法。

表 2-4 比较运算符的基本使用方法

比较运算符		示例	说明
相等	==	print(a == b)	"a 和 b 相等"不成立，输出结果为 False
不相等	!=	print(a != b)	"a 不等于 b"成立，输出结果为 True
大于	>	print(a > b)	"a 大于 b"成立，输出结果为 True
小于	<	print(a < b)	"a 小于 b"不成立，输出结果为 False
大于或等于	>=	print(a >= b)	"a 大于或等于 b"成立，输出结果为 True
小于或等于	<=	print(a <= b)	"a 小于或等于 b"不成立，输出结果为 False

3. 逻辑运算符

逻辑运算符用于将多个条件组合在一起，并根据这些条件的布尔值进行逻辑运算，运算结果为布尔值。逻辑运算常用在选择结构和循环结构中，优先级为 not>and>or，表 2-5 列举了逻辑运算符的基本使用方法。

表 2-5 逻辑运算符的基本使用方法

逻辑运算符		示例	说明
逻辑非	not	print(not a == b)	not 表示对条件进行取反操作。若"a == b"的结果为 False，取反后为 True
逻辑与	and	print(a<10 and a>b)	and 连接左右两个条件，当两侧值均为 True 时，结果为 True，只要有一个条件为 False，结果为 False。示例中"a<10"为 False，输出结果为 False
逻辑或	or	print(a<10 or a>b)	or 连接左右两个条件，当两侧值有一个为 True 时，结果为 True，只有两个条件都为 False 时，结果才为 False。示例中"a<10"为 False，但"a>b"为 True，输出结果为 True

4. 赋值运算符

赋值运算符用于将右侧的值赋给左侧的变量，右侧的值可以是字面值，如 1、2.0、'hello'，也可以是变量。除了直接赋值运算符"="之外，还有与算术运算符结合使用的复合赋值运算符"+=""–="等，表 2-6 列举了赋值运算符的基本使用方法。

表 2-6 赋值运算符的基本使用方法

赋值运算符	示例	说明
=	a = 5	基本的赋值运算符,将右侧的值赋给左侧的变量,本例执行后变量 a 的值为 5
+=	a += b	加并赋值运算符,将左侧变量的值与右侧的值相加,再将结果赋给左侧的变量,相当于 a = a + b 本例执行后变量 a 的值为 14
−=	a −= b	减并赋值运算符,将左侧变量的值减去右侧的值,再将结果赋给左侧的变量,相当于 a = a − b 本例执行后变量 a 的值为 6

此外,Python 支持序列赋值语句,可以同时为多个变量分别赋予不同的值,其语法为:

变量 1,变量 2,变量 n = 初始值 1,初始值 2,...,初始值 n

如示例 2-12 所示,赋值号右边的值会依次赋给左边的变量。通过序列赋值操作,可以方便地交换两个变量的值。

【示例 2-12】序列赋值。

```
1.    a, b = 10, 5  # 赋值结果:a=10, b=5
2.    print(a, b)  # 输出结果:10 5
3.
4.    a, b = b, a  # 交换 a 和 b 的值
5.    print(a, b)  # 输出结果: 5 10
```

5. 成员资格运算符 in

成员资格运算符 in 用于检查一个数据是否存在于某个数据容器中。如果值存在于容器中,in 运算符将返回 True;否则,返回 False。若 in 运算符与 not 运算符连用,"not in" 检查一个数据是否不在某个数据容器中,不存在将返回 True,否则返回 False。示例 2-13 演示了 in 运算符在不同数据容器中的使用示例。

【示例 2-13】in 运算符的使用。

```
1.    fruits = ['apple', 'banana', 'cherry']    # 列表
2.    print('apple' in fruits)                  # True
3.    print('mange' in fruits)                  # False
4.    print('apple' not in fruits)              # False
5.    print('mange' not in fruits)              # True
6.
7.    numbers = (1, 2, 3, 4, 5)  # 元组
8.    print(3 in numbers)        # True
9.    print(6 not in numbers)    # True
10.
11.   info = 'Hello, Python!'    # 字符串
12.   print('H' in info)         # True
13.   print('A' not in info)     # True
14.
15.   emotions = {0: 'neutral', -1: 'sad', 1: 'happiness'}  # 字典
16.   print(0 in emotions)       # True
17.   print(1 not in emotions)   # False
```

6. 身份运算符 is

is 运算符用于比较两个对象的身份而不是值,这里的"身份"是指对象的内存地址,因此本质

上还是通过判断两个对象的地址是否相同，进而判断是否为同一个对象，对地址的判断遵循 2.2.3 小节中的阐述。

使用 is 运算符时要与比较运算符 "=="区分。is 运算符看的是两个对象的地址是否相同，== 运算符看的是两个对象的值是否相同。

示例 2-14 展示了不可变类型、可变类型的 is 示例。在第 1 行，变量 a 和 b 的初始值都是 1000，实际是 a 和 b 都引用了整数对象 1000，因此第 3 行代码的输出结果为 "True"；当给 b 赋值 1001 后，并不是将 b 引用的那块内存存储的内容改成 1001，而是让 b 引用了整数对象 1001，此时 a 和 b 的身份就不一样了，因此第 6 行代码的输出结果为 "False"；第 8~9 行将创建两个列表对象，a 和 b 分别引用它们，因此第 10 行代码的输出结果为 "False"，但由于两个列表对象的值相同，因此第 11 行代码的输出结果为 "True"；第 13 行代码并未创建新对象，b 引用了 a 所引用的对象，因此其输出结果为 "True"。

【示例 2-14】is 运算符的使用。

```
1.   a = 1000
2.   b = 1000
3.   print('a is b: ', a is b)   # 输出结果：True
4.
5.   b = 1001
6.   print('a is b: ', a is b)   # 输出结果：False
7.
8.   a = [1, 2, 3]
9.   b = [1, 2, 3]
10.  print('a is b: ', a is b)   # 输出结果：False
11.  print('a == b: ', a == b)   # 输出结果：True
12.
13.  b = a
14.  print('b=a之后, a is b: ', a is b)    # 输出结果：True
```

也正是因为 Python 变量只是对数据所在内存的引用，Python 中同一个变量可以根据需要存放不同类型的数据。如示例 2-15 所示，变量 a 一开始存放整数，然后被赋值字符串 'hello'，就变成了字符串变量。

【示例 2-15】存储不同类型的数据。

```
1.   a = 1000
2.   a = 'hello'
```

7. 位运算

位运算是一种基于二进制位的运算，Python 中主要包括按位与（&）、按位或（|）、按位非（~）、按位异或（^）、左移（<<）和右移（>>）。位运算符在处理底层任务（如硬件交互、图像处理、加密和解密等）时非常有用，表 2-7 列举了位运算符的基本使用方法。

表 2-7　位运算符的基本使用方法

位运算符		示例	说明
按位与	&	print(a & 2)	&运算对两个数的二进制表示进行"与"操作，只有对应的两个二进位都为 1 时，结果二进位才为 1，否则为 0。a 的值为 10，转换为二进制表示为 0000 1010，与 2 的二进制表示 0000 0010 进行按位与计算，结果为 0000 0010，转换为十进制数为 2
按位或	|	print(a | 2)	|运算对两个数的二进制表示进行"或"操作，只要对应的两个二进位有一个为 1，结果二进位就为 1，否则为 0。所以示例结果为 0000 1010，即 10
按位异或	^	print(a ^ 2)	^运算对两个数的二进制表示进行"异或"操作，当对应的两个二进位不一样时，结果二进位就为 1，否则为 0，所以示例结果为 0000 1000，即 8

续表

位运算符	示例	说明
按位非	~	print(~a)	~运算对一个数的二进制表示进行"非"操作，对应二进位为 0 时结果为 1，对应二进位为 1 时结果为 0。所以示例结果为 1111 0101，由于最高位是 1 表示负数，该二进制值表示为补码，转换为十进制表示为-11
左移	<<	a << 2	<<运算符将一个数的二进制表示向左移动指定的位数，右边空出的位用 0 填充。所以示例表示将 a 的二进制表示向左移动 2 位，得到 0010 1000，即 40
右移	>>	a >> 2	>>运算符将一个数的二进制表示向右移动指定的位数，左边空出的位用最高位（符号位）填充：对于正数，最高位是 0；对于负数，最高位是 1。所以示例表示将 a 的二进制表示向右移动 2 位，得到 0000 0010，即 2

2.2.2　表达式

Python 中的表达式通常指使用运算符将操作数组合在一起形成值的计算过程，用于实现各种计算和逻辑判断，包括但不限于数学计算、字符串处理、选择结构、循环结构等。表达式根据使用的运算符，可分为算术表达式、逻辑表达式、比较表达式等，也可以将各种表达式组合在一起形成更复杂的复合表达式。示例 2-16 展示了简单表达式的使用。

【示例 2-16】表达式的使用。

```
1.   x = 10
2.   if x > 5:  # 这是一个条件表达式，如果 x 的值大于 5，则执行下一行代码
3.       print('x 大于 5')  # 如果条件成立，则输出 "x 大于 5"
```

【实战 2-1】表达式运用：跬步千里

【需求描述】

假设个体的初始力量值为 1，现有两种不同的变化方式：每天进步千分之五、每天退步百分之一。使用适当的数学公式编程模拟这两种变化，计算一年（365 天）后，两种变化下个体的力量值。

【实战解析】

本实战涉及的编程要点如下。

1. 变量操作

使用变量存储相关数值用于计算。

2. 运算符

本例是一个典型的循环加强（或衰退）的例子，可以使用复利公式，用算术运算符实现数学公式后计算累积效应。

3. 输出

使用 print()函数输出结果。

【实战指导】

具体编程步骤如下。

1. 初始化变量

首先初始化 4 个变量，分别用于存储初始力量值、日增长率、日退步率以及变化的天数。

2. 计算进步情况

使用复利公式计算每天进步 5‰ 一年后的力量值，即 "初始力量值 ×（1+日增长率）^{天数}"。

3. 计算退步情况

使用复利公式计算每天退步 1% 一年后的力量值，即 "初始力量值 ×（1-日退步率）^{天数}"。

4. 输出结果

使用 print() 函数输出两种情况下的最终结果。

【参考代码】

```
1.   # 初始化变量
2.   power = 1
3.   growth_rate = 0.005  # 每天进步千分之五
4.   decline_rate = 0.01  # 每天退步百分之一
5.   days = 365  # 变化的天数
6.
7.   # 计算进步情况
8.   final_growth = power * (1 + growth_rate) ** days
9.
10.  # 计算退步情况
11.  final_decline = power * (1 - decline_rate) ** days
12.
13.  # 输出结果
14.  print('每天进步千分之五一年后的力量值是: ', final_growth)
15.  print('每天退步百分之一一年后的力量值是: ', final_decline)
```

2.3 基本输入输出函数

Python 的基本输入输出函数为 Python 程序提供了人机交互的功能，本节将介绍输入函数 input() 和输出函数 print() 的基本使用方法。

2.3.1 input()函数

输入函数 input() 用于接收用户输入的数据，当需要从用户那里采集数据时，就可以使用 input() 函数获取。其使用语法为：

```
变量 = input[prompt]
```

其中，"[]" 表示可选参数，即调用 input() 函数时，可以提供 prompt 参数，也可以不提供。prompt 表示等待用户输入时显示的提示信息，如果提供了这个参数，它将被输出，然后光标将等待用户输入。如果没有提供这个参数，input() 函数会暂停在该行，等待用户输入。当用户输入数据并按 "Enter" 键后，程序才会继续执行，input 函数将用户输入的数据组成一个字符串返回，并通过赋值运算符存储在变量中。需要注意的是，如果用户输入数字，input() 不会自动转换类型，返回结果将始终是字符串。示例 2-17 展示了 input() 函数的基本用法。

【示例 2-17】input() 函数的基本用法。

```
1.   s = input('请输入一个整数: ')
2.   num = int(s)
```

```
3.    if num % 2 == 0:
4.        print('偶数')
5.    else:
6.        print('奇数')
```

这个例子用于检验用户输入的整数是否为偶数。第 1 行代码调用 input()函数时传入了提示信息"请输入一个整数："，这有利于用户理解程序意图，提升程序的交互性。假设用户输入 12，由于 input()函数会把输入的数据组成字符串返回，因此变量 s 中存放的并非整数类型数据 12，而是字符串 '12'，无法进行求余操作，于是第 2 行代码通过 int()函数将变量 s 存储的字符串 '12' 转换成整数 12，存放在变量 num 中；然后通过选择结构，即第 3 行代码的 if 语句进行判断，如果 "num % 2 == 0" 成立，即 num 的值对 2 求余数的结果为 0，说明 num 为偶数，则执行第 4 行代码，输出"偶数"，否则执行第 6 行代码，输出"奇数"。

2.3.2　print()函数

输出函数 print()用于在控制台或屏幕上显示文本、变量或其他数据，通常用来向用户展示某些信息（如结果、状态等）、调试程序等。其基本语法为：

```
print(param)
```

其中，param 可以是普通字符串、变量或表达式。示例 2-18 展示了直接输出一个普通字符串的例子。

【示例 2-18】输出普通字符串。

```
print('Hello, Python!')
```

使用 print()函数可以连续输出多个数据，数据之间用逗号隔开。示例 2-19 展示了输出多个数据的例子。注意，这种情况下 print()函数会默认在每个数据之间添加一个空格。

【示例 2-19】输出多个数据。

```
1.    name = '张三'
2.    age = 18
3.    print('我的名字是', name, age, '岁')   # 输出结果：我的名字是 张三 18 岁
```

此外，如果格式化字符串中包含一些不确定的数据而非字面常量，这些数据需要根据程序运行时变量的实际值确定，就需要使用格式化输出，其使用语法为：

```
print(格式化字符串 % 格式化变量)
```

其中，格式化字符串里包含了占位符，占位符是特殊的格式化代码，指定如何显示特定的数据，格式化字符串之后的 "%" 在这里并不是取模运算，而是表示格式化，其后则是需要替换占位符的变量名，常用的格式化占位符如表 2-8 所示。

表 2-8　常用的格式化占位符

占位符	说明
%d	整数的占位符，用于格式化整数类型的数据
%f	浮点数的占位符，用于格式化浮点数类型的数据
%s	字符串的占位符，用于格式化字符串类型的数据

示例 2-20 展示了格式化输出。

【示例 2-20】格式化变量使用及输出。

```
1.    price = float(input('请输入蛋糕单价: '))
2.    num = int(input('请输入蛋糕个数: '))
3.    payable = price * num   # 单价×个数：计算应付金额
```

```
4.    print('蛋糕%.2f元/个, 共%d个' % (price, num))
5.    print('应支付: %.2f元' % payable)
```

这个例子用于计算购买蛋糕应付的金额，由于蛋糕单价和购买数量由实际情况决定，所以由用户输入。注意，input()函数获取的单价和数量都是字符串数据，需要转换成浮点数和整数后才能做算术运算。

第4行的print()函数使用了两个占位符：%.2f和%d，那么%后面的格式化变量就必须有两个。在实际输出时，按照位置顺序，price 的值将替换%.2f，并保留两位小数，num 的值将替换%d，并且为整数。

注意，当格式化变量不止一个时，需要用圆括号将这些参数括起来，只有一个格式化变量时不需要，如第5行代码格式化应支付金额的情况。

此外，print()函数可以通过指定特定参数，修改其默认的行为。例如print()函数默认在所有数据输出完毕后，自动输出一个换行符"\n"，以保证每次的输出信息独占一行，如果需要改变这一行为，可以指定"end"参数的值。如示例 2-21 所示，第 1 行的 print()函数指定了 end 为一个空格，因此输出字符串'Hello'之后不会换行，而是输出一个空格作为结束符，然后执行第 2 行的 print()函数，继续输出字符串'World'。需要注意的是，参数 end 的值只在当前 print()函数调用中起效，本例中第 2 行的 print()函数仍然以"\n"作为结束符。

【示例 2-21】指定 end 参数。

```
1.    print('Hello', end=' ')
2.    print('World')  # 输出结果: Hello World
```

还可以指定参数 sep 的值，改变连续输出多个数据时默认添加的分隔符。如示例 2-22 所示，输出的字符串和变量值之间将用冒号进行分隔。

【示例 2-22】指定 sep 参数。

```
1.    name = '张三'
2.    print('我的名字是', name, sep=': ')  # 输出结果: 我的名字是: 张三
```

【实战 2-2】输入输出函数运用：文字西游欢迎界面

【需求描述】

编写一个"文字西游"的欢迎界面，效果如图 2-2 所示，这个界面需要展示游戏的名字、版本信息、简单的介绍以及开始游戏的选项，玩家在选择开始游戏后，需要输入一个角色名字，然后游戏正式开始。

```
欢迎来到文字西游!
版本: 1.0
这是一个用文字描述的西游冒险游戏，你将扮演一位英雄踏上西行之旅。
请输入'start'开始游戏，或输入其他内容退出: start
请输入你的角色名字: Lily
欢迎Lily加入西游冒险!
游戏正式开始!
```

图 2-2　文字西游欢迎界面

【实战解析】

本实战涉及的编程要点如下。

1. 输出

在控制台上输出格式化文本信息。

2. 输入

从控制台读取用户输入的文本信息。

3. 条件语句

使用 if 语句判断用户的输入，并根据内容执行不同的操作。

【实战指导】

具体编程步骤如下。

1. 输出欢迎信息

首先使用 print() 函数输出游戏的名称、版本信息和简单介绍。

2. 提供开始游戏选项

接着输出提示信息，告诉玩家可以输入"start"开始游戏。

3. 读取玩家输入

使用 input() 函数读取玩家的输入，并将其存储在变量中。

4. 判断玩家输入

使用 if 语句判断玩家的输入是否为"start"。

5. 获取角色名字

如果玩家选择开始游戏，则提示输入角色名字，并使用 input() 函数读取。

6. 开始游戏

获取角色名字后，输出一条欢迎信息，并告知玩家游戏正式开始。

【参考代码】

```
1.    # 输出欢迎信息和游戏介绍
2.    print("欢迎来到文字西游！")
3.    print("版本：1.0")
4.    print("这是一个用文字描述的西游冒险游戏，你将扮演一位英雄踏上西行之旅。")
5.
6.    # 提供开始游戏选项
7.    choice = input("请输入'start'开始游戏，或输入其他内容退出：")
8.
9.    # 判断玩家输入
10.   if choice == 'start':
11.       # 获取角色名字
12.       role_name = input('请输入你的角色名字：')
13.       print('欢迎%s 加入西游冒险！' % role_name)
14.       print('游戏正式开始！')
```

```
15.   else:
16.       print("感谢你的关注，期待下次与你相遇!")
```

2.4　模块

Python 的"模块"是指包含 Python 代码的文件，其中包含已经定义好的变量、函数或类，实现了某些特定的功能。模块可以帮助组织和管理代码，能有效提高代码的可重用性和可维护性。

Python 的模块可以是内置模块（例如 time、math 等），也可以是第三方模块（例如 Numpy、matplotlib 等），还可以是自定义模块。如果要在自己的代码中使用某个模块，通过"import"关键字导入，就能使用该模块中的变量、类和函数等。导入模块的方式有以下两种。

1. 第一种方式

```
import 模块名 [as 模块别名]
```

这种方式会导入模块中所有的内容，使用其中的对象（变量、函数、类等）时，需要加上"模块名."作为前缀，如示例 2-23 所示，第 1 行代码导入 math 模块，第 3 行代码调用 math 模块中定义的常量 pi，求半径为 2 的圆的面积。

【示例 2-23】使用 math 模块求平方根。

```
1.   import math
2.   r = 2.0
3.   print(r ** 2 * math.pi)
```

别名可以简化代码，避免模块命名冲突，提高代码的可维护性和可移植性。给导入的模块取别名后，就可以用别名替代模块名。如示例 2-24 所示，导入的 matplotlib 模块名字较长，所以取别名"plt"，第 2 行代码为图形设置标题时便用"plt"代替"matplotlib"。

【示例 2-24】使用模块别名。

```
1.   import matplotlib as plt
2.   plt.title('Sample Plot')
```

2. 第二种方式

```
from 模块名 import 对象名 [as 对象别名]
```

这种方式仅导入模块中指定的对象，而不会导入整个模块。如示例 2-25 所示，仅导入 math 模块的 radians()函数，该函数可以将角度值转换成弧度值，使用时直接调用，不需要加上模块名。

【示例 2-25】导入指定对象。

```
1.   from math import radians
2.   result = radians(30)  # 将 30° 转换为弧度值
```

导入模块的特定对象不会引入该对象所处的命名空间（即模块名），容易导致命名冲突、覆盖内置函数类型等问题，使用时应特别注意。

【实战 2-3】模块使用：绘制太阳花

【需求描述】

使用 turtle 库绘制一个花瓣长 200 像素、红边黄底的太阳花，如图 2-3 所示。

turtle 库是 Python 的标准库之一，用于绘制基本的图形，它提供了一个或多个"小乌龟"作为画笔，以及各种方法控制这个"小乌龟"在平面直角坐标系中移动，绘制想要的图案。

在 turtle 库中，用户可以设置画布的大小和位置，画笔的颜色、宽度、速度等属性，填充颜色，以及控制海龟的移动和旋转等，绘制各种复杂的图形。此外，turtle 库还提供了绘制圆形、矩形、多边形等常见图形，以及进行图形变换、绘制文本等操作的方法。

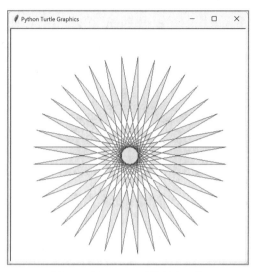

图 2-3　使用 turtle 库绘制太阳花

示例 2-26 展示了使用 turtle 库绘制五角星的例子。首先导入 turtle 库，setup()函数可以设置绘制窗口的宽度、高度以及窗口在桌面上的位置；默认情况下小乌龟会以绘制窗口的中心位置为原点(0, 0)开始移动，为了将小海龟移动到想要的起始位置，可以使用 penup()函数抬起画笔，这样移动过程中就不会绘制移动痕迹，然后使用 goto()函数设置目标位置，再用 pendown()函数落下画笔；使用color()函数可以设置画笔的颜色和填充色；当需要填充图形时，需要在开始绘制之前调用 begin_fill()函数，结束绘制后再调用 end_fill()函数；使用 fd(x)将使小乌龟沿着当前方向前进 x 像素，其移动轨迹将用指定颜色的画笔进行绘制，使用 right(angle)会让小乌龟向右旋转 angle 角度，这个过程需要重复 5 次，因此使用一个 for 循环结构（第 11～13 行代码）；done()函数可以保持绘图窗口打开。绘制结果如图 2-4 所示。

【示例 2-26】使用 turtle 库绘制五角星。

```
1.   import turtle  # 导入turtle库
2.
3.   turtle.setup(width=600, height=600)  # 设置绘制窗口的宽度和高度
4.
5.   turtle.penup()              # 抬起画笔
6.   turtle.goto(-150, 50)       # 移动画笔到坐标(-150, 50)
7.   turtle.pendown()                # 落下画笔
8.
9.   turtle.color('blue', 'yellow')  # 画笔为蓝色, 填充黄色
10.  turtle.begin_fill()        # 开始填充
11.  for i in range(5):         # 属于for语句块的第12、13行代码将重复执行5次
12.      turtle.fd(300)         # 沿当前方向前进300像素
13.      turtle.right(144)      # 向右旋转144度
14.  turtle.end_fill()          # 结束填充
15.  turtle.done()  # 保持绘制窗口一直打开
```

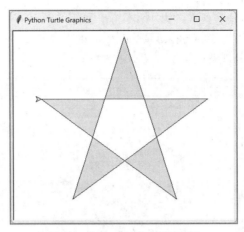

图 2-4　使用 turtle 库绘制五角星

表 2-9 列出了 turtle 库的一些函数，更多信息可参考官方文档。

表 2-9　turtle 库的一些函数

函数	说明
turtle.setup(width, height, x, y)	设置主窗口的大小和位置
turtle.penup()或 turtle.pu()	画笔抬起，移动时不画线
turtle.pendown()或 turtle.pd()	画笔落下，移动时画线
turtle.pensize(width)或 turtle.width(width)	返回或设置线条的粗细为 width
turtle.pencolor(colorstring)或 turtle.pencolor((r,g,b))	返回或设置画笔颜色
turtle.forward(d)或 turtle.fd(d)	小乌龟沿当前方向前进 d 指定的距离
turtle.back(d)或 turtle.bk(d)	小乌龟后退 d 指定的距离，不改变小乌龟朝向
turtle.right(angle)	小乌龟右转 angle 指定的角度
turtle.left(angle)	小乌龟左转 angle 指定的角度
turtle.goto(x, y)	小乌龟移动到一个绝对坐标
turtle.setx(x)	设置小乌龟的横坐标为 x，纵坐标保持不变
turtle.sety(y)	设置小乌龟的纵坐标为 y，横坐标保持不变
turtle.home()	小乌龟移动到原点(0, 0)
turtle.circle(radius, extent=None, steps=None)	绘制一个半径为 radius 的圆
turtle.dot(size=None, *color)	绘制一个直径为 size、颜色为 color 的圆点
turtle.speed(s)	返回或设置小乌龟移动的速度
turtle.hideturtle()或 turtle.ht()	隐藏小乌龟

【实战解析】

本实战涉及的编程要点如下。

1. 模块导入和使用

导入 turtle 模块，调用其方法完成绘制。

2. 循环结构

循环结构是构建复杂图形时常用的，通过 for 循环重复绘制太阳花的花瓣，可仿照示例 2-25 第 11~13 行代码编写，注意缩进。

3. 实验与调试

绘制过程中，可能需要进行多次实验。通过观察和分析绘制结果，尝试调整参数、设置等，逐渐完善绘制的图形。

4. 查阅 ARI 文档

使用内置模块或者第三方模块时，查阅模块提供的 API 文档是很有必要的。在实战过程中，查阅 turtle 库的官方文档可以了解其中的函数和方法，确保正确理解和使用 turtle 库的功能。

【实战指导】

具体编程步骤如下。

1. 模块导入

首先使用 import 正确导入 turtle 库。

2. 绘制设置

通过 setup()、goto()、color()等函数，对画布大小和位置、小乌龟起始位置、画笔颜色、填充颜色等进行设置。

3. 填充功能

开始绘制前使用 begin_fill()函数开始填充，绘制结束之后使用 end_fill()函数结束填充。

4. 循环结构

太阳花的花瓣共有 36 片，需要循环绘制 36 次。

5. 花瓣绘制

通过 turtle 库的移动和转向函数（fd()、left()、right()等）绘制花瓣的形状，注意设置移动距离和转向角度。

6. 视图控制

通过 hideturtle()函数隐藏小乌龟，使图形看起来更美观。

7. 保持窗口

通过 done()函数保持绘图窗口打开，以便观察分析绘制结果。

【参考代码】

```
1.  import turtle
2.
3.  turtle.color('red', 'yellow')
4.  turtle.hideturtle()
5.
6.  turtle.begin_fill()
7.  for i in range(36):
8.      turtle.fd(400)
9.      turtle.right(170)
10. turtle.end_fill()
11. turtle.done()
```

本章小结与知识导图

本章主要介绍了 Python 语法的基本要素。在 Python 源程序格式框架中，重点介绍了注释、代码块的缩进规则、关键字、常量和变量，以及常用数据类型等。同时，本章还涵盖了运算符与表达式的相关知识，讲解了各种运算符的使用方法，并介绍了基本输入输出函数，以及模块的概念和导入方法。

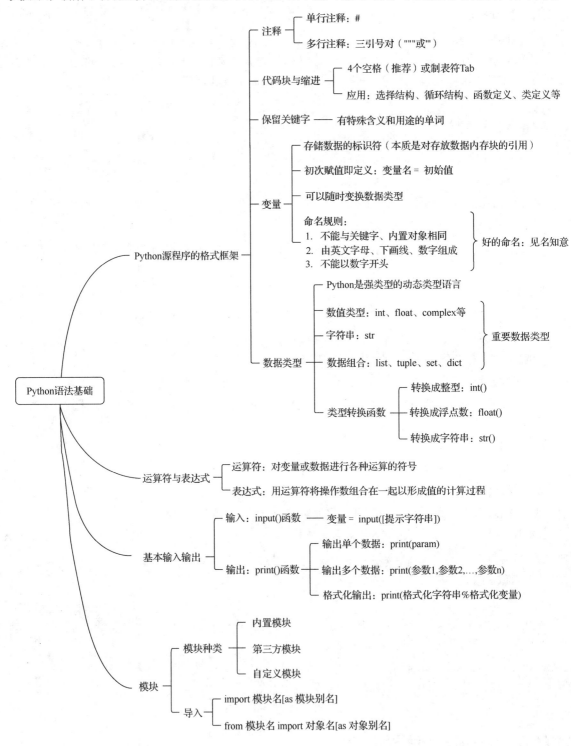

【考点 1】程序的格式框架

掌握缩进的作用和使用方法，掌握单行注释和多行注释的使用方法，掌握变量的命名和定义，掌握内置函数 id()的使用。

【考点 2】基本数据类型

了解 Python 基本数据类型，掌握数值类型、布尔类型的使用方法，掌握内置函数 type()、isinstance()的使用，掌握数值类型、布尔类型、字符串之间相互转换的方法。

【考点 3】基本运算和表达式

掌握各种运算符的含义和使用方法，掌握表达式的使用和计算方法，掌握序列赋值。

【考点 4】基本输入输出函数

掌握 input()函数的使用，掌握使用 print()函数进行格式化输出的方法。

【考点 5】turtle 库的使用

掌握 turtle 库的导入方法和常用函数，能够根据要求绘制图形。

习题

一、选择题

1. 在 Python 中，以下（   ）是合法的变量名。

    A. 2nd_name   B. -age   C. _password   D. 3.14

2. 下列符号中，表示 Python 单行注释的符号是（   ）。

    A. //   B. #   C. /* */   D. --

3. Python 中的代码块通过（   ）划分。

    A. 空格   B. 分号   C. 缩进   D. 花括号

4. 下列数据类型中，（   ）类型表示整数。

    A. int   B. float   C. str   D. bool

5. 在 Python 中，以下（   ）是布尔类型的值。

    A. "True"   B. true   C. True   D. TRUE

6. Python 中，以下（   ）不是算术运算符。

    A. +   B. -   C. %   D. ==

7. 下列函数中，（   ）用于获取用户输入。

    A. print()   B. input()   C. output()   D. read()

8. 在 Python 中，模块是通过关键字（   ）导入的。

    A. import   B. include   C. require   D. load

9. 在 Python 中，（   ）表示列表数据类型。

    A. list   B. tuple   C. set   D. dict

10. 使用 Python 定义一个浮点数类型的变量，下列选项正确的是（   ）。

    A. var float_var = 3.14   B. float float_var = 3.14

    C. float_var = 3.14   D. 以上都不对

11. 下列不能作为 Python 变量名的是（   ）。

    A. teacher   B. _bgm   C. 1step   D. Student

12. 下列关于字符串类型转换的描述，错误的是（   ）。

    A. str(101)的结果是'101'

    B. str(1.01)的结果是'1.01'

C. str(1+1j)的结果是'(1+1j)'

D. str(1+1)对表达式"1+1"进行字面转换，结果是'1+1'

13. 下列选项中，（　　）不是 Python 的关键字。

  A. break   B. else   C. define   D. finally

14. 下列关于 input()函数的描述，错误的是（　　）。

  A. 用户输入的数据存放在一个字符串中

  B. 用户可以输入多行数据，并作为一个字符串返回

  C. 函数参数仅用于提示用户，不影响用户输入的内容

  D. 函数参数只能是字符串类型

15. 表达式 type(12) 的结果是（　　）。

  A. <class 'float'>   B. <class 'str'>   C. None   D. <class 'int'>

16. 以下关于 Python 条件表达式的使用，正确的是（　　）。

  A. 条件 1<=2<=3 是合法的，输出 False

  B. 条件 1<=2<=3 是不合法的

  C. 条件 1<=2<=3 是合法的，输出 True

  D. 条件 1<=2<=3 是不合法的，程序终止运行

17. 表达式 2**3*9//5%5 的计算结果是（　　）。

  A. 3   B. 4   C. 5   D. 6

二、简答题

1. 简述 Python 中为变量命名应遵循的规则。

2. 简述 Python 中缩进的作用。

3. 简述 Python 中常用的数据类型，并给出每种类型的示例。

三、实践题

1. 基础数学运算：编写一个 Python 程序，要求用户输入两个数字，然后计算这两个数字的和、差、积和商，并输出结果。

2. 判断水仙花数：如果一个 3 位正整数，其个位数字、十位数字、百位数字的立方之和等于该数字本身，那么这个 3 位正整数就是水仙花数，例如 $153=1^3+5^3+3^3$，153 是一个水仙花数。编写一个 Python 程序，要求用户输入一个 3 位正整数，判断该数字是否为水仙花数，并输出结果。（提示：input()函数接收的输入数据是字符串类型，需要转换成整数类型再计算；用算术运算符分离出各个位的数字）

3. 使用 turtle 库绘制花瓣直径为 50、蓝边黄底的四瓣花图形，如图 2-5 所示。（提示：使用 turtle.seth()函数调转小乌龟朝向；使用 turtle.circle()函数绘制半圆）

图 2-5　蓝边黄底四瓣花

03 第 3 章　Python 控制结构

导言

在编程的世界里，程序的控制结构就像建筑的设计图，决定了代码的执行流程。本章将讨论如何使用 if 语句根据不同的条件执行不同的代码块，以及如何使用 while 和 for 循环重复执行一段代码。

在学习过程中，请注意理论与实践相结合，多写代码、多调试，逐步掌握这些控制结构的精髓。当我们能够熟练运用这些结构时，就可以灵活地控制程序的执行流程，实现复杂的功能。

学习目标

知识目标	• 了解：可迭代对象的基本含义 • 识记：if、for 和 while 语句的语法格式 • 理解：条件表达式在 if、while 语句中的工作原理；选择/循环结构的执行流程和应用场景；break/continue 对循环的控制逻辑以及 else 块在循环结构中的作用 • 掌握：选择结构（单分支/双分支/多分支）的用法；普通循环、遍历循环、无限循环的用法
能力目标	• 能够分析代码中的控制结构，理解其作用和执行流程 • 能够根据实际需求，编写简单的 if 语句和循环结构，解决实际问题

3.1　选择结构

程序的执行流程默认是按照代码的编写顺序逐行执行的，这种结构被称为"顺序结构"。然而，仅依靠顺序结构是远远不够的，很多时候我们需要根据特定条件来决定程序的执行路径，即有选择地执行某些代码，这种结构被称为"选择结构"。在 Python 中，选择结构通过 if 语句实现，本节将详细介绍 Python 的单分支、双分支和多分支选择结构。

3.1.1　单分支选择结构

单分支选择结构用在有独立条件的场景下，当满足某项条件时就必须执行某项操作，不需要考虑条件成立之外的情况。Python 的单分支选择结构由一个 if 语句构成，其基本语法格式为：

```
if 条件表达式:
    代码块
```

其执行流程如图 3-1 所示。首先判断条件表达式是否成立，如果条件表达式的值为 True，解释器会执行 if 语句中的代码块；如果为 False，则跳过该代码块，继续执行后面的代码。

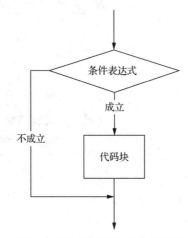

图 3-1　单分支选择结构的执行流程

假设有一个需求：判断用户输入的数字是否为偶数，如果是，则输出"偶数"，然后程序结束。在这个需求中，不需要处理非偶数的情况，因此可以使用单分支选择结构，代码如示例 3-1 所示。

【示例 3-1】单分支选择结构。

```
1.    a = int(input('请输入一个整数：'))
2.    if a % 2 == 0:
3.        print('偶数')
```

代码的第 1 行将用户输入的数据转换成整型数据存放在变量 a 中，第 2 行和第 3 行组成了 if 语句块，第 2 行的条件表达式先求 a 除以 2 的余数，再判断"余数为 0"是否成立。如果成立则执行第 3 行，输出"偶数"，至此 if 语句块结束，由于其后没有其他语句，程序结束；否则跳过第 3 行，程序直接结束。

这个结构中比较容易出错的地方，一是 if 语句之后的冒号容易漏掉，二是从冒号下一行开始的代码缩进错误，使解释器不能正确判断代码块的所属关系，导致语法错误或逻辑错误。

3.1.2　双分支选择结构

单分支选择结构仅考虑了某条件成立时需要处理的情况，但有时候需要同时考虑条件成立和条件不成立之下各需要执行哪些操作。在这种情况下，仅需要考虑两种情况，且这两种情况是相反、非此即彼的，这就要用到 Python 的双分支选择结构。Python 的双分支选择结构由 if...else 语句构成，其基本语法格式为：

```
if 条件表达式:
    代码块 1
else:
    代码块 2
```

其执行流程如图 3-2 所示。首先判断条件表达式是否成立，如果条件表达式的值为 True，解释器会执行 if 语句中的代码块 1；如果为 False，则执行 else 语句中的代码块 2，然后继续执行后面的代码。

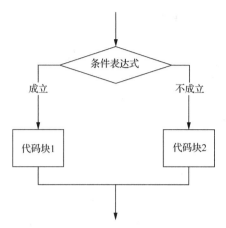

图 3-2　双分支选择结构的执行流程

在示例 3-1 的基础上增加新的需求：当输入的数据为奇数时，输出"奇数"。由于一个数要么是偶数，要么是奇数，这是两个互斥的条件，可以使用双分支选择结构。如示例 3-2 所示，当"a 除以 2 的余数为 0"条件成立时执行第 3 行代码，输出"偶数"；不成立则跳至第 4 行进入 else 分支，执行第 5 行代码，输出"奇数"。

【示例 3-2】双分支选择结构：判断整数的奇偶。

```
1.    a = int(input('请输入一个整数：'))
2.    if a % 2 == 0:
3.        print('偶数')
4.    else:
5.        print('奇数')
```

对于代码块只包含一个表达式的双分支选择结构，Python 提供了一种简洁的书写形式，用以简化代码，语法格式为：

```
表达式 1 if 条件表达式 else 表达式 2
```

当条件表达式成立时，程序计算表达式 1 的值并返回，否则计算表达式 2 的值并返回。示例 3-3 的第 2 行代码改写了示例 3-2 中第 2～5 行的代码，当用户输入的是偶数时，返回字符串"偶数"，否则返回字符串"奇数"，然后使用 print() 函数将返回的结果输出。

【示例 3-3】简洁的双分支选择结构。

```
1.    a = int(input('请输入一个整数：'))
2.    result = '偶数' if a % 2 == 0 else '奇数'
3.    print(result)
```

3.1.3　多分支选择结构

Python 的多分支选择结构用于处理"多选一"的情况，当有两个以上的互斥条件需要考虑时，可使用多分支选择结构，其基本语法格式为：

```
if 条件表达式 1:
    代码块 1
elif 条件表达式 2:
    代码块 2
[else:
    代码块 3
]
```

其执行流程如图 3-3 所示。首先判断条件表达式 1 是否成立，如果成立，解释器会执行 if 语句中的代码块 1；如果不成立则跳至 elif 语句，判断条件表达式 2 是否成立，如果成立则执行 elif 语句中的代码块 2；否则跳至 else 语句，执行代码块 3，然后继续执行后面的代码。

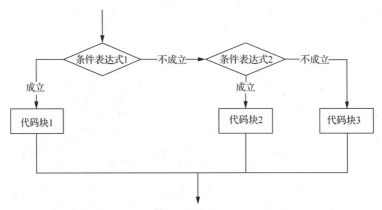

图 3-3　多分支选择结构的执行流程

在这个基本结构中，考虑了条件表达式 1、条件表达式 2 以及这两个表达式之外的情况，其中 else 分支是可选的。需要注意的是，当没有 else 分支时，该结构所考虑的仍然是 3 种情况，只不过是除了条件表达式 1 和条件表达式 2 之外的情况无须做任何操作而已，应当和双分支选择结构处理的二选一场景区分开。

示例 3-4 展示了一个由温度值判断状态的例子，当温度变量 temperature 的值大于或等于 30 时，状态变量 status 赋值为“热”；如果这个条件不成立，则跳至第 5 行代码，判断 temperature 的值是否小于 10，是则 status 赋值为“冷”，否则进入 else 分支，此时 temperature 的值处于[10, 30)，将执行第 8 行代码，statue 赋值为“适中”。程序一旦进入某一个分支，执行完其中的代码块后整个多分支选择结构就结束了，然后继续执行第 10 行代码，输出温度值和对应的状态。

【示例 3-4】多分支选择结构：根据温度值判断状态。

```
1.   temperature = 25
2.
3.   if temperature >= 30:
4.       status = '热'
5.   elif temperature < 10:
6.       status = '冷'
7.   else:
8.       status = '适中'
9.
10.  print('温度%d 对应的状态是%s' % (temperature, status))
```

多分支选择结构中可以有多个 elif 分支，如示例 3-5 所示，根据分数判定等级。程序会从条件 1 开始顺序往下判断，如果分数大于或等于 90，等级为“优”，如果不满足这个条件，则跳至第 5 行代码，判断分数是否大于或等于 80，由于“多选一”的条件也是互斥的，能走到第 5 行意味着条件 1 不满足，即分数一定是小于 90 的，因此没有必要在条件 2 中写作“80 <= score < 90”，如果条件 2 也不满足，则会跳至第 7 行代码，判断分数是否大于等于 70，以此类推，直到找到满足条件的分支或最后进入 else 分支为止。示例中的分数为 75，满足第 7 行代码的条件，因此最终输出的等级为“中等”。

【示例 3-5】多个 elif 分支：根据分数判定等级。

```
1.   score = 75
```

```
2.
3.    if score >= 90:
4.        grade = '优'
5.    elif score >= 80:
6.        grade = '良'
7.    elif score >= 70:
8.        grade = '中等'
9.    elif score >= 60:
10.       grade = '合格'
11.   else:
12.       grade = '不合格'
13.
14.   print(grade)
```

【实战 3-1】选择结构运用：计算折扣

 【需求描述】

假设在一个电商平台上，用户购买商品时根据不同的购买数量和会员等级享有不同的折扣，现根据用户的购买数量和会员等级计算最终的折扣价格。

 【实战解析】

本实战涉及的编程要点如下。

1. 变量操作

使用变量存储购买数量、会员等级等相关数据，用于后续的条件判断和计算。

2. if…elif…else 语句

使用多分支选择结构判断购买数量、会员等级条件，以确定应用哪一种折扣。

3. 运算符

使用算术运算符实现折扣价的计算公式。

4. 输入输出

通过 input() 函数允许用户根据实际情况输入数据，通过 print() 函数向用户反馈折扣价格。

 【实战指导】

具体编程步骤如下。

1. 初始化变量

首先预设 4 个变量，分别用于存储商品原价（original_price）、用户输入的购买数量（quantity）、会员等级（membership_level）和折扣（discount），前 3 个变量的初始值将从用户输入获得，变量 discount 初始值为 1。

2. 获取用户输入

使用 input() 函数提示用户输入商品原价、购买数量和会员等级，并存储在相应的变量中，其中，商品原价和购买数量需要转换为 float 类型。

3. 判断会员等级

使用条件语句（if…elif…else）根据用户输入的会员等级确定应用的折扣。

4. 计算折扣后价格

根据用户输入的购买数量和确定的折扣，通过公式"折扣价=商品原价×折扣×购买数量"计算折扣价。

5. 输出结果

使用 print()函数将计算得到的折扣价显示给用户，可以添加一些提示信息，帮助用户更好地理解输出结果。

【参考代码】

```
1.    # 初始化变量
2.    original_price = float(input('请输入商品原价：'))
3.    quantity = float(input("请输入购买数量："))
4.    membership_level = input("请输入会员等级（高级会员/普通会员/非会员）：")
5.    discount = 1  # 折扣默认值为 1，表示不打折
6.
7.    # 根据购买数量和会员等级修改折扣值，非会员不打折使用默认值
8.    if membership_level == '高级会员':
9.        if quantity >= 10:
10.           discount = 0.8  # 高级会员购买 10 件以上打 8 折
11.       elif quantity >= 5:
12.           discount = 0.85  # 高级会员购买 5～9 件打 8.5 折
13.       else:
14.           discount = 0.9  # 高级会员购买 1～4 件打 9 折
15.   elif membership_level == '普通会员':
16.       if quantity >= 10:
17.           discount = 0.85  # 普通会员购买 10 件以上打 8.5 折
18.       else:
19.           discount = 0.95  # 普通会员购买 1～9 件打 9.5 折
20.
21.   # 计算折扣价
22.   final_price = original_price * discount * quantity
23.   print('最终价格为：%.2f 元' % final_price)
```

3.2　循环结构

在 Python 中，除了顺序结构、选择结构之外，还有一种重要的控制结构——循环结构。循环结构允许程序在特定的条件下重复执行一段代码，在处理重复性任务时非常有用，能够避免代码冗余。本节将详细介绍 Python 中的两种循环结构：while 循环和 for 循环。

3.2.1　while 循环

while 循环允许程序在条件为真时重复执行某一代码块，其基本语法为：

```
while 条件表达式:
    代码块
```

其中，条件表达式是重复执行需要满足的条件，代码块是要重复执行的语句序列。其执行流程如图 3-4 所示，首先判断条件表达式的值，如果为真就执行 while 语句的代码块，执行完之后会再次判断条件表达式的值，只要条件表达式的值为真，程序就会一直执行代码块，直到条件不再满足，退出循环，继续执行后面的语句。

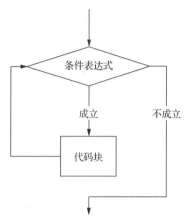

图 3-4　while 循环的执行流程

使用 while 循环时，循环变量的确定十分重要，因为它通常关系着如何书写条件表达式以及在循环体中如何改变从而影响条件表达式的值，如果条件表达式的值一直不变，就可能陷入死循环。示例 3-6 展示了使用 while 循环求[1, 100]所有整数之和的例子，在这个例子中，将原始算式"SUM(100)=1+2+⋯+100"抽象成公式"SUM(n)=SUM(n−1)+n"（ $n \in [2,100]$ 且 n 为整数），把 99 次加法运算转换成重复执行"前 n 个数之和与 n 的累加"，从而确定了循环体的操作。

【示例 3-6】[1,100]整数求和。

```
1.   i = 2   # 既是循环变量，又是求和的参数
2.   result = 1  # 记录和值
3.   while i <= 100:
4.       result += i
5.       i += 1
6.   print(result)
```

本例中 i 作为循环变量，同时也是求和的参数，初始值为 2，当程序首次运行到第 3 行代码时，i 的值为 2，条件"i<=100"成立，进入循环体执行第 4~5 行，首先将 result 和 i 相加，结果保存在 result 中，相当于记录了"1+2"的结果，接着将 i 增加 1 变为 3，然后回到第 3 行代码，仍满足循环条件"i<=100"，继续进入循环体执行，这一次将得到 1~3 这 3 个整数的和，以此类推，当 i=100 时，得到 1~100 的和，i 加 1 变为 101，此时回到第 3 行代码判断"i<=100"不满足，于是退出 while 循环，跳至第 6 行代码输出最终结果。这个例子中，如果忘记在循环体中修改 i 的值，就会令表达式的值一直不变，陷入死循环。

while 循环功能强大，不仅可用于循环次数明确的场合，也能处理复杂循环条件的场合。下面展示使用 while 循环模拟存钱罐的例子，设定存钱罐的容量是 500 个硬币，当新存入硬币与已存入硬币数量之和小于或等于存钱罐容量上限时，可以一直存入，否则拒绝存入，退出循环。示例 3-7 简化了处理逻辑，对于临界条件"存入后刚好达到 500 个硬币"，只能在下一次存入时才能退出循环。读者可以在学习 3.2.2 小节"break"的应用之后，再尝试完善本例的逻辑。

【示例 3-7】while 循环：模拟存钱罐。

```
1.   limit = 500
2.   save = 0
```

```
3.    balance = int(input('存入硬币数量: '))
4.    while save + balance <=limit:
5.        save += balance
6.        print('现有硬币: %d, 上限: %d,剩余: %d' % (save, limit, limit-save))
7.
8.        balance = int(input('存入硬币数量: '))
```

3.2.2 break 与 continue

有些场景下退出循环的条件可能不是由条件表达式决定，而是由"标签"决定的，例如在网络通信中需要一直等待对方的回应、在文件查找过程中需要确定是否找到指定的文件等，这时就需要额外控制改变程序的执行顺序。

关键字 break 和 continue 用于提前结束循环行为，它们的区别是程序遇到 break 时会直接退出该代码块所属的 while 循环或 for 循环，继续执行后面的语句；而遇到 continue 时，只是结束本次循环，不再执行 continue 之后的语句，跳至该代码块所属的 while 语句或 for 语句，判断要不要进入下一次循环。

示例 3-8 和示例 3-9 以两段相似的代码展现 break 和 continue 的不同之处。循环变量 i 均从 1 循环到 5，当 i 等于 3 时，程序进入 if 语句块。在 if 语句中，示例 3-8 执行 break，跳出 while 循环，因此只输出 1 和 2，程序正常结束；示例 3-9 执行 continue，结束本次循环，第 5~6 行代码不执行，直接跳至第 2 行代码判断 i 是否小于或等于 5，变量 i 未发生改变仍为 3，满足循环条件，进入循环体，然而 if 条件 "i==3" 也满足，再次进入 if 语句块执行 continue，如此往复，程序陷入死循环。

从示例 3-9 可以看出，在 while 循环中使用 continue 时，要注意在 continue 语句之前有没有正确地改变循环变量的值。

【示例 3-8】break 退出循环。

```
1.    i = 1
2.    while i <= 5:
3.        if i == 3:
4.            break
5.        print(i)
6.        i += 1
7.    # 输出结果:
8.    # 1
9.    # 2
```

【示例 3-9】continue 结束本次循环。

```
1.    i = 1
2.    while i <= 5:
3.        if i == 3:
4.            continue  # 死循环
5.        print(i)
6.        i += 1
```

3.2.3 for 循环

相对于 while 循环的全能，for 循环则有着更加典型的应用场景。

1. 遍历并处理可迭代对象的元素

这里的"遍历"指的是按照某种顺序逐个访问对象中每项内容的过程。在 Python 中，可迭代对象（iterable）是一个可以支持元素遍历的对象，该对象提供了一个特殊的 __iter__()方法（"方法"的本质是函数，特指类中定义的函数，通过类的对象调用；而"函数"不依赖对象，可以在任何地方调用。类的相关内容将在第 7 章介绍，本书后续会根据具体情况使用"函数"和"方法"两个术语），该方法可以记住当前正在被访问的元素的位置。

Python 的可迭代对象包括序列、集合、字典、生成器等，当使用 for 循环遍历可迭代对象时，for 语句会依次访问可迭代对象中的每个元素，并对每个元素执行相应的操作，直到所有元素都被访问完毕。其基本语法为：

```
for 循环变量 in 可迭代对象:
    代码块
```

其中，循环变量用于在每次循环中存储当前访问的元素值，可迭代对象是 for 循环遍历的目标对象。for 循环的执行流程如图 3-5 所示，首先 for 语句会通过可迭代对象的 __iter__() 方法获取迭代器，并通过这个迭代器判断是否所有元素都访问完了，如果没有，则通过迭代器访问下一个元素，并将其赋值给循环变量，接着执行循环体中的代码块，在代码块中可以使用循环变量，以达到处理当前访问的元素的目的；代码块执行完毕后回到 for 语句，重复上述过程，当迭代器中的所有元素都访问完毕时，for 循环结束。

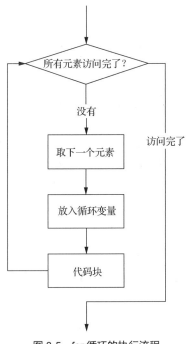

图 3-5　for 循环的执行流程

示例 3-10 实现了求列表对象中所有元素之和的功能。使用 for 语句遍历列表 list1，每次循环都取出 list1 中的一个元素（第一次取出 3，第二次取出 4，以此类推），存入循环变量 e，然后进入循环体，将 e 的值累加在变量 result 上，当所有元素访问完后退出 for 循环，跳至第 6 行代码，输出结果。

【示例 3-10】列表元素求和。

```
1.    list1 = [3, 4, 0, -1, 7]
2.    result = 0
3.    for e in list1:
4.        result += e
5.
6.    print(result)
```

示例 3-10 也可以用 while 循环实现，因为列表元素可以通过"列表对象[数字下标]"的方式访问，将循环变量作为下标，依次访问每个元素。如示例 3-11 所示，第 3 行的 len() 函数是 Python 的内置函数，可以返回可迭代对象中元素的个数，对于有 n 个元素的列表对象，其数字下标的范围是[0, n-1]，所以循环条件是"i<len(list1)"。

【示例 3-11】while 循环实现列表元素求和。

```
1.   list1 = [3, 4, 0, -1, 7]
2.   i, result = 0
3.   while i < len(list1):
4.       result += list1[i]
5.       i += 1
```

对比示例 3-10 和示例 3-11，不难看出 for 循环不需要考虑循环变量的更迭，它能自动遍历对象中的元素，元素的引用方式也更加简洁，整体代码的可读性更好。

2. 实现明确次数的循环

如果循环的次数已知，使用 for 循环也能使代码更加易读，需要与 range()函数配合使用。

range()函数是 Python 的内置函数，用于生成一个整数序列，它有 3 种用法。

（1）range(n)

以 0 为起始值、n-1 为结束值生成 n 个整数，例如 range(5)将生成"0，1，2，3，4"这 5 个数。

（2）range(m, n)

以 m 为起始值、n-1 为结束值生成 n-m 个整数，例如 range(1, 5)将生成"1，2，3，4"这 4 个数。

（3）range(m, n, step)

将以 m 为起始值、step 为步长，生成[m, n-1]的整数序列，例如 range(1, 10, 3)将生成"1，4，7"这 3 个数。

range()函数生成的整数序列是一个可迭代对象，因此可以用 for 循环遍历这个整数序列，例如示例 3-12 的 for 循环实现，在这个例子中，循环累加的数字范围是[1, 100]，所以使用 range(1, 101)即能得到[1, 100]的整数序列，通过 for 循环遍历序列中的每个元素，取出并存入循环变量 i，然后在循环体中进行累加。

【示例 3-12】for 循环实现[1, 100]整数求和。

```
1.   result = 0
2.   for i in range(1, 101):
3.       result += i
```

当 for 循环与 range()函数配合使用时，并非一定要在循环体中使用循环变量，如示例 3-13 模拟的 14 天短期投资回报计算。假设本金为 10 万元，年利率是 0.0385（日利率=年利率/365），每天结束时的收益为"当日本金×日利率"，"当日本金+当日收益"为本日结息，也是下一天的本金，只要将该计算重复 14 次，即可得到投资 14 天后的总金额。

【示例 3-13】for 循环实现 14 天短期投资回报计算。

```
1.   result = 100000.00  # 收益，初始值为本金 10 万元
2.   rate = 0.0385 / 365  # 日利率
3.   for i in range(14):
4.       result = result + result * rate
```

这个例子没有在循环体中使用循环变量 i，只是利用 range(n)产生 n 个整数序列的特性，达到了重复执行 n 次循环体的目的，这也是 for 循环与 range()函数的常见用法。

3. 同时遍历多个可迭代对象

for 循环可以与 Python 内置函数 zip()、enumerate()等结合使用，这在数据处理和算法实现中非常有用。

zip()函数能够同时处理多个可迭代对象中对应位置的元素，这在处理多个相关联的数据集时

非常有用。当把 n 个可迭代对象作为参数传递给 zip()函数时，它会返回一个 zip 类型的对象，可以使用 for 循环遍历这个对象，每次循环都会生成一个长度为 n 的元组，元组中的元素来自各个可迭代对象对应位置上的元素。示例 3-14 定义了两个列表对象，for 循环遍历的是 zip(list1, list2) 返回的 zip 对象，第一次循环时该对象生成第一个元组，其中的元素是 list1、list2 的第一个元素，即(1,'a')，由于元组有两个元素，也需要两个循环变量分别存放第一个元素和第二个元素，第二次循环时该对象生成第二个元组，即(2,'b')，以此类推，当最短的可迭代对象被耗尽时，迭代就会停止。

【示例 3-14】zip()函数使用。

```
1.   list1 = [1, 2, 3]
2.   list2 = ['a', 'b', 'c']
3.
4.   for num, char in zip(list1, list2):  # 需要两个循环变量
5.       print(num, char)
6.   # 输出结果:
7.   # 1 a
8.   # 2 b
9.   # 3 c
```

enumerate()函数会遍历可迭代对象，并返回一个 enumerate 类型的对象。当使用 for 循环遍历这个对象时，每次循环都会生成一个包含两个元素的元组：一个是当前元素的索引（默认从 0 开始），另一个是当前元素的值。示例 3-15 为 enumerate()函数的使用。

【示例 3-15】enumerate()函数使用。

```
1.   list1 = ['a', 'b', 'c']
2.
3.   for index, value in enumerate(list1):
4.       print(index, value)
5.   # 输出结果:
6.   # 0 a
7.   # 1 b
8.   # 2 c
```

3.2.4　else 子句

while 循环和 for 循环都可以带一个 else 子句。只有循环正常结束时才会进入 else 子句，对于 while 循环，当循环条件不满足而退出循环后会进入 else 子句；对于 for 循环，当可迭代对象所有元素都遍历完而退出循环后会进入 else 子句。不论哪种循环结构，在 break 退出循环的情况下都不会进入 else 分支。通常可以在 else 分支里做一些循环工作正常结束后的收尾工作，如输出信息、记录日志等。

示例 3-16 用于检查列表对象中是否含有非正数。使用 for 循环遍历列表 list1，如果遇到小于或等于 0 的元素，输出"列表中含有非正数元素"然后退出 for 循环，跳至第 10 行执行输出语句；如果所有元素都遍历完了也能进入 if 语句块执行 break 操作，说明所有元素都是正数，for 循环结束，进入 else 子句，输出"列表中所有元素均为正数"。

【示例 3-16】else 子句使用。

```
1.   list1 = [1, 2, 3, -1, -2, 4]
2.
3.   for num in list1:
4.       if num <= 0:
5.           print('列表中含有非正数元素')
6.           break
```

```
7.    else:
8.        print('列表中所有元素均为正数')
9.
10.   print('测试结束')
```

3.2.5　嵌套循环

嵌套循环是 Python 编程中一种常见的结构，它允许在一个循环内部放置另一个循环，当需要处理二维数据或进行多层次迭代时非常有用。

示例 3-17 展示了使用嵌套循环输出九九乘法表的例子。将九九乘法表按横行输出，所以外层循环控制的是行数，从第 1 行输出到第 9 行，内层循环控制的是一行内每列的内容，第 1 行只有"1*1=1"，第 2 行有"2*1=2　2*2=4"，依次类推。示例 3-17 的代码中，第 3 行执行输出操作，输出乘法算式，由于 print()函数输出完字符串后默认添加一个换行符，为了避免一行内的算式还未输出完毕就换行，指定参数"end='\t'"使行内算式之间由制表符隔开，一行内所有算式输出完毕后退出内层循环，跳至第 4 行执行 print()语句，该输出语句没有输出任何内容，但会默认加上一个换行符，在输出终端上换到下一行继续输出算式。

【示例 3-17】嵌套循环实现九九乘法表。

```
1.   for i in range(1, 10):
2.       for j in range(1, i+1):
3.           print('%d*%d=%d' % (i, j, i*j), end='\t')
4.       print()  # 换到新的一行
```

【实战 3-2】while 循环运用：设计倒计时番茄钟

【需求描述】

"番茄钟"是一个时间管理工具，核心理念是将工作时间划分为多个固定的时间段，每个时间段称为一个"番茄时间"，通常是 25 分钟。每完成一个番茄时间后，用户可以休息一段时间，通常是 5 分钟。每完成 4 个连续的番茄时间后，用户可以享受一个更长的休息时间，通常是 15～30 分钟。番茄钟有助于提高用户专注力和工作效率，同时也有助于避免长时间连续工作带来的疲劳。

创建一个简单的番茄钟程序，允许用户输入任务名称、设置番茄时间，并根据当前时间和番茄时间提示任务结束的时间。此外，任务开始后会以秒为单位，对番茄时间进行倒计时，并在倒计时结束时发出提醒。

1. time 库

time 库是 Python 标准库之一，无须安装。它提供基本的时间处理功能，例如获取当前时间、执行延迟、时间格式化及精确计时等。time 库主要基于 UNIX 时间戳进行计时，即从 1970 年 1 月 1 日 00:00:00 UTC 开始计算的秒数。time 库的功能主要涵盖以下几个方面。

（1）计算机时间表达

time 库能够使用时间戳或结构化时间表达计算机时间，包括年、月、日、小时、分钟、秒等，同时提供时间戳与结构化时间互相转换的方法。

（2）时间格式化与解析

可以将时间戳、结构化时间转换成指定格式的字符串，方便用户阅读和理解，也可以将符合指定格式的时间字符串解析为结构化时间，供程序使用。

（3）精确计时

提供精确的程序计时功能，可以用于性能分析和优化。

（4）执行延迟

可以令程序暂停指定的秒数，对简单的等待或定时任务非常有用。

2．datetime 库

datetime 库也是 Python 标准库之一，提供更高级的日期和时间操作功能，包括日期和时间的组合、时间差、时区信息等，主要特点如下。

（1）日期和时间表示

datetime 库可以单独表示日期（年、月、日）和时间（小时、分钟、秒、微秒），也可以同时表示日期和时间。

（2）时间差计算

datetime 库可以表示两个日期或时间之差，能够方便地进行时间的运算。

（3）时区处理

datetime 库支持存储时区信息。

（4）格式化和解析

datetime 库可以将日期和时间对象转换为字符串，也可以将字符串解析为日期和时间对象。

datetime 库和 time 库有一些重叠的功能，可以根据具体的需求选择使用。如果需要进行复杂的日期和时间操作，datetime 库通常是更好的选择。

示例 3-18 和示例 3-19 分别展示了 time 库和 datetime 库部分功能的用法，更多信息可参考官方文档。

【示例 3-18】time 库使用示例。

```
1.   import time
2.
3.   # 获取当前时间
4.   # 1. 获取当前时间戳（从 1970 年 1 月 1 日 00:00:00 UTC 到现在的秒数）
5.   current_timestamp = time.time()
6.   print('当前时间戳:', current_timestamp)
7.
8.   # 2. 获取当前时间的结构化时间
9.   current_time_struct = time.localtime()
10.  print('当前时间的结构化时间:', current_time_struct)
11.
12.  # 获取结构化时间的各个部分
13.  print('当前小时:', current_time_struct.tm_hour)
14.  print('当前分钟:', current_time_struct.tm_min)
15.  print('当前秒数:', current_time_struct.tm_sec)
16.  print('一年中的第%d天' % current_time_struct.tm_yday)
17.
18.  # 时间戳与结构化时间互相转换
19.  # 1. 时间戳->结构化时间
20.  structured_time = time.localtime(current_timestamp)
21.  print('时间戳->结构化时间:', structured_time)
22.
23.  # 2. 结构化时间->时间戳
```

```
24.  timestamp_time = time.mktime(current_time_struct)
25.  print('结构化时间->时间戳:', timestamp_time)
26.
27.  # 获取指定时间戳的 UTC 时间
28.  utc_time = time.gmtime(current_timestamp)
29.  print('UTC 时间:', utc_time)
30.
31.  # 结构化时间格式化为时间字符串
32.  formatted_time = time.strftime('%Y-%m-%d %H:%M:%S', structured_time)
33.  print('时间字符串:', formatted_time)
34.
35.  # 等待（睡眠）指定的秒数
36.  print('等待 3 秒...')
37.  time.sleep(3)
38.  print('3 秒已过!')
```

【示例 3-19】datetime 库使用示例。

```
1.   from datetime import datetime, timedelta
2.
3.   # 获取当前日期和时间
4.   now = datetime.now()
5.   print("当前日期和时间:", now)
6.
7.   # 格式化当前日期和时间
8.   formatted_datetime = now.strftime('%Y-%m-%d %H:%M:%S')
9.   print("格式化后的当前日期和时间:", formatted_datetime)
10.
11.  # 创建一个指定的日期和时间对象
12.  specific_date = datetime(2023, 10, 23, 10, 30, 0)
13.  print("指定的日期和时间:", specific_date)
14.
15.  # 计算两个日期之差
16.  another_date = datetime(2024, 6, 1)
17.  difference = another_date - now
18.  print("两个日期之差:", difference)
19.
20.  # 在当前日期上添加时间差
21.  tomorrow = now + timedelta(days=1)
22.  print("明天的日期:", tomorrow)
23.
24.  # 提取日期中的年、月、日
25.  print("当前年份:", now.year)
26.  print("当前月份:", now.month)
27.  print("当前日期:", now.day)
```

【实战解析】

本实战涉及的编程要点如下。

1. 用户输入

程序需要接收用户输入的任务名和番茄时间，并使用变量存储。

2. 时间计算

程序需要根据用户设定的番茄时间和当前时间计算出任务结束的时间。

3. 倒计时功能

程序需要实现倒计时功能，以显示剩余时间，直到任务结束。

4. 提醒功能

当倒计时结束时，程序需要发出提醒，通知用户任务时间已到。

5. 循环与条件判断

程序需要循环检查时间是否到达，并且根据条件判断是执行任务还是发出提醒。

【实战指导】

具体编程步骤如下。

1. 初始化变量

首先预设两个变量，分别存储任务名称（task）和番茄时间（work_time）。其中，task 由用户输入初始化；work_time 默认值为 25，如果用户没有输入 work_time 的值就使用默认值。

2. 设置用户输入

使用 input() 函数获取用户输入的任务名称和番茄时间（单位为分钟）。

3. 计算结束时间

使用 datetime 模块获取当前时间，加上用户设定的番茄时间计算出任务结束的时间。

4. 实现倒计时

将番茄时间转换为总秒数，在循环中不断检查剩余番茄时间是否为 0，如果不为 0 则减去 1 秒，并使用 time 模块的 sleep() 函数暂停程序 1 秒，如果为 0 则退出循环；显示剩余时间的功能可以利用结构化时间变量存储剩余秒数，通过 time 模块的 strftime() 函数将结构化时间转换为指定格式的时间字符串。

5. 发出提醒

番茄时间为 0 时，使用 print() 函数或其他方式（如声音提示）发出提醒。

【参考代码】

```
1.    import datetime
2.    import time
3.    import winsound  # 用于Windows系统的声音提醒
4.
5.    # 初始化变量
6.    task = input("请输入任务名称: ")
7.    work_time = input("请输入番茄时间（分钟): ")
8.    if work_time == '':
9.        work_time = 25  # 默认25分钟
10.   else:
11.       work_time = int(work_time)
12.
13.   # 提示任务结束时间
14.   now = datetime.datetime.now()  # 获取当前时间
```

```
15.  end_time = now + datetime.timedelta(minutes=work_time)  # 计算结束时间
16.  print('%s 开始，将于%s 结束' % (task, end_time.strftime('%H:%M:%S')))
17.
18.  # 获取番茄时间的总秒数，方便倒计时（测试时可将其改为 5 秒演示倒计时效果）
19.  total_seconds = work_time * 60
20.
21.  # 根据剩余秒数创建一个结构化时间，方便格式化时间字符串
22.  struct_time = time.gmtime(total_seconds)
23.
24.  # 倒计时循环
25.  while total_seconds > 0:
26.      print(time.strftime('%H:%M:%S', struct_time))  # 输出倒计时
27.      time.sleep(1)  # 程序暂停 1 秒
28.      total_seconds -= 1  # 总秒数减 1
29.      struct_time = time.gmtime(total_seconds)  # 更新结构化时间
30.
31.  print('时间到，%s 结束，请休息！' % task)  # 提醒任务结束
32.  winsound.Beep(1000, 1000)  # 在 Windows 系统上蜂鸣提醒（1000Hz，持续 1 秒）
```

【实战 3-3】for 循环运用：模拟下载进度条

【需求描述】

模拟一个下载任务，该任务包含多个步骤，每个步骤代表下载过程中的一小部分，下载过程中实时显示进度条，进度条随着每个步骤的完成而逐渐填充，效果如图 3-6 所示。

图 3-6　下载进度条效果

random 库是 Python 标准库之一，它提供了多种生成随机数的功能，例如生成 0～1 的随机浮点数、生成指定范围内的随机整数、从序列中随机选择一个元素、生成不重复的随机样本等。在仿真、游戏、统计抽样、密码学等多个领域，random 库都有着广泛的应用。表 3-1 介绍了 random 库部分函数，更多信息可参考官方文档。

表 3-1　random 库部分函数

函数	说明
random()	返回[0,1)的随机浮点数
uniform(a, b)	返回指定范围[a,b]的随机浮点数
randint(a, b)	返回指定范围[a,b]的随机整数
randrange(start, stop, step)	从指定范围内，按指定基数递增的集合中获取一个随机数
choice(seq)	从序列 seq 中随机返回一个元素
shuffle(seq)	将序列 seq 的所有元素随机排序，直接在原序列上进行修改
sample(population, k)	从总体序列或集合中选择 k 个唯一随机元素，用于无重复随机抽样
seed(a=None)	初始化随机数生成器，在需要复现随机数序列的场景中非常有用
getstate() setstate(state)	保存和恢复随机数生成器的内部状态，对复杂的随机数应用非常有用

【实战解析】

本实战涉及的编程要点如下。

1. 模拟多个下载步骤

程序需要模拟出多个步骤中下载的数据量并保存,以供下载过程中显示进度条。

2. 模拟下载过程

程序需要遍历上述模拟数据,每次循环取出其中一个用于模拟下载过程。

3. 百分比和当前进度条长度计算

程序需要累加模拟的下载数据量,然后除以总量得到当前已经下载的百分比。

4. 在同一行输出进度条信息

程序需要"更新"进度条,而非在不同的行上输出多个进度条。

【实战指导】

具体编程步骤如下。

1. 初始化变量

首先预设 3 个变量,分别用于存储多个模拟下载数据量(splits)、剩余下载量(remains)和当前已下载量(progress),其中,splits 是列表对象,初始值为空列表,remains 初始值为 100,表示设定总下载量为 100,progress 初始值为 0。

2. 生成模拟下载数据量

使用 while 循环,每次循环随机生成一个 1~25 的整数,模拟第一个下载步骤的数据量,并通过列表的 append()方法将其添加到 splits 列表。同时,更新 remains 的值,减去已分配的数据量,当 remains 小于 15 时退出 while 循环,此时 remains 的值将作为最后一个下载步骤的数据量添加到 splits 列表。要确保所有下载步骤的数据量之和等于 100。

3. 模拟下载过程

使用 for 循环遍历 splits 列表中的元素,每次迭代取出一个数据,相当于模拟一个下载步骤,然后将该阶段下载的数据量增加到 progress 上,表示当前已经下载的总数据量。此处可以使用 time.sleep(1)暂停程序 1 秒,以便观察进度条的输出效果。

4. 输出进度条信息

在 for 循环中,每更新一次 progress 的值,就要重新输出进度条。已完成的部分用"="表示,其数量的计算方法为"progress/总下载量*100",未完成的部分用空格表示,其数量的计算方法为"(总下载量-progress)/总下载量*100"。字符串重复可以使用"*"运算符,"字符串*整数 n"表示将指定的字符串重复 n 次。同时,设置 print()函数的 end 参数为'\r',确保一次输出后光标回到行首。

注意,参考代码中根据设定值简化了公式,同时为了方便显示,将数量做了减半处理。

【参考代码】

```
1.   import random
2.   import time
3.
4.   # 首先模拟下载过程中的多个步骤,总下载量为100
5.   # 随机生成几个整数,每个随机整数代表下载过程中一个步骤下载的数据量
```

```
6.      # 这些随机整数通过 append () 方法加入列表 splits
7.      splits = []  # 定义一个列表对象，存放各个步骤下载的数据量
8.      remains = 100  # 设定总下载量为 100
9.      while remains > 15:
10.         split = random.randint(1, 25)
11.         splits.append(split)
12.         remains -= split
13.     splits.append(remains)
14.
15.     # 记录当前进度的变量
16.     progress = 0
17.
18.     # 模拟一边下载一边输出进度条
19.     print('Download ...')
20.     for step in splits:  # 使用 for 循环遍历每个步骤
21.         progress += step  # 计算当前步骤的百分比进度
22.
23.         time.sleep(1)  #暂停程序 1 秒，观察输出效果
24.
25.         # 输出进度条
26.         # 为了方便显示，'='和其后的空格数量都按实际数量的一半计算
27.         starts = '=' * int(progress / 2)
28.         blanks = ' ' * (50 - int(progress / 2))
29.         # 使用'\r'回到行首，以便在同一行更新进度条信息
30.         print('[%s%s]  %d%%' % (starts, blanks, progress), end='\r')
```

3.3 异常

程序在运行过程中难免会遇到一些错误，有些错误属于逻辑错误，导致程序无法实现预期的效果，但不会影响程序的运行，而有些错误则会令程序直接终止，这类错误即"异常"。在 Python 编程中，异常处理是一个非常重要的部分，要确保程序在出现异常时能够得到处理，而不是直接终止运行。

3.3.1 异常的概念与类型

异常是 Python 程序执行期间发生的一个特殊错误，它会中断正常的程序流程，让程序停止运行。示例 3-20 的代码从逻辑、语法上看都没有问题，但是用户如果输入的总质量为 0，就会引发"除数为 0"错误，进而令程序终止，测试结果如图 3-7 所示。

【示例 3-20】异常测试：除数为 0 的异常。

```
1.      total_cost = float(input('请输入总价格: '))
2.      total_weight = float(input('请输入总质量: '))
3.      print('单价: %.2f' % (total_cost/total_weight))
4.      print('计算完成')
```

在图 3-7 所示运行框中，从 "Traceback" 开始为 Python 解释器提供的异常信息："File "D:\src\exception.py", line 7, in <module>" 定位了引发异常的代码行，即文件的第 7 行；波浪线定位了该行中引发异常的语句，即进行除法运算时发生的错误；最后一行是异常类型和一段错误信息，"ZeroDivisionError: float division by zero" 表明异常类型是 "ZeroDivisionError"，具体点说，是浮点

数被 0 除了。从图中可以看出，引发异常后程序就退出了，且退出代码为 1（正常退出是 0），源代码最后一行 print()语句未能执行。

导致程序终止执行的异常情况很多，Python 将这些情况进行封装，提供了完善的异常类系统。这些异常类的命名通常都能说明其错误原因，例如图 3-7 中的"ZeroDivisionError"，以及示例 3-20 如果输入不能转换成浮点数的字符将引发"ValueError"异常，如果不将输入的字符串转换为浮点数会引发"TypeError"异常，如图 3-8 和图 3-9 所示。

图 3-7　输入 0 后的测试结果

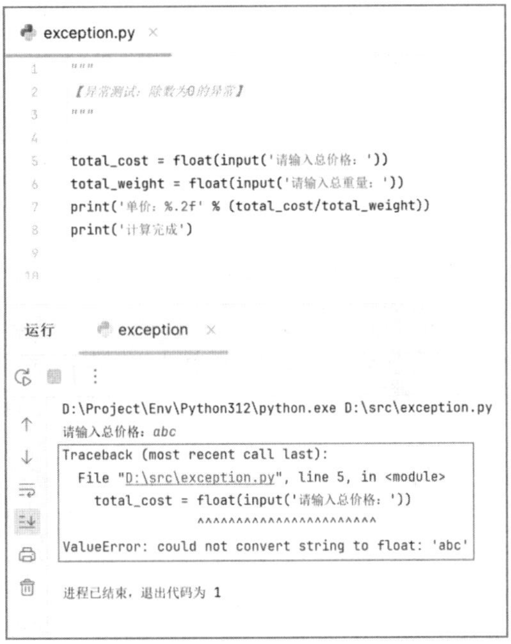

图 3-8　ValueError 异常

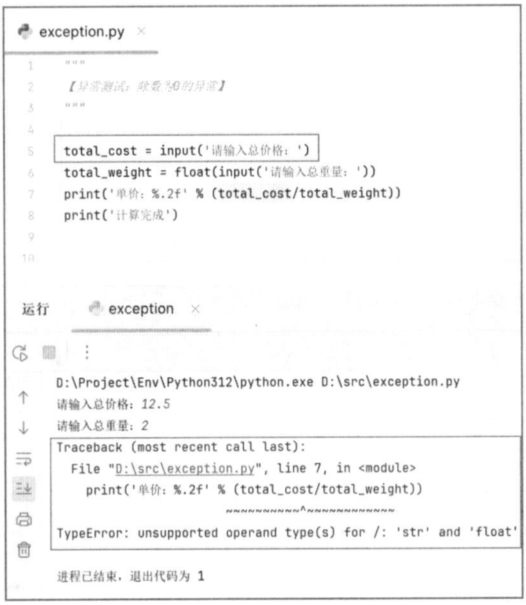

图 3-9　TypeError 异常

表 3-2 列出了 Python 部分异常类的含义。

表 3-2　Python 部分异常类的含义

异常类	说明	异常类	说明
BaseException	所有异常类的基类	SyntaxError	语法错误
AttributeError	访问对象没有的属性时触发	TypeError	操作对象不适当时触发
IndexError	访问序列不存在的索引时触发	ValueError	函数参数无效时触发
KeyError	访问字典不存在的键时触发	IOError	输入输出错误
IndentationError	缩进错误	NameError	访问没有定义的变量时触发

3.3.2　异常的捕获与处理

事实上，从程序运行时发生异常，到开发者从窗口中看到具体的错误信息，异常有一个传递的过程。这个过程可以做一个简单的类比：假设我们在一个大公司工作，具体岗位在某个部门的一个小组，某天我们在工作中遇到一个问题，这个问题自己解决不了，需要上报给直接领导，直接领导一看，发现没办法解决，于是上报给更高一层的领导，这个上报过程可能会一直持续，直到问题被某个能够解决的领导层处理，或者被曝光产生不可预知的后果。

运行 Python 脚本文件时，"程序顶层"通常是指脚本文件中不包含在函数或类定义中的代码行。在脚本文件中调用函数时，函数内部还可能调用其他函数，于是就有了调用层次，错误可能发生在程序顶层，也可能发生在某个深层函数内部。一旦这个错误被识别为异常，程序就会创建一个对应异常类的对象，这个对象中包含了详细的错误信息。如果当前层次不能处理这个异常对象，异常对象就会被"抛出"，返回给调用这个函数的上一层代码，如果上一层代码也没有实现对该异常的处理，异常对象就会继续"上抛"，回到再上一层的调用代码。这个过程会一直持续，如果直到它到达程序顶层都没有被处理，程序就会终止。根据这个过程，只要在合适的层次中提供处理异常的代码，例如输出错误信息、尝试修复问题或者回退到一个安全状态等，就可以让程序不终止运行，从而提高程序的健壮性。

Python 提供 try 结构捕获异常对象并进行处理。完整的 try 结构有 4 个分支，其基本语法为：

```
try:
    # 尝试执行的代码块
except [异常类型 as 对象别名]:
    # 处理异常的语句块
else:
    # try 块顺利完成后需要执行的语句块
finally:
    # 不论是否发生异常最终都要执行的语句块
```

其中，try 和 except 分支是必需的，else 和 finally 分支是可选的，以下将分为 3 种情况分别介绍。

1.　try...except

try...except 结构是 Python 捕获处理异常的基本结构。通常将尝试执行的语句放在 try 块中，如果 try 块中没有发生异常，就不执行任何异常处理程序，一旦发生了异常，程序将创建相应异常类型的对象并抛出；except 分支会捕获其后指定类型的异常对象，如果没有指定则会捕获所有类型的异常对象，然后进入 except 分支进行处理；except 分支里的语句执行完之后，整个 try 结构就执行完了，程序继续往后走，try 块中发生异常后的语句不会再执行。

示例 3-21 将接受用户输入的语句和计算单价的语句都放在 try 块中，如果输入的总价格为"abc"，执行第 2 行代码时必然产生"ValueError"异常；except 分支没有指定异常类型，则会捕获所有异常，程序跳转到 except 分支执行，输出"发生异常!"，try 块中第 3～4 行不会再执行。总价格输入"abc"的测试结果以及总质量输入"0"的测试结果分别如图 3-10 和图 3-11 所示，可以看到，使用异常捕获处理结构后，程序尽管发生异常也能按照代码实现的逻辑正常运行至结束。

【示例 3-21】try...except：捕获处理所有异常。

```
1.  try:
2.      total_cost = float(input('请输入总价格: '))
3.      total_weight = float(input('请输入总质量: '))
4.      print('单价: %.2f' % (total_cost/total_weight))
5.  except:
6.      print('发生异常!')
7.
8.  print('计算完成')
```

```
请输入总价格: abc
发生异常!
计算完成


进程已结束，退出代码为 0
```

图 3-10　总价格输入"abc"的测试结果

```
请输入总价格: 12.5
请输入总质量: 0
发生异常!
计算完成

进程已结束，退出代码为 0
```

图 3-11　总质量输入"0"的测试结果

2. 多个 except 块

将所有异常都放在唯一的 except 分支中笼统处理并不推荐，多数情况下需要针对不同类型的异常做不同的处理，这时可以使用多个 except 块，若 try 块中的语句发生了异常，则会根据异常类型跳转到相应的 except 分支。

示例 3-22 中，多个 except 分支并列书写。当除数为 0 时，程序将在执行第 4 行代码时抛出 ZeroDivisionError 异常对象；程序依照代码中 except 的顺序，依次匹配捕获这个异常对象的 excpet 分支，于是程序找到第 5 行的 except 捕获该异常对象，并给它取了别名"e"，可以在这个 except 块里通过名称 e 使用捕获的对象，获取其中携带的异常信息，然后进入分支，输出信息；该异常处理完后，不会再进入其他分支，整个 try 结构执行完毕，将从第 6 行跳转至第 12 行继续执行。测试结果如图 3-12 所示。

因为程序可能产生 except 捕获范围之外的异常，通常会在最后一个 except 中捕获 BaseException 异常，这是 Python 所有异常类的基类，使用它就可以捕获以上 except 分支没有考虑到的异常。

【示例 3-22】多个 except：处理不同异常。

```
1.  try:
2.      total_cost = float(input('请输入总价格: '))
3.      total_weight = float(input('请输入总质量: '))
4.      print('单价: %.2f' % (total_cost/total_weight))
5.  except ZeroDivisionError as e:
6.      print('总质量不能为 0: %s' % e.args[0])
7.  except ValueError as e:
8.      print('输入的数据无法转换为数字: %s' % e.args[0])
9.  except BaseException as e:
10.     print('其他异常: %s' % e.args[0])
11.
12. print('计算完成')
```

```
请输入总价格: 12.5
请输入总质量: 0
总质量不能为0: float division by zero
计算完成


进程已结束，退出代码为 0
```

图 3-12　除数为 0 时的测试结果

3. else 和 finally 的使用

else 和 finally 不是必需的，它们通常用来完成一些必要的清理工作或附加操作，例如在文件打开并执行完相应操作后关闭文件、在网络通信结束后关闭网络连接、记录日志、输出提示信息等。

else 块只有在 try 块中的代码执行完毕且没有引发任何异常时才会进入；一旦触发异常，就会从 try 块跳转到对应的 except 分支，之后也不会再进入 else 块。当程序有一些额外的操作，仅在 try 块正常完成时才需要执行时，可以将这些操作放在 else 块中实现。

无论 try 块中的代码是成功执行完毕，还是触发异常处理进入了相应的 except 分支，在 try 块或 except 块之后，都会进入 finally 块执行。对于无论是否发生异常都必须执行的操作，通常放在 finally 块中。在有 else 的情况下，若是没有引发异常，try 块执行完毕后会先进入 else 块再进入 finally 块。

示例 3-23 中，try 块仅完成单价计算，只有在完成计算的情况下，才会进入 else 块输出单价结果，如果 try 块中触发了异常则会跳转至相应的 except 分支进行处理，最后进入 finally 块输出"本次任务结束"。无异常和触发"ValueError"异常的结果分别如图 3-13 和图 3-14 所示。

【示例 3-23】else 和 finally 的使用。

```
1.   try:
2.       total_cost = float(input('请输入总价格: '))
3.       total_weight = float(input('请输入总质量: '))
4.       price = total_cost / total_weight
5.   except ZeroDivisionError as e:
6.       print('总质量不能为0: %s' % e.args[0])
7.   except ValueError as e:
8.       print('输入的数据无法转换为数字: %s' % e.args[0])
9.   except BaseException as e:
10.      print('其他异常: %s' % e.args[0])
11.  else:
12.      print('单价: %.2f' % price)
13.  finally:
14.      print('本次任务结束')
```

```
请输入总价格: 12.5
请输入总质量: 10
单价: 1.25
本次任务结束


进程已结束，退出代码为 0
```

```
请输入总价格: abc
输入的数据无法转换为数字: could not convert string to float: 'abc'
本次任务结束


进程已结束，退出代码为 0
```

图 3-13　无异常测试结果 　　　　　　　　图 3-14　触发 ValueError 异常的测试结果

本章小结与知识导图

　　本章主要介绍了 Python 中的控制结构：分支结构用于条件判断与选择执行；循环结构可重复执行代码块；异常处理则能及时处理运行时产生的异常。

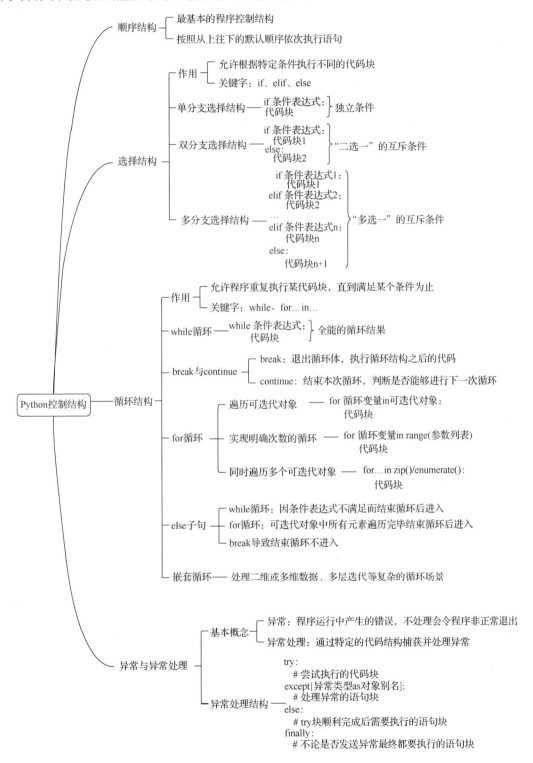

📝 **Python 二级考点梳理**

本章涉及的考点为 Python 的流程控制结构，主要包括如下内容。

【考点 1】三大控制结构

掌握顺序结构、分支结构（包括单分支、双分支、多分支）的使用方法，掌握循环结构（包括 while 循环、for 循环、for 循环+range()、break 和 continue 对循环流程的控制、嵌套循环）的使用方法。

【考点 2】程序的异常处理

掌握使用 try 结构捕获和处理异常的方法，包括多个 except 分支处理不同的异常，以及 else 分支和 finally 分支的使用方法。

【考点 3】random 库和 time 库的使用

掌握使用 random 库生成随机数的常用方法，掌握使用 time 库处理时间戳和结构化时间，以及格式化时间的方法。

习题

一、选择题

1. 在 Python 中，关键字（　　）用于创建分支结构。

    A．if   B．for   C．while   D．def

2. 下列选项中（　　）可以创建一个无限循环。

    A．for i in range(10)   B．while True

    C．while False   D．for i in [1, 2, 3]

3. 在 Python 中，break 的作用是（　　）。

    A．终止当前循环   B．跳过当前循环的剩余部分

    C．终止整个程序   D．跳过下一次循环

4. try…except 语句块的主要作用是（　　）。

    A．执行循环操作   B．实现分支结构

    C．处理运行时的异常   D．定义函数

5. 下列语句中（　　）可以在 except 块中捕获所有类型的异常。

    A．except Exception as e: B．except:

    C．except Error as e: D．except All as e:

6. 在 Python 中，finally 块（　　）。

    A．捕获异常并处理   B．在 try 块执行之后执行

    C．在 except 块执行之后执行   D．无论是否发生异常都会执行

7. 下列（　　）可用于在循环中跳过当前循环并进入下一次循环。

    A．break   B．continue   C．pass   D．exit()

8. 以下关于 Python 分支结构描述错误的是（　　）。

    A．if 之后必须有 elif 或 else

    B．if…else 结构可以嵌套

    C．当 if 后的条件表达式为 True 时执行 if 块里的语句

    D．缩进不正确会影响 Python 分支结构的执行

9. 运行以下代码，当输入数字 10 时输出结果是（　　　）。

```
x = int(input('请输入一个整数: ')
y = 0
if x > 10:
x -= 1
y = 5
if x <= 10:
x -= 1
y = 6
print(y)
```

  A. 4   B. 5   C. 6   D. 7

10. 运行以下代码，当输入数字 4 时输出结果是（　　　）。

```
x = int(input('请输入一个整数: ')
y = 1
for i in range(1, x+1):
y *= i
print(y)
```

  A. 0   B. 24   C. 120   D. 10

11. 下列代码的输出结果是（　　　）。

```
for i in 'Hi, Python!':
    if i == 't':
        continue
    print(s, end='')
```

  A. thon!   B. Hi, Py   C. Hi, Pyhon!   D. Hi, Python!

12. 下列代码的输出结果是（　　　）。

```
for i in 'abc':
    for j in range(3):
    print(i, end='')
    if i =='b':
        break
```

  A. abcabcabc   B. aaabbbccc   C. aaaccc   D. aaabccc

13. 运行以下代码，当输入数字 8 时输出结果是（　　　）。

```
x = input()
try:
    print(x * 3)
except:
    print(x)
```

  A. 24   B. 888   C. 8   D. 11

14. 下列代码的输出结果是（　　　）。

```
list1 = list(range(1, 10, 3)
print(list1)
```

  A. [1, 4, 7, 10]   B. [1, 4, 7, 10, 13, 16, 19, 22, 25, 28]

  C. [1, 4, 7]   D. [1, 11, 21]

15. 下列代码中 while 循环的循环次数是（　　　）。

```
i = 0
while i <= 5:
if i < 1:
    print(i)
    continue
if i == 3:
```

```
    print(i)
    break
i += 1
```

  A. 5   B. 3   C. 4   D. 死循环

二、简答题

1. 解释 Python 中循环结构的作用，并比较 for 循环和 while 循环的异同。

2. 说明异常处理在 Python 编程中的重要性，并描述 try…except…else…finally 语句块中各个分支的作用以及工作流程。

三、实践题

1. 下列代码的功能是按照 26 个英文字母的顺序，根据输入的数字输出对应的大写字母和小写字母，输入输出范例如下。

请输入 1~26 中的任意数字：3

英文字母：C-c

试补全代码。

```
x = input(_____)
if _____x.isdigit():   # 检查字符串中的所有字符是否都是数字
    print('输入包含非数字字符')
else:
    x = int(x)
    if_____:
        upper_ascii = 65 + x - 1
        lower_ascii = 97 + x - 1
        print('英文字母: %s-%s' % (_____,_____))
    else:
        print('输入不在 1~26 范围内')
```

2. 编写一个猜数字游戏：程序随机生成一个 1~100 的整数，用户尝试猜测这个数字，如果用户猜对了，程序输出"恭喜你猜对了!"，如果用户猜的数字比随机数小，程序提示"猜的数字太小了，请再试一次。"，如果用户猜的数字比随机数大，程序提示"猜的数字太大了，请再试一次。"，程序允许用户无限次猜测，直到猜对为止。（提示：使用无限循环，猜对为退出循环的条件；Python 内置 random 模块中的 randint()函数可以生成指定范围内的随机整数；通过 input()函数获取用户输入的数字。）

3. 编写一个程序：要求用户输入一个温度值，并询问用户是否要将该温度值从摄氏度（℃）转换为华氏度（℉），或者从华氏度转换为摄氏度，然后根据用户的输入执行相应的转换操作并输出结果，要求使用异常处理结构捕获可能发生的异常并给出提示。

温度转换公式：华氏度=摄氏度×1.8+32

第4章 序列、集合和字典

导言

在 Python 的世界里，序列、集合和字典都是常用的数据容器，它们是程序构建数据处理的基石，也是组织和加工信息的桥梁。序列有序地存储元素，且元素可添加、删除和修改；集合处理不重复数据、简化数据清理；字典通过键快速查找值，适用于复杂数据关联。本章将探索这 3 种数据结构，为解决复杂问题提供更多可能性。

学习目标

知识目标	<ul><li>识记：常用数据容器的定义语法</li><li>理解：常用数据容器的基本概念和应用场景</li><li>掌握：常用数据容器对象的创建和操作方法</li></ul>
能力目标	<ul><li>能够使用常用数据容器进行数据存储和其他操作</li><li>能够根据实际需求选择正确的数据容器并解决问题</li></ul>

4.1 序列

序列作为 Python 的基本数据结构之一，用于存储有序的元素集合。常用的序列有字符串、列表、元组等，它们的共同特点是元素按插入的顺序排列，位置关系固定，因此可以通过索引快速访问序列中的任意元素。Python 的索引支持正序和反序，如图 4-1 所示，正数索引表示从序列的开头元素开始，从左向右访问计数；而负数索引表示从序列的末尾开始，从右向左访问计数。本节将对字符串、列表、元组及切片的常用操作进行介绍。

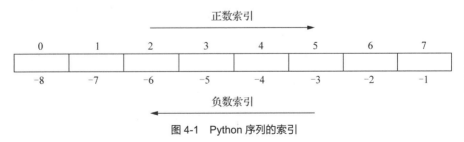

图 4-1　Python 序列的索引

4.1.1 字符串

字符串（str）是 Python 中用来表示文本数据的基本数据结构，是由零个或多个字符组成的有序字符序列。第 2 章中曾提到，Python 的多行注释就是由一对 3 引号引起来的字符串表示的，若在可执行语句中使用字符串，通常用单引号对或双引号对将字符序列引起来，即"字符串字面量"，例如'good'、'100'、'Hi'、'***'等都是字符串字面量。需要注意的是，在 Python 中，单个字符也是字符串，即只包含一个元素的字符序列。

1. 字符串变量的定义与访问

定义字符串变量的语法为：

```
变量 = 字符串字面量
```

示例 4-1 定义了两个字符串变量 language 和 author，它们的值分别为'Python'和'Guido van Rossum'。

【示例 4-1】定义字符串变量。

```
1.    language = 'Python'
2.    author = 'Guido van Rossum'
```

示例 4-2 中，第 2 行代码输出整个字符串的内容，可以通过字符串变量引用字符串整体；第 3～4 行代码输出字符串中的某字符元素，需要通过"变量名[索引]"引用指定位置的字符。但字符串是不可变数据类型，这意味着一旦创建了一个字符串，就不能更改它的内容，所以第 5 行试图将首字母改成大写"H"的语句是错误的。如果要更改字符串变量的值，只能如第 6 行所示，给字符串变量重新赋值。

【示例 4-2】访问字符串。

```
1.    info = 'hello'
2.    print(info)        # 输出整个字符串
3.    print(info[1])     # 输出 info 的第二个字符（从左往右计数）
4.    print(info[-2])    # 输出 info 的第二个字符（从右往左计数）
5.    info[0] = 'H'      # 错误：不可以修改已经创建的字符串中的字符
6.    info = 'Hello'     # 正确
```

2. 字符串格式化

除了运用"%"格式化运算之外，Python 还提供了 f-string 和字符串方法 format()两种格式化方式。

（1）f-string 格式化

f-string 是 Python 3.6 及以后版本中引入的一种新的字符串格式化方法，通过在字符串前加上字母"f"或"F"，可以将花括号内的表达式作为字符串的格式化参数。示例 4-3 展示了 3 个 f-string 使用示例，第 3 行代码中的两个{}直接引用了变量 name 和 age，格式化时会用这两个变量的实际值替换{}所在的位置；第 7 行代码中的{}里是一个加法表达式，首先要计算 a+b 的值，然后用该值替换{}所在位置；第 10 行代码展示了通过冒号指定数据的格式，其左边是表达式，右边是格式修饰符，".2f"的意思是以浮点数格式化变量 m 的值，并保留两位小数。

【示例 4-3】字符串格式化：f-string。

```
1.    name = '张三'
2.    age = 18
3.    print(f'{name}今年{age}岁')   # 直接使用变量的值替换{}
4.
5.    a = 5
6.    b = 10
7.    print(f'a+b={a + b}')   # 用a+b的值替换{}
8.
9.    m = 2.99
```

```
10.    print(f'梨子{m:.2f}元/斤')  # 冒号后面是指定的格式
```

（2）字符串方法 format()格式化

format()是字符串类提供的格式化方法，其基本语法为：

```
<模板字符串>.format(<逗号分隔的实际参数>)
```

模板字符串将变化的内容用占位符（由花括号包裹）替代，然后调用 format()方法，传入实际参数，填充占位符，完成格式化。模板字符串可以使用字符串字面量，也可以是存放了模板字符串的变量。如示例 4-4 所示，第 4 行代码直接使用字符串字面量调用 format()方法，这一行的模板字符串中，占位符只有花括号的内容为空，此时会将花括号与实际传入 format()的参数一一对应，即 name 的值替换第 1 个花括号，age 的值替换第 2 个花括号；第 7 行代码将模板字符串放在变量 var 中，第 8 行代码则使用变量 var 调用 format()，模板字符串中花括号里的数字为实际传入参数的位置索引，0 表示第 1 个参数，1 表示第 2 个参数，所以"苹果"会填在所有"{0}"的位置，"桃子"会填在所有"{1}"的位置；第 11 行代码的模板字符串的花括号里填入了标识符 age 和 school，这两个标识符将成为当前 format()的关键参数，可以在 format()的圆括号里通过关键参数名指定具体的值，如第 12 行代码所示，整数 17 替换"{age}"，"高中"替换"{school}"。

【示例 4-4】字符串格式化：str.format()。

```
1.    # 按实际参数出现的顺序逐个填入占位符
2.    name = '张三'
3.    age = 18
4.    print('{}今年{}岁'.format(name, age))
5.
6.    # 按实际参数的位置索引填入相应的占位符
7.    var = '{0}9元一斤，{1}10元四斤，{0}和{1}各卖一斤多少钱？'
8.    print(var.format('苹果', '桃子'))
9.
10.   # 按关键参数填入相应的值
11.   var = '小明今年{age}岁，正在读{school}。'
12.   print(var.format(age=17, school='高中'))
```

3．字符串运算

（1）+运算符

+运算符用于连接左右两个字符串，如示例 4-5 所示，result 的结果为"Hello World!"。

【示例 4-5】字符串+运算。

```
1.    str1 = 'Hello, '
2.    str2 = 'World!'
3.    result = str1 + str2
```

（2）*运算符

*运算符用于将字符串重复 n 次，其中字符串为左操作数，n 为右操作数。如示例 4-6 所示，result 的结果为"abcabcabc"。

【示例 4-6】字符串*运算。

```
1.    str1 = 'abc'
2.    result = str1 * 3  # 输出结果: abcabcabc
```

4．字符串处理函数

Python 提供了一些内置函数用来处理字符串，其调用语法为：

```
函数名(待处理对象)
```

（1）len(x)

len(x)返回字符串对象 x 的长度，即所包含的字符元素的个数。实际上，序列、集合和字典对象的元素个数都可以用 len()函数获取。如示例 4-7 所示，输出结果为 3。

【示例 4-7】获取字符串长度。

```
1.    str1 = 'abc'
2.    print(len(str1))  # 输出结果：3
```

（2）chr(x)

chr(x)返回 ASCII 值 x 对应的单个字符。如示例 4-8 所示，输出 ASCII 值 123 对应的字符。

【示例 4-8】获取 ASCII 值对应的单字符。

```
1.    x = 123
2.    print(chr(x))  # 输出结果：{
```

（3）ord(x)

ord(x)返回单字符 x 的 ASCII 值。如示例 4-9 所示，输出字符"1"的 ASCII 值。

【示例 4-9】获取单字符的 ASCII 值。

```
1.    x = '1'
2.    print(ord(x))  # 输出结果：49
```

5. 字符串方法

字符串类也提供一些方法用来处理字符串，要使用字符串类的方法，必须先有字符串对象，调用方法为：字符串对象.方法名(参数)。

（1）split()

split()根据指定的分隔符，将字符串拆分成多个子字符串，并返回包含这些子字符串的列表。其基本语法为：

```
字符串对象.split([sep, maxsplit])
```

其中 sep 和 maxsplit 均为可选参数，sep 用于指定分隔符字符串，如果不提供或为空，则默认使用空白符，包括空格、制表符、回车符等，maxsplit 用于指定最大拆分次数。示例 4-10 展示了使用 split()的例子，第 2 行代码定义了一个字符串对象 str1，第 3 行代码通过 str1 调用 split()方法，即对 str1 的值进行切分，split()无参数，使用默认空白符进行切分，所以在 str1 每个空格处切分，得到 4 个子串"Hello""World""from""Python"，4 个子串构成一个列表，通过赋值运算存放在变量 result 中；第 7 行字符串中的单词以逗号分隔，所以第 8 行代码调用 split()时传入分隔符为英文逗号，切分后返回的列表对象中包含"apple""banana""orange"3 个字符串；第 13 行调用 split()时传入了第 2 个参数，指定最多切分两次，所以以英文逗号为分隔符切出"apple""banana"之后，剩余部分不再切分，整体作为第 3 个子串。

【示例 4-10】使用 split()。

```
1.    # 使用默认分隔符（空白符）
2.    str1 = 'Hello World from Python'
3.    result = str1.split()
4.    print(result)  # 输出：['Hello', 'World', 'from', 'Python']
5.
6.    # 指定分隔符（,）
7.    str1 = 'apple,banana,orange'
8.    result = str1.split(',')
9.    print(result)  # 输出：['apple', 'banana', 'orange']
10.
11.   # 指定最大切分次数为2
12.   str1 = 'apple,banana,orange,grape'
```

```
13.    result = str1.split(',', 2)
14.    print(result)  # 输出: ['apple', 'banana', 'orange,grape']
```

（2）strip()

strip()用于删除字符串开头和结尾的指定字符，其基本语法为：

`字符串对象.strip([chars])`

其中 chars 是指定要删除的字符，如果不提供或为空字符串，则默认删除空白符。示例 4-11 展示了使用 strip()的例子，第 3 行调用 strip()时没有传入参数，即删除头尾的空白符，处理后的结果为"Hello, World!"，并存在变量 result 中；第 7 行字符串头尾字符不同，可以将它们放在一起作为要删除的字符传入，所以第 8 行调用 strip()时指定要删除的字符为"<>"。

【示例 4-11】使用 strip()。

```
1.    # 删除头尾空白符
2.    str1 = '  Hello, World!  '
3.    result = str1.strip()
4.    print(result)  # 输出: 'Hello, World!'
5.
6.    # 删除头尾的尖括号
7.    str1 = '<<<Hello, World!>>>'
8.    result = str1.strip('<>')
9.    print(result)  # 输出: 'Hello, World!'
```

（3）join()

join()通常用于将列表、元组或其他可迭代对象中的字符串按照指定的分隔符连接起来。其基本语法为：

`separator.join(iterable)`

其中 separator 是指定的分隔符字符串，iterable 是要将元素连接起来的可迭代对象。示例 4-12 展示了 join()的使用，第 3 行代码中的 join()会自动遍历 words 中的所有元素，并用分隔符将它们连接成一个新的字符串返回，存放在变量 result 中。需要注意的是，如果可迭代对象中包含非字符串元素，程序运行会出错。

【示例 4-12】使用 join()。

```
1.    words = ['apple', 'banana', 'orange']
2.    result = ','.join(words)  # 以','连接列表对象 word 中的所有字符串
3.    print(result)  # 输出: 'apple,banana,orange'
```

（4）find()

find()用于在字符串中查找子字符串的位置，如果找到了子字符串，返回其第一个字符的索引；如果没有找到，返回-1。其基本语法为：

`字符串对象.find(sub[, start[, end]])`

其中 sub 为要查找的子串，start 和 end 均为可选参数，start 指定开始查找的索引，默认为 0，表示从字符串的第一个元素开始找；end 指定结束查找的索引，默认为字符串的长度，表示到字符串最后一个元素为止，即在[start, end)的索引范围内查找。示例 4-13 展示了 find()的使用。

【示例 4-13】使用 find()。

```
1.    str1 = 'Hello, World!'
2.    index = str1.find('World')  # 从第一个元素找到最后一个元素
3.    print(index)  # 输出: 7
4.
5.    index = str1.find('World', 0, 6)  # 在"Hello,"范围内找
6.    print(index)  # 输出: -1
```

通过以上介绍，Python 字符串方法的使用可见一斑，表 4-1 列出了 Python 中部分常用字符串方法，供参考。

表 4-1　Python 中部分常用字符串方法

方法名		说明
查找相关	rfind()	返回子字符串最后一次出现的索引位置，没有匹配项则返回-1
	index()	功能与 find()相同，没有匹配项时抛出 ValueError 异常
	rindex()	功能与 rfind()相同，没有匹配项时抛出 ValueError 异常
	count()	返回子字符串在字符串中出现的次数
切分相关	rsplit()	与 split()类似，但是从字符串的右侧开始切割
	partition()	根据指定的分隔符将字符串分割为 3 部分：分隔符前的子串、分隔符本身以及分隔符后的子串
	rpartition()	与 partition()类似，但是从字符串的右侧开始分割
大小写转换	lower()	将字符串中的所有大写字母转换为小写字母
	upper()	将字符串中的所有小写字母转换为大写字母
	capitalize()	将字符串的首字母转换为大写，其余字母转换为小写
	title()	将字符串中每个单词的首字母转换为大写，其余字母转换为小写
	swapcase()	交换字符串中的大小写字母
替换	replace()	替换字符串中的子字符串为另一个子字符串，并返回替换后的新字符串
测试相关	isalnum()	检查字符串中是否只包含字母和数字
	isalpha()	检查字符串中是否只包含字母
	isdigit()	检查字符串中是否只包含数字
	isspace()	检查字符串中是否只包含空白字符（如空格、换行符、制表符等）
	isupper()	检查字符串中的字母是否都是大写
	islower()	检查字符串中的字母是否都是小写

4.1.2　列表

列表（list）是 Python 中常用的序列数据结构之一，用于存储一组有序的元素。这些元素可以是任何类型，包括数字、字符串、列表、字典等，而且 Python 也不要求同一列表每个元素的类型都相同。此外，列表是可变数据类型，这意味着创建列表后，可以修改、删除列表中已有的元素，也可以添加新的元素。

1. 创建列表

（1）使用"[]"创建列表

定义列表对象时，其初始值用"[]"括起来。如示例 4-14 所示，"[]"内为空表示创建一个空列表对象，即列表对象存在但其中没有任何元素；多个元素作为初始值则用逗号将这些元素隔开。

【示例 4-14】使用[]创建列表对象。

```
1.    empty = []  # 创建空列表
2.    fruits = ['apple', 'banana', 'cherry']
3.    counter = [1, 4, 10]
4.    diff = ['spam', 2.0, 5, [10, 20]]  # 元素类型可以不相同
```

（2）使用 list()函数创建列表

list()函数就是根据其他对象（元组、range、字符串、集合等）的值，创建一个新的列表对象并返回。如示例 4-15 所示，第 1 行代码中 list()无实际参数传入，将创建一个空列表对象，并通过赋值运算存放在变量 a 中；第 2 行代码中的 list()会创建一个新列表对象，然后遍历传入的字符串，将每个字符作为一个元素，放入新列表对象中，所以 b 的值为 "['H', 'e', 'l', 'l', 'o', ' ', 'W', 'o', 'r', 'l', 'd', '!']"，而不是 "['Hello World!']"。

【示例 4-15】使用 list()函数创建列表对象。

```
1.   a = list()  # 创建空列表
2.   b = list('Hello World!')  # 根据字符串创建列表
```

2. 访问列表元素

列表元素可使用双向索引访问，如示例 4-16 所示，第 2 行代码将输出列表对象 fruits 的全部内容；通过"列表对象[索引]"引用指定位置后，可以如第 4 行、第 5 行代码所示，仅读取该位置元素的值输出，也可以如第 7 行代码所示，给该位置赋予新的值。

【示例 4-16】访问列表元素。

```
1.   fruits = ['apple', 'banana', 'cherry']
2.   print(fruits)  # 输出结果: ['apple', 'banana', 'cherry']
3.
4.   print(fruits[0])  # 输出结果: apple
5.   print(fruits[-1])  # 输出结果: cherry
6.
7.   fruits[1] = 'mango'
8.   print(fruits)  # 输出结果: ['apple', 'mango', 'cherry']
```

列表通过索引访问元素，也可以通过指定元素值获取其在列表中的位置。列表的 index()方法能够返回列表中第一个匹配元素的索引，若列表中不存在该元素则会报错。其基本语法为：

```
列表对象.index(item)
```

其中 item 是要在列表中查找的元素。示例 4-17 展示了 index()的使用，获取元素'cherry'在 fruits 中的索引。

【示例 4-17】使用 index()获取元素索引。

```
1.   fruits = ['apple', 'banana', 'cherry']
2.   print(fruits.index('cherry'))  # 输出结果: 2
```

3. 增加列表元素

（1）append()

列表的 append()方法用于向列表对象的末尾添加一个元素，它直接修改原始列表对象，不会产生新的列表。其基本语法为：

```
列表对象.append(item)
```

其中 item 是要添加到列表末尾的元素。示例 4-18 第 3 行代码展示了 append()的使用，将字符串'orange'追加到 fruits 列表的尾部。

（2）insert()

列表的 insert()方法用于在列表的指定位置插入一个元素，该方法允许指定一个索引，并将该索引位置的元素及其后的元素都向后移动一个位置，为新元素腾出空间。其基本语法为：

```
列表对象.insert(index, item)
```

其中 index 是新元素要插入的位置索引，item 是要插入的元素。示例 4-18 第 5 行代码展示了 insert()的使用，在索引 1 的位置插入字符串'mango'。

【示例 4-18】增加列表元素。

```
1.   fruits = ['apple', 'banana', 'cherry']
2.
3.   fruits.append('orange')
4.   print(fruits)  # 输出结果: ['apple', 'banana', 'cherry', 'orange']
5.   fruits.insert(1, 'mango')
6.   print(fruits)  # 输出结果: ['apple', 'mango', 'banana', 'cherry', 'orange']
```

4. 删除列表元素

（1）pop()

列表的 pop()方法用于删除并返回指定索引位置的元素，该方法允许指定要删除元素的索引，删除后将该位置之后的所有元素向前移动一个位置填补空位。其基本语法为：

```
列表对象.pop([index])
```

其中 index 是要删除元素的索引，如不指定则默认删除最后一个元素并返回。示例 4-19 第 3 行代码展示了 pop()的使用，删除 fruits 列表的最后一个元素'cherry'并返回，存放在变量 x 中。

（2）remove()

列表的 remove()方法用于删除列表中首次出现的指定元素，该方法会遍历列表，找到第一个匹配的元素并将它从列表中移除，如果列表中存在多个相同的元素，只会删除第一个。其基本语法为：

```
列表对象.remove(item)
```

其中 item 是要删除的元素。示例 4-19 的第 5 行代码展示了 remove()的使用，指定删除元素'apple'。

【示例 4-19】删除列表元素。

```
1.   fruits = ['apple', 'banana', 'cherry']
2.
3.   x = fruits.pop()
4.   print(x)  # 输出结果: cherry
5.   fruits.remove('apple')
6.   print(fruits)  # 输出结果: ['banana']
```

可以看出，Python 列表是可以动态增长或缩减的。为了保证数据存储区域的连续性，如果原本分配的空间不够了，列表会申请一块新的、更大的空间，把现有的数据复制过去，再增加新的数据，因此列表虽然支持动态增、删数据，但并不适合需要频繁增加、删除数据的场合。当需要增删数据时，应尽量在列表尾部操作，以免从中间插入或删除数据时引起其后所有数据的移动，降低工作效率。

5. 清空列表

当需要清空列表元素时，可以调用列表的 clear()方法，或者将列表对象重新赋值为空列表。如示例 4-20 所示，第 3 行代码删除 fruits 列表中的所有元素，这里 fruits 引用的还是第 1 行代码创建的列表对象；第 4 行代码通过赋值运算让 fruits 引用一个空列表；第 5 行的"del"运算会将 fruits 列表对象彻底删除，重新定义 fruits 之前将无法再使用它。

【示例 4-20】清空列表。

```
1.   fruits = ['apple', 'banana', 'cherry']
2.
3.   fruits.clear()  # fruits 的 id 不变, 仅删除其中所有元素
4.   fruits = []  # fruits 的 id 变了, 引用了一个新的空列表
5.   del fruits  # fruits 对象被删除, 不能再使用了
```

6. 遍历列表

通常使用 for 循环遍历列表对象，示例 4-21 演示了遍历一组计算机 IP 地址并输出。

【示例 4-21】遍历列表元素。

```
1.   host_list = ['172.18.5.1', '172.18.5.2', '172.18.5.3']
2.   for ip in host_list:
3.       print(ip)
```

7. 列表元素排序

列表的 sort() 方法用于对列表中的元素进行排序，该方法会直接修改原始列表，而不是创建一个新的排序列表，即原地排序。其基本语法为：

```
列表对象.sort()
```

示例 4-22 展示了 sort() 的使用，第 2 行代码执行完后列表对象 numbers 中的元素就是排序后的顺序。sort() 支持指定参数 reverse，该参数为 True 则进行反向排序，如第 5～6 行所示。

【示例 4-22】sort() 对列表元素排序。

```
1.   numbers = [19, 23, -1, -10, 3, 14]
2.   numbers.sort()
3.   print(numbers)  # 输出结果: [-10, -1, 3, 14, 19, 23]
4.
5.   numbers.sort(reverse=True)
6.   print(numbers)  # 输出结果: [23, 19, 14, 3, -1, -10]
```

8. 列表推导式

列表推导式使用简洁的语法，可快速生成满足需求的列表，其基本语法为：

```
变量 = [元素求值表达式 for 循环变量 in 可迭代对象 if 条件表达式]
```

其中，元素求值表达式决定了列表中元素的计算方式，for...in...循环关系着列表元素的来源和列表元素的个数，if 条件表达式决定在什么条件下才生成一个新元素，生成的列表对象可以通过赋值运算存放在变量中。

如示例 4-23 所示，该例子通过列表推导式生成了两个列表对象。第 1 行的推导式首先执行 for 循环遍历 range(1,11) 生成的整数序列，每次遍历取出一个元素放在循环变量 x 中，然后根据 if 条件表达式，只有当 x 是偶数时，才按求值表达式 "x**2" 生成新列表中的一个元素；第 5 行推导式的 for 循环总共遍历 5 次，每次遍历执行一次求值表达式 "random.randint(1, 20)"，random 模块中的 randint() 函数能够在指定范围内随机生成一个整数，所以新列表中包含 5 个 [1, 20] 的随机整数。

【示例 4-23】列表推导式的使用。

```
1.   a = [x ** 2 for x in range(1,11) if x % 2 == 0]
2.   print(a)  # 输出结果: [4,16, 36, 64, 100]
3.
4.   import random
5.   a = [random.randint(1, 20) for i in range(5)]
6.   print(a)  # 输出结果: [9, 18, 8, 1, 4]
```

将示例 4-23 第 1 行的列表推导式以普通代码块的形式改写，代码如下：

```
1.   a = []
2.   for x in range(1, 11):
3.       if x % 2 == 0:
4.           a.append(x ** 2)
```

这段代码可以实现与示例 4-23 第 1 行代码相同的效果，但明显列表推导式更简洁、可读性更好。

4.1.3　元组

元组（tuple）与列表类似，也用于存储一组有序的元素，且各个元素的类型可以不同。但元组是不可变数据类型，这意味着一旦创建了元组，就不能修改其内容。元组通常用来表示一组不会改变的数据项，例如坐标、时间等。

1.　创建元组

（1）使用"()"创建元组

定义元组对象时，其初始值用"()"括起来。如示例 4-24 所示，"()"内为空表示创建一个空元组对象，即元组对象存在但其中没有任何元素；多个元素作为初始值则将这些元素用逗号隔开。需要注意的是，如果元组对象初始值只有一个元素，该元素之后也需要添加一个逗号","。

【示例 4-24】使用"()"创建元组对象。

```
1.   empty = ()  # 创建空元组
2.   counter = (1, 2, 3, 4, 5)
3.   diff = ('physics', 4.24, 1997)  # 元素类型可以不相同
4.   fruits = ('apple', )  # 只有一个元素时，元素后也需添加逗号
```

（2）使用 tuple()函数创建元组

tuple()函数可以根据其他对象的值创建一个新的元组对象后返回。如示例 4-25 所示，第 1 行代码创建一个空元组对象，第 2 行根据字符串'Hello World!'创建一个元组对象，初始值为('H', 'e', 'l', 'l', 'o', ' ', 'W', 'o', 'r', 'l', 'd', '!')。

【示例 4-25】使用 tuple()函数创建元组对象。

```
1.   a = tuple()  # 创建空元组
2.   b = tuple('Hello World!')  # 根据字符串创建元组
```

2.　访问元组元素

元组支持双向索引访问元素。如示例 4-26 所示，第 2 行代码 fruits[1]引用了元组对象 fruits 的第 2 个元素，然后输出该元素的值。由于元组是不可变数据类型，第 3 行代码通过索引更改第 2 个元素的值时会报错。但如果元组中的某个元素是列表、集合、字典等可变的数据容器类型，通过二维或多维索引修改元素的内容是允许的。如第 5~9 行代码所示，元组对象 people 包含 3 个元素，每个元素都是一个列表对象，第 10 行代码中 people[0][1]的第 1 个索引[0]引用了 people 的第 1 个元素['Alice', 25, 'Engineer']、第 2 个索引[1]引用的是这个列表对象中的第 2 个元素，将该元素的值修改为 28。

【示例 4-26】访问元组元素。

```
1.   fruits = ('apple', 'banana', 'orange')
2.   print(fruits[1])  # 输出结果: banana
3.   fruits[1] = 'mango'  # 错误: 不能修改元组的内容
4.
5.   people = (
6.       ['Alice', 25, 'Engineer'],
7.       ['Bob', 30, 'Doctor'],
8.       ['Charlie', 35, 'Teacher'],
9.   )
10.  people[0][1] = 28  # 修改后: ['Alice', 28, 'Engineer']
```

3.　遍历元组

通常使用 for 循环遍历元组对象，示例 4-27 演示了遍历一组个人信息并输出。

【示例 4-27】遍历元组元素。

```
1.   people = (
2.       ['Alice', 25, 'Engineer'],
3.       ['Bob', 30, 'Doctor'],
4.       ['Charlie', 35, 'Teacher'],
5.   )
6.   for p in people:
7.       print(f'姓名: {p[0]}, 年龄: {p[1]}, 职业: {p[2]}')
```

4.1.4　切片

Python 的序列支持一种称为"切片"的操作，用于选取序列的子集，这使得处理序列数据更加简洁、高效。其基本语法为：

变量 = 序列对象[start:stop:step]

其中 start 是切片开始的索引，如果省略，默认为 0，即从序列的第 1 个元素开始；stop 是切片结束的索引（但不包括该位置的元素），如果省略，默认为序列的长度；step 是选取元素的步长，如果省略，默认为 1，即连续选取。start 和 stop 可以使用正数索引，也可以使用负数索引。step 为正数时要求从左至右取子集，为负数时要求从右至左取子集。示例 4-28 展示了序列的切片操作。

【示例 4-28】序列的切片操作。

```
1.   my_string = 'Hello World!'
2.   slice1 = my_string[:5] # 切片结果: Hello
3.   slice2 = my_string[6:] # 切片结果: World!
4.
5.   numbers = [1, 9, 12, 3, 79, -1]
6.   split1 = numbers[1:5]        # 切片结果: [9, 12, 3, 79]
7.   split2 = numbers[1::2] # 切片结果: [9, 3, -1]
8.   split3 = numbers[-1:-3:1]        # start 至 stop 的方向与步长方向不一致，得到空列表[]
9.   split4 = numbers[-1:-3:-1] # 切片结果: [-1, 79]
```

【实战 4-1】字符串运用：用户密码强度检查

【需求描述】

为了保证用户账户的安全，系统通常需要对用户设置的密码进行强度检查，假设某系统对设置的密码的要求为：密码至少 8 位，密码中应至少包含一个大写字母，密码中应至少包含一个小写字母，密码中应至少包含一个数字，密码中应至少包含一个特殊字符（如!、@、#、$、%、^、&、*等）。

编写程序检查用户输入的密码是否符合上述要求。

【实战解析】

本实战涉及的编程要点如下。

1. 内置函数

程序需要使用 len()函数获取密码长度。

2. 字符串方法

程序需要使用字符串的 isupper()、islower()、isdigit()等方法检查密码中是否包含大写字母、小写字母和数字。

3. 控制结构

程序需要遍历密码的每个字符进行检查，使用 if 语句依次检查密码是否满足各要求。

4. in 运算符

由于特殊字符不止一个，程序需要使用 in 运算符检查密码中的字符是否包含特殊字符。

 【实战指导】

具体编程步骤如下。

1. 初始化变量

首先预设 3 个变量，分别用于存储输入的密码（password）、标记位（ok）和特殊字符（special_chars），其中 password 由用户输入初始化，ok 为一个布尔变量，初始值为 True，当 ok 为 True 时表示密码满足所有要求，special_chars 初始值为所有要检查的特殊字符组成的字符串。

2. 检查密码强度

（1）密码长度检查：使用 len()函数获取 password 的长度，如果长度小于 8 位，将 ok 设置为 False，并输出提示信息"密码长度不足 8 位"。

（2）大写字母检查：使用 for 循环遍历 password 中的每个字符，如果找到任何大写字母（使用 isupper()方法），则跳出循环；如果循环结束后都没有找到大写字母，则在 else 分支中将 ok 设置为 False 并输出"密码中缺少大写字母"。

（3）小写字母检查：与步骤（2）相似，使用 islower()方法检查 password 中是否有小写字母，没找到则输出"密码中缺少小写字母"。

（4）数字检查：与步骤（2）相似，使用 isdigit()方法检查 password 中是否有数字字符，没找到则输出"密码中缺少数字"。

（5）特殊字符检查：使用 for 循环遍历 password 中的每个字符，如果有字符在字符串 special_chars 中，则跳出循环；如果循环结束后都没有找到特殊字符，则在 else 分支中将 ok 设置为 False 并输出"密码中缺少特殊字符"。

3. 输出结果

全部检查完之后如果 ok 仍为 True，则输出"密码强度合格"，表示密码满足所有强度要求。

【参考代码】

```
1.    # 初始化变量
2.    password = input('请输入密码：')  # 存放待检测密码
3.    ok = True  # 标记位，为 True 表示密码强度合格
4.
5.    # 开始检查密码强度
6.    if len(password) < 8:
7.        ok = False
8.        print('密码长度不足 8 位')
9.
10.   for char in password:
11.       if char.isupper():
12.           break
```

```
13.  else:
14.      ok = False
15.      print('密码中缺少大写字母')
16.
17.  for char in password:
18.      if char.islower():
19.          break
20.  else:
21.      ok = False
22.      print('密码中缺少小写字母')
23.
24.  for char in password:
25.      if char.isdigit():
26.          break
27.  else:
28.      ok = False
29.      print('密码中缺少数字')
30.
31.  special_chars = '!@#$%^&*'  # 只检查了常见的特殊字符
32.  for char in password:
33.      if char in special_chars:
34.          break
35.  else:
36.      ok = False
37.      print('密码中缺少特殊字符')
38.
39.  if ok:
40.      print('密码强度合格')
```

【实战4-2】列表运用：录入成绩并计算平均分

 【需求描述】

编程模拟在教务系统中录入某课程考试成绩，并在录入结束后计算平均分，如图4-2所示。

 【实战解析】

本实战涉及的编程要点如下。

请输入课程名称：*英语*
请录入成绩(q退出)：*97.5*
请录入成绩(q退出)：*90*
请录入成绩(q退出)：*93*
请录入成绩(q退出)：*89*
请录入成绩(q退出)：*q*
课程英语，共录入4份成绩，平均分92.38

图 4-2　录入成绩并计算平均分

1. 列表操作

程序需要使用列表存储多个成绩数据。

2. 循环结构

程序需要使用循环录入多个成绩数据。

3. 内置函数

程序需要使用 sum()、len()等内置函数处理列表对象的元素。

【实战指导】

具体编程步骤如下。

1. 初始化变量

首先预设两个变量，分别用于存储课程名称（course）和成绩数据（scores），其中 course 由用户输入初始化，scores 为列表对象，初始值为空列表。

2. 获取用户输入

使用 input()函数提示用户输入课程名称和成绩数据，成绩数据的录入需要使用 while 循环，用户输入特定字符（如字母"q"）作为录入结束的标志，将成绩数据转换成 float 类型后，通过列表的append()方法存入 scores 列表。

3. 计算平均分

通过 sum()函数求 scores 中所有数据的和，通过 len()函数求 scores 中数据的个数，由公式"和/个数"计算得到平均分。可将平均分、数据个数等值存放在变量中以便后续输出。

4. 输出结果

使用 print()函数输出计算结果。

【参考代码】

```
1.   # 初始化变量
2.   course = input('请输入课程名称：')
3.   scores = []
4.
5.   # 开始录入成绩
6.   s = input('请录入成绩(q 退出)：')
7.   while s != 'q':  # 输入字母 q 时退出录入
8.       if s != '':  # 输入不为空时转换并存储成绩数据
9.           scores.append(float(s))
10.
11.      s = input('请录入成绩(q 退出)：')
12.
13.  # 录入完毕，计算平均分
14.  n = len(scores)
15.  avg_score = sum(scores) / n
16.  print(f'课程{course}，共录入{n}份成绩，平均分{avg_score:.2f}')
```

4.2 集合

集合（set）是一个具有无序性和不重复性的数据结构。无序性是指当输出一个集合时，元素的顺序可能与它们添加的顺序不同，这是因为集合不保证元素的顺序；不重复性是指集合中的每个元素都是唯一的，不会出现重复的元素。集合是可变数据类型，当一个集合对象被创建后，支持动态添加或删除元素。此外，集合中的元素可以是不同类型的，但每个元素必须是不可变类型或可哈希的，这样才能保证集合的元素唯一性。简而言之，集合是一种灵活的数据结构，适用于需要快速检查元素是否存在的场景。

4.2.1 创建集合

可以通过花括号对或 set()方法创建集合对象。使用"{}"创建集合时，{}内不能为空，必须至少包含一个元素，多个元素之间用逗号隔开。示例 4-29 展示了集合的创建，由于集合元素的唯一性，相同元素在同一个集合对象中只会存在一个，因此第 1 行代码创建的集合 numbers 中只包含"1、2、3、5"这 4 个元素；如果要创建空集合，需如第 4 行代码所示，使用不带参数的 set()方法创建；第 5 行代码根据字符串创建集合对象时，也会对字符"l、o"进行去重操作。

【示例 4-29】创建集合对象。

```
1.   numbers = {1, 2, 3, 1, 5}  # numbers 包含元素1、2、3、5
2.   fruits = {'apple', 'banana', 'cherry'}
3.   diff = {'spam', 5, 2.0, (10, 20)}
4.   a = set()  # 创建空集合
5.   b = set('Hello World!')  # 根据字符串创建集合
```

4.2.2 访问集合元素

集合不支持索引，无法通过位置引用元素，通常使用成员资格运算符 in 判断某个数据是否为集合的元素，并根据判断结果进行相应的操作。示例 4-30 展示了访问集合元素的基本逻辑。

【示例 4-30】访问集合元素。

```
1.   numbers = {1, 2, 3, 4, 5}
2.   if 1 in numbers:
3.       print('是集合的元素, 开始处理')
4.   else:
5.       print('不是集合的元素, 其他处理')
```

4.2.3 增加集合元素

集合类的 add()方法可以将单个元素添加到集合中，如果集合中已经存在该元素，add()不会做任何事情。其基本语法为：

```
集合对象.add(item)
```

其中，item 是要添加的新元素。示例 4-31 展示了 add()的使用。

【示例 4-31】增加集合元素。

```
1.   fruits = {'apple', 'banana'}
2.   fruits.add('orange')  # 现在 fruits 集合包含'apple'、'banana'、'orange'
3.
4.   numbers = {1, 2, 3}
5.   numbers.add(1)  # 现在 numbers 集合包含1、2、3
```

4.2.4 删除集合元素

集合类的 discard()方法用于从集合中删除某个元素，如果指定的元素在集合中不存在，使用 discard()方法不会有任何效果。其基本语法为：

```
集合对象.discard(item)
```

其中，item 是要删除的元素。示例 4-32 展示了 discard()的使用。

【示例 4-32】删除集合元素。

```
1.   fruits = {'apple', 'banana', 'orange'}
2.   fruits.discard('banana')  # 现在 fruits 集合中包含'apple'、'orange'
```

4.2.5 遍历集合

通常使用 for 循环遍历集合对象，示例 4-33 演示了遍历一组书籍 ISBN 并将其输出的方法。

【示例 4-33】遍历集合元素。

```
1.   ISBNs = {'97873302629443', '97873302629665', '97873302567561'}
2.   for isbn in ISBNs:
3.       print(isbn)
```

4.2.6 集合元素排序

由于集合的无序性，如果需要元素有序，必然不能存放在集合对象中，所以集合不提供原地排序的方法。集合元素排序可以通过内置函数 sorted() 实现，或者先将其转换成列表对象，然后利用列表的 sort() 方法实现。

1. 内置函数 sorted()

sorted() 函数用于对可迭代对象（序列、集合、字典等）的元素进行排序，返回一个排序后的列表，而原始的可迭代对象不会改变，即非原地排序。其基本语法为：

```
列表对象 = sorted(iterable[, key=key_function, reverse=reverse_flag])
```

其中 iterable 是要排序的可迭代对象，key 是可选参数，可以指定一个函数提取用于比较的数据；reverse 也是可选的，用于指定排序方向，True 表示按升序排列，False 表示按降序排列。

示例 4-34 演示了使用 sorted() 对集合元素排序的方法，第 2 行代码将集合对象 fruits 传给 sorted() 进行排序，排序后的结果存入变量 result。

【示例 4-34】使用 sorted() 对集合元素排序。

```
1.   fruits = {'orange', 'apple', 'mango'}
2.   result = sorted(fruits)  # 非原地操作，排序结果以列表对象的形式返回
3.   print(result)  # 输出结果：['apple', 'mango', 'orange']
```

2. 利用列表的 sort() 方法排序

如示例 4-35 所示，先将集合转换成列表，再调用列表的 sort() 方法得到排序结果。

【示例 4-35】通过转为列表对集合元素排序。

```
1.   fruits = {'orange', 'apple', 'mango'}
2.   fruits_list = list(fruits)  # 转换成列表对象
3.   fruits_list.sort()  # 利用列表对象的 sort() 方法排序
4.   print(fruits_list)  # 输出结果：['apple', 'mango', 'orange']
```

【实战 4-3】集合运用：影片推荐

 【需求描述】

假设一个电影推荐系统中已有完整的电影数据库、某用户的观影历史记录和其他用户的观影历史记录，基于这些数据编程实现为该用户生成一个个性化的电影推荐列表。

 【实战解析】

本实战涉及的编程要点如下。

1. 集合操作

程序需要使用集合存储影片数据集，并使用集合的交集、差集等生成推荐影片数据，具体如下。

（1）交集：找出推荐系统中该用户已经观看过的电影，即用户观影集合与所有电影集合的交集，集合交集可以用"集合 1&集合 2"实现。

（2）差集：生成初始推荐列表，即所有电影集合与用户已观看电影集合的差集，集合差集可以用"集合 1-集合 2"实现。

（3）并集：其他用户的观影数据可以代表整个用户群体的观影偏好，结合初始推荐列表和其他用户观影历史中该用户尚未观看的电影，生成最终的推荐列表，集合并集可以调用集合对象的 union() 方法实现。

2. 循环结构

程序需要遍历集合并输出推荐影片。

 【实战指导】

具体编程步骤如下。

1. 初始化变量

首先预设 3 个集合变量，分别用于存储用户已经观看过的电影（user_watched）、所有电影集合（all_movies）和其他用户观影历史集合（others）。

2. 找出推荐系统中该用户已观看的电影

计算用户已观看电影集合和所有电影集合的交集，找出推荐系统中该用户已经看过的电影。

3. 生成初始推荐列表

计算所有电影集合与系统中该用户已观看电影集合的差集，作为初始的电影推荐列表。

4. 考虑其他用户的观影历史

计算其他用户观影集合与该用户已观看电影集合的差集，作为新增推荐影片，加入初始推荐列表。

5. 输出推荐列表

输出最终的电影推荐列表。

【参考代码】

```
1.   # 创建用户已观看的电影集合
2.   user_watched = {'Inception', 'The Dark Knight', 'The Lord of the Rings'}
3.
4.   # 创建所有电影集合
5.   all_movies = {'Inception', 'Interstellar', 'The Dark Knight', 'The Lord of the Rings',
     'Shrek', 'Harry Potter', 'Avatar', 'Star Wars', 'Pirates of the Caribbean', 'The
     Matrix', 'Mad Max: Fury Road', 'Jurassic Park', 'The Avengers', 'The Hangover', 'The
     Notebook', 'Frozen', 'Coco', 'Zootopia', 'Black Panther'}
6.
7.   # 找出用户已经观看过的电影
8.   watched = user_watched & all_movies
9.
10.  # 生成初始推荐列表（用户尚未观看的电影）
11.  initial_recommendations = all_movies - watched
12.
```

```
13.    # 假设有其他用户的观影历史
14.    others = {'Interstellar', 'Shrek', 'Harry Potter', 'Avatar', 'Star Wars',
15.            'The Matrix', 'Mad Max: Fury Road', 'Black Panther'}
16.
17.    # 找出与用户观影历史相似的其他用户喜欢的电影
18.    similar_user_liked = others - watched
19.
20.    # 将相似用户喜欢的电影添加到推荐列表中
21.    recommendations = initial_recommendations.union(similar_user_liked)
22.
23.    # 输出推荐的电影列表
24.    print("推荐的电影列表:")
25.    for movie in recommendations:
26.        print(movie)
```

4.3 字典

字典（dict）是 Python 中用于存储键值对的数据结构，每一个键值对都由键（key）和值（value）两部分组成，通过英文冒号连接，语法表示为 key：value。其中，键是唯一的，不同键值对的键不重复，可以是任何不可变类型或可哈希数据，每个键都有对应的值，不同键值对的值部分可以是任何数据类型，也可以重复。

在 Python 3.6 之前，字典是无序的，3.6 版本开始改为有序，即输出时按照元素插入的顺序输出。

4.3.1 创建字典

可以通过花括号对或 dict()函数创建字典对象。如果"{}"内为空则表示创建一个空字典对象，若有多个元素作为初始值，则用逗号将这些元素隔开。示例 4-36 展示了创建字典的例子，第 2、3 行代码创建了两个空字典对象，第 6 行代码创建的字典对象 counter 用来模拟一个答题计数器，其中包含两个键值对：第一个键值对的 key 是字符串"right"，value 为 1，表示答对题目数为 4；第二个键值对的 key 是字符串"wrong"，value 为 2，表示答错题目数为 2；第 7 行代码创建的字典对象 emotions 有 3 个键值对，每个键值对的 key 部分是一个唯一的数字序号，值的部分表示数字序号对应的情绪。

【示例 4-36】创建字典对象。

```
1.    # 创建空字典
2.    empty = {}
3.    fruits = dict()
4.
5.    # 创建有初始值的字典
6.    counter = {'right': 4, 'wrong': 2}
7.    emotions = dict([(0, 'anger'), (1, 'sad'), (2, 'happiness')])
```

4.3.2 访问字典元素

不论是读取还是修改键值对的值，字典都以键作为索引引用对应的值部分，其基本语法为：

字典对象[key]

示例 4-37 展示了对键值对的值进行读取和修改的方法。对于字典对象 counter，第 3 行代码引用了 counter 中 key 为"right"的键值对的值部分，将它传给 print()，输出结果为 4；第 5 行代码通过赋值运算将 counter 中键为"right"的键值对的值修改为 0；第 6 行代码使用了复合赋值运算符，先获取 counter['right']当前值，并计算加 1 的结果，再将结果存到"right"对应的值部分中。

【示例 4-37】访问字典元素。

```
1.    counter = {'right': 4, 'wrong': 2}
2.
3.    print(counter['right'])  # 输出结果: 4
4.
5.    counter['right'] = 0  # 现在的 counter: {'right': 0, 'wrong': 2}
6.    counter['right'] += 1  # 现在的 counter: {'right': 1, 'wrong': 2}
```

当以键为索引获取对应的值部分时，如果键不存在，代码执行会报错。为了避免这个错误，可以先检查键是否存在，再获取值。

示例 4-38 使用 in 运算符判断作为索引的键是否在字典中，如果在，则正常访问；如果不在，可另行处理，例如增加这个没有的键值对。

【示例 4-38】先检查键后获取值。

```
1.    counter = {'right': 4, 'wrong': 2}
2.    if 'other' in counter:
3.        value = counter['other']
```

4.3.3　增加字典元素

字典增加新键值对的基本语法为：

```
字典对象[new_key] = init_value
```

其中，new_key 是字典中没有的键，init_value 是初始值，字典将以"new_key:init_value"的形式组成一个新的键值对并添加到字典中。示例 4-39 展示了增加字典元素的方法，字典 counter 中没有以"help"为键的键值对，第 3 行代码将自动增加一个键为"help"、值为 0 的新键值对。

【示例 4-39】增加字典元素。

```
1.    counter = {'right': 4, 'wrong': 2}
2.    counter['help'] = 0
3.    print(counter)  # 输出结果: {'right': 4, 'wrong': 2, 'help': 0}
```

4.3.4　删除字典元素

字典类的 pop()方法用于删除字典中指定的键值对，并返回被删除的值。其基本语法为：

```
变量 = 字典对象.pop(key[, default])
```

其中，key 是要删除的键，default 是可选参数，用于指定键不存在时返回的默认值，若未提供 default 参数，当要删除的键不存在时，pop()方法会报错；被删除的键值对的值部分会返回，可以存放在变量中以备后续使用。示例 4-40 展示了 pop()的使用。

【示例 4-40】删除字典元素。

```
1.    counter = {'right': 4, 'wrong': 2, 'help': 0}
2.    pop_value = counter.pop('help')
3.    print(pop_value)  # 输出结果: 0
4.    print(counter)  # 输出结果: {'right': 4, 'wrong': 2}
5.
6.    pop_value = counter.pop('other', 'Unknown')
7.    print(pop_value)  # 输出结果: Unknown
8.    print(counter)  # 输出结果: {'right': 4, 'wrong': 2}
```

4.3.5 遍历字典

字典元素具有特殊性，遍历字典有 3 种方式：遍历键、遍历值和遍历键值对。

1. 遍历键

遍历键即只遍历字典元素的键部分，其基本语法为：

```
for 循环变量 in 字典对象:
    # 代码块
```

在这个 for 结构中，每访问字典对象中的一个键值对，便取出该键值对的键部分放在循环变量中，然后执行代码块。在循环体中，可以将循环变量作为索引，访问对应的值部分。示例 4-41 展示了遍历键的方法。

【示例 4-41】遍历字典元素的键。

```
1.    counter = {'right': 4, 'wrong': 2}
2.    for k in counter:
3.        print(k, counter[k])
```

2. 遍历值

遍历值即只遍历字典元素的值部分，其基本语法为：

```
for 循环变量 in 字典对象.values():
    # 代码块
```

在这个 for 结构中，遍历的对象不再是字典对象，而是调用 values()方法后返回的可迭代对象。该对象包含原字典对象中所有键值对的值部分，每一次循环访问这个可迭代对象中的一个元素，并将其值放在循环变量中，然后执行代码块。需要注意的是，此时无法在循环体中通过值部分找到其对应的键。示例 4-42 展示了遍历值的方法。

【示例 4-42】遍历字典元素的值。

```
1.    counter = {'right': 4, 'wrong': 2}
2.    for v in counter.values():  # 遍历对象: [4, 2]
3.        print(v)
```

3. 遍历键值对

这种方式同时遍历字典元素的键和值，其基本语法为：

```
for 循环变量1, 循环变量2 in 字典对象.items():
    # 代码块
```

在这个 for 结构中，遍历的对象是调用 items()方法后返回的可迭代对象，该对象包含的元素是由原字典对象中所有键值对转换得到的元组，每个元组都包含两个元素，其中第一个元素是键，第二个元素是与其对应的值。每一次循环访问这个可迭代对象中的一个元组，由于元组有两个元素，解包后需要放在两个循环变量中，按顺序"循环变量 1"存放键部分，"循环变量 2"存放值部分，然后执行代码块。示例 4-43 展示了遍历键值对的方法。

【示例 4-43】遍历字典的键值对。

```
1.    counter = {'right': 4, 'wrong': 2}
2.    for k, v in counter.items():  # 遍历对象: [('right', 4), ('wrong', 2)]
3.        print(k, v)
```

4.3.6 字典元素排序

字典不提供排序方法，可以用 sorted()函数进行排序，示例 4-44 和示例 4-45 分别展示了对键、值排序的方法。当给 sorted()传入字典对象时，表示为所有键值对的键部分排序；若要得到所有键值对值部分的排序结果，则要调用字典对象的 values() 方法，先得到包含所有值部分的可迭代对象，再使用 sorted() 函数对这个可迭代对象排序。

【示例 4-44】对键排序。

```
1.    emotions = {0: 'neutral', -1: 'sad', 1: 'happiness'}
2.    key_list = sorted(emotions)
3.    print(key_list)  # 输出结果: [-1, 0, 1]
```

【示例 4-45】对值排序。

```
1.    emotions = {0: 'neutral', -1: 'sad', 1: 'happiness'}
2.    val_list = sorted(emotions.values())
3.    print(val_list)  # 输出结果: ['happiness', 'neutral', 'sad']
```

【实战 4-4】字典运用：简易通讯录

【需求描述】

编程模拟一个简单的通讯录，能够向其中增加联系人的姓名和联系方式（如电话号码和电子邮件地址），能够查询联系人信息，以及显示所有联系人的信息。

【实战解析】

本实战涉及的编程要点如下。

1. 字典操作

程序需要使用字典数据结构存储联系人及其相关信息，以联系人的姓名为键，以联系人的信息为值。

2. 输入/输出处理

程序需要使用 input() 函数接收用户输入的联系人姓名、电话号码和电子邮件地址信息，使用 print() 函数显示查询结果。

3. 条件判断

在添加/查询联系人时，程序需要使用 if 语句检查该联系人是否已经存在于通讯录中。

4. 循环结构

程序需要使用循环结构重复录入多个新联系人，以及遍历通讯录输出所有联系人信息。

【实战指导】

具体编程步骤如下。

1. 初始化通讯录字典

预定义一个通讯录字典 address_book，联系人姓名作为键，值部分仍然是一个字典，用于表达通讯录信息，包含两个元素：一个元素的键是字符串 'phone'，值是电话号码；另一个元素是字符串 'email'，值是电子邮件地址。address_book 可以预置一些联系人的信息用于测试。

2. 添加联系人

（1）程序首先提示用户输入新联系人的姓名，然后进入 while 循环，循环条件是用户在输入名字的环节只要没有输入 QUIT，就进入添加多个联系人的流程。

（2）在循环体中，首先判断新姓名是否已经存在于通讯录中。

① 如果存在，则询问用户是否要覆盖现有的信息，若用户输入 n，重新提示输入新联系人姓名，否则覆盖现有信息。

② 如果联系人姓名不存在于通讯录中，则将新联系人加入通讯录，此时存放其信息的字典的值为空。

（3）程序继续提示用户输入该联系人的电话号码和电子邮件地址，并将这些信息添加到通讯录中。

（4）重复上述步骤，直到用户输入 QUIT 为止。

3. 输出所有联系人信息

新联系人添加完毕后，遍历通讯录字典，输出所有联系人的姓名、电话号码和电子邮件地址信息。

4. 查询联系人

提示用户输入要查询的联系人的姓名，使用 if 语句和 in 运算符判断该姓名是否存在于通讯录中，如果存在则输出该联系人信息，否则告知用户无此联系人。

【参考代码】

```
1.    # 初始化通讯录字典
2.    address_book = {
3.        'John Doe': {'phone': '13100000000',
4.                     'email': 'johndoe@example.com'},
5.        'Jane Smith': {'phone': '13400000000',
6.                       'email': 'janesmith@example.com'},
7.    }
8.
9.    # 添加联系人
10.   name = input('请输入新联系人的姓名(QUIT 退出): ')
11.   while name != 'QUIT':
12.       if name in address_book:
13.           ret = input(f'联系人{name}已存在, 是否覆盖? (y/n): ')
14.           if ret == 'n':
15.               name = input('请输入新联系人的姓名(QUIT 退出): ')
16.               continue
17.       else:
18.           address_book[name] = {}  # 添加新联系人
19.
20.       phone = input('请输入新联系人的电话号码: ')
21.       email = input('请输入新联系人的电子邮件: ')
22.       address_book[name]['phone'] = phone  # 更新电话号码
23.       address_book[name]['email'] = email  # 更新电子邮件地址
24.
25.       name = input('请输入新联系人的姓名(QUIT 退出): ')  # 添加下一个
26.
27.   # 输出所有联系人信息
28.   for name in address_book:
29.       print('%s: %s %s' % (name,
30.                           address_book[name]['phone'],
31.                           address_book[name]['email']))
32.
33.   # 查询联系人
34.   name = input('请输入要查询的联系人的姓名: ')
```

```
35.  if name in address_book:
36.      print('%s: %s %s' % (name,
37.                           address_book[name]['phone'],
38.                           address_book[name]['email']))
39.  else:
40.      print(f'无此联系人：{name}')
```

本章小结与知识导图

本章介绍了 Python 的 3 种基本数据结构：序列、集合与字典。序列一节主要介绍了字符串、列表和元组的使用，还介绍了切片操作；集合无序且不重复，适用于成员检测；字典存储键值对信息，可通过键快速访问值。

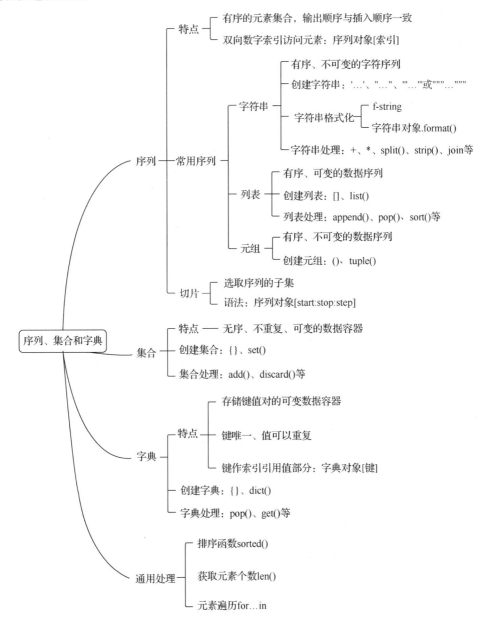

📌 **Python 二级考点梳理**

本章涉及的考点为 Python 的序列、集合与字典三大基本数据结构，主要包括如下内容。

【考点 1】字符串类型

运用字符串的定义与不可变性，掌握字符串的索引、切片操作，掌握字符串连接、复制、格式化以及 strip() 等常用字符串操作函数的使用方法。

【考点 2】列表类型

掌握列表的创建、索引、切片、添加、删除等操作，掌握列表推导式等高级功能。

【考点 3】元组类型

掌握元组的不可变性，掌握元组的创建、索引、切片等操作。

【考点 4】集合类型

掌握集合无序、不重复的特性，掌握集合的创建、添加、删除、交集、并集、差集等操作。

【考点 5】字典类型

运用字典存储键值对的特性，掌握字典的创建以及键值对的访问、修改、删除等操作。

习题

一、选择题

1. 在 Python 中，（　　）可以用来连接两个字符串。

    A. +　　　　　　　　B. *　　　　　　　　C. append()　　　　D. extend()

2. 下列（　　）是 Python 中列表的正确表示。

    A. {1, 2, 3}　　　　B. (1, 2, 3)　　　　C. "1, 2, 3"　　　　D. [1, 2, 3]

3. 元组与列表的主要区别是（　　）。

    A. 元组可以修改，列表不可以　　　　　B. 元组有索引，列表没有

    C. 元组不可变，列表可变　　　　　　　D. 元组可以包含重复元素，列表不可以

4. 下列选项中，（　　）可以从列表中删除第一个元素。

    A. pop(0)　　　　　B. remove(0)　　　　C. del 0　　　　　D. del[0]

5. 下列操作中，（　　）可以检查一个元素是否在集合中。

    A. in　　　　　　　B. is　　　　　　　C. contains　　　　D. does_not_contain

6. 下列函数中，（　　）可以将一个列表转换为集合。

    A. set()　　　　　B. list()　　　　　C. tuple()　　　　D. dict()

7. 通过（　　）可以访问字典中的元素。

    A. 索引　　　　　　B. 键　　　　　　C. 值　　　　　　D. 名称

8. 下列选项中，（　　）是 Python 中字典的正确表示。

    A. {'key': 'value'}　　　　　　　　　B. {'key1': 'value1', 'key2': 'value2'}

    C. {'key': ['value1', 'value2']}　　　　D. 以上都是

9. 通过（　　）可以获取字典中所有键组成的列表。

    A. keys()　　　　　B. values()　　　　C. items()　　　　D. get()

10. 下列选项中，（　　）可以判断字典 d 是否为空。

    A. len(d) == 0　　　B. d.len() == 0　　　C. d.is_empty()　　　D. d.empty()

11. 下列代码的输出结果是（　　）。

```
list1 = [[0, 1, 2], 'Hello, Python!']
```

```
a = all(list1[0])
b = list1[1].split(',')
print(a, b)
```

    A. True 'Hello'   B. False ' Python!'

    C. True ['Hello', ',', 'Python!']   D. False ['Hello', 'Python!']

12. 下列代码的输出结果是（　　）。

```
list1 = ['1', '2', '2', '2', '3', '4']
for i in list1:
    if i =='2':
        list1.remove(i)
print(list1)
```

    A. ['1', '2', '3', '4']   B. ['1', '3', '4']

    C. ['1', '2', '2', '3', '4']   D. ['1', '2', '2', '2', '3', '4']

13. 对于下列代码描述正确的是（　　）。

```
a = 'freeze-dried durian'
b = '20231228J071'
length = len(a)
a_title = a.title()
a_b = a + b
a_split = a[:6]
```

    A. length 为 12

    B. a_title 为'FREEZE-DRIED DURIAN'

    C. a_b 为'freeze-dried durian 20231228J071'

    D. a_split 为'freeze'

14. 下列代码的输出结果可能是（　　）。

```
list1 = 'abbaccde'
set1 = set(list1)
print(set1)
```

    A. {'aabbaccde'}   B. {'a', 'b', 'b', 'a', 'c', 'c', 'd', 'e'}

    C. {'a', 'e', 'b', 'd', 'c'}   D. {'bacbadce'}

15. 下列代码的输出结果是（　　）。

```
dict1 = {'a': 1, 'b': 2, 'c': 3}
list1 = [key+str(value * 2) for key, value in dict1.items()]
print(list1)
```

    A. 'a2', 'b4', 'c6'   B. ['a2', 'b4', 'c6']

    C. ['a:2', 'b:4', 'c:6']   D. ['a11', 'b22', 'c33']

二、简答题

1. 简述 Python 中列表和元组的特征和不同点。

2. 简述 Python 中集合的特点，并说明它与列表的主要区别。

3. 简述 Python 中字典相比其他数据结构（列表和集合）的主要优势。

三、实践题

1. 某餐厅推出下午茶组合优惠，"甜点+饮品"的总价如果大于 25 元可以打八折，下列代码的功能是根据已有的甜点和饮品，筛选出符合优惠规则的组合，输出范例如下（甜点名 饮品名 原价总和）：

甜甜圈 经典美式 28.0

试补全代码。

```
desserts = {'甜甜圈':16.00, '黑森林':25.00, '芒果千层':15.00, '蜂蜜土司':28.00}
drinks = {'经典美式':12.00, '玉米浓浆':8.00, '热巧克力':6.00, '红茶':12.00}
for_____ in desserts.items():
    for _____ in drinks.items():
        if _____ > 25.00:
            print(_____)
```

2. 对于字符串 s = 'Hello, World!'，编写代码执行以下操作并输出结果。

（1）将字符串转换为小写。

（2）计算字符串中字母 o 出现的次数。

（3）查找子字符串'World'在原字符串中的起始索引。

（4）使用切片提取子字符串'Hello'。

3. 对于列表 numbers = [5, 2, 9, 1, 5, 6]，编写代码执行以下操作并输出结果。

（1）计算列表中所有数字的总和。

（2）找出列表中的最大值。

（3）使用列表推导式创建一个新列表，其中只包含原列表中的偶数。

（4）使用 sort()方法按升序排列列表。

4. 对于两个集合 set1 = {1, 2, 3, 4}和 set2 = {3, 4, 5, 6}，编写代码执行以下操作并输出结果。

（1）计算两个集合的交集。

（2）计算两个集合的并集。

（3）计算在集合 set1 中不在集合 set2 中的元素（差集）

（4）检查元素 7 是否存在于集合 set1 或 set2 中。

5. 字典 students = {'Alice': 20, 'Bob': 22, 'Charlie': 19}，存储了不同学生的姓名和年龄，编写代码执行以下操作并输出结果。

（1）添加一个新学生'David'，年龄为 21。

（2）删除学生'Charlie'。

（3）检查学生'Bob'是否在字典中。

（4）遍历字典，输出每个学生的姓名和年龄信息。

提高篇

05 第5章 Python 自定义函数

导言

在编程世界中，函数就像一个个积木，可以重复使用。Python 允许开发者自定义函数完成特定的任务。本章将深入探讨如何定义和使用函数，包括函数命名、参数传递、返回结果等，以及一些高级概念，如默认参数、可变数量的参数、lambda 表达式、闭包等。

在学习过程中，实践是掌握 Python 自定义函数的最佳途径。尝试自己编写函数，解决实际问题，通过不断地调试和修改，逐渐掌握函数的精髓，从而写出高效、可维护的 Python 程序。

学习目标

知识目标	● 了解：匿名函数；闭包 ● 识记：函数的基本语法；lambda 表达式的语法 ● 理解：函数基本概念；参数传递的机制；返回值的含义；变量作用域的影响 ● 掌握：函数的定义与使用方法；lambda 表达式的用法；map() 等高阶函数的使用方法
能力目标	● 能够根据实际需求，正确设计 Python 函数，包括对函数名、参数、返回值等进行处理 ● 能够正确分析 lambda 表达式的功能，并能编写较为简单的 lambda 表达式 ● 能够使用 map() 等高阶函数简化代码

5.1 函数概述

Python 函数是封装了特定任务实现的代码块，根据函数来源，Python 函数可以大致归为 4 类。

1. 内置函数

例如 print()、input()、len()、range() 等，是 Python 内置函数，可以直接使用。

2. 标准库函数

安装 Python 环境时，会一同安装若干标准库，标准库中的函数需要通过 import 导入后才能使用，如 math.radians()、random.randint() 等。

3. 第三方库函数

Python 社区提供的第三方库，需要安装并导入才能使用库中的函数，如 Matplotlib 库、NumPy 库等。

4. 自定义函数

这是开发者根据实际需求，自行定义的、用于实现特定功能的函数。

Python 函数非调用不执行，即函数将实现特定任务的一段复杂代码封装起来，不论这段代码在源文件的何处，解释器都会直接跳过这段代码不执行，只有当开发者调用函数时，程序才从调用函数的位置跳转到函数代码所在位置开始执行。

使用函数的好处有以下几个方面。

1. 减少重复代码，避免代码冗余

当需要多次执行相同的任务时，只需编写一个函数实现该任务，然后在需要的地方调用该函数即可。例如内置函数 print()，需要在终端上输出信息时都可以直接调用它，而不用重复写一遍输出的具体实现代码。

2. 提高代码的可读性和可维护性

不论代码的实现如何复杂，都可以通过有意义的函数命名清晰表达函数的功能，同时还能为函数的参数、返回值等添加文档字符串，使其他开发者更容易理解代码的功能和用法。例如开发者不需要关心 print() 函数内部如何实现数据缓冲、如何在终端上显示字符，只看函数名就能理解它的作用，熟记参数语法就能正确使用。

3. 代码更加模块化，便于组织和维护

由于每个函数都有其特定的功能和作用域，代码的结构因此变得更加清晰，更易于管理和扩展。例如若要对 print() 函数的功能进行升级，只需修改 print() 函数的实现代码，这通常不会对开发者的代码产生影响。

5.2　函数的定义与调用

Python 函数定义的基本语法为：

```
def 函数名([参数列表]):
    # 函数体
    [return 返回值]
```

其中 def 是定义函数的关键字，表示从这里开始定义函数。函数名的命名规则遵循第 2 章提及的标识符的命名规则。接下来是一对圆括号，其中的参数列表代表函数必须从外部得到的数据，如果不需要外部数据，圆括号内可以留空；之后的冒号表示从下一行开始进入函数体，函数体是实现目标功能的语句块，每行语句都要相对于冒号所在的行进行缩进，表示这些语句是属于这个函数的。

函数体全部执行完毕后会自行返回调用函数的位置，但在有些场景下可能需要提前结束函数调用立即返回，这就需要使用 return 语句。关键字 return 只能用在函数体中，当函数执行到 return 语句时，会立即停止执行，并将控制权返回给调用该函数的代码。return 后面可以跟一个或多个数据，这些数据叫"返回值"，可以被 return 从函数内部传递到函数外部，如果没有数据需要返回，可以不使用 return 语句或者 return 语句之后不带返回值。

函数就像一个工具或者一个机器，规定了处理流程。例如现在有一个切水果的"机器"，在制造它的时候必须留出放水果的入口、切水果的空间以及切块的出口，当需要切水果的时候将苹果、香蕉这些"原料"放入，最后得到水果切块。若将这个机器看作"切水果"函数，机器生产阶段相当于设计函数阶段，原料入口相当于参数列表，要规定好可以放哪些原料；处理水果的过程相当于函数体，规定不同的原料该如何处理，显然在定义流程时是没有添加任何实际原料的，需要用参数列表中的参数替代不同的原料进行描述，所以参数列表中的参数也叫作"形式参数"，如同占位符；切块出口相当于 return 语句，切好的水果相当于返回值，通常用变量或字面量描述返回值。

示例 5-1 便用函数模拟了一个切水果机器。第 1 行代码定义函数名为 fruit_cutter，参数列表中只有一个形式参数 fruit，表示需要从外部获得的水果原料；第 2～4 行代码是函数体，第 2 行代码用于输出"开始切×××"（×××为输入的参数）信息，但在流程定义阶段开发者并不知道实际要切的水果是什么，于是使用参数 fruit 代替；第 3 行代码根据 fruit 的值创建一个列表对象，模拟切出的水果块；第 4 行代码将水果块 pieces 返回。在非调用的情况下，Python 解释器将跳过第 1～4 行函数代码段，直接执行第 6 行代码。

【示例 5-1】函数模拟切水果机器。

```
1.  def fruit_cutter(fruit):
2.      print(f'开始切{fruit}')
3.      pieces = list(fruit)
4.      return pieces
5.
6.  fruit_pieces = fruit_cutter('apple')
7.  print(fruit_pieces) # 输出结果：['a', 'p', 'p', 'l', 'e']
```

机器开始工作就相当于函数开始调用，此时向机器入口中加入水果原料，相当于函数调用时，将已经定义的变量或字面量放在形式参数的位置上，调用时传入的数据称为"实际参数"，函数将按照函数体内部逻辑处理这些数据，实现目标功能。

没有返回值的函数直接调用，语法为：

函数名([实际参数])

有返回值的函数可将返回值赋值给其他变量，调用语法为：

变量 = 函数名([实际参数])

示例 5-1 的第 6 行代码展示了 fruit_cutter()函数的调用方法，实际参数是字符串"apple"，它将传递给形式参数 fruit，此时程序会跳转至第 2 行代码进入函数体开始执行，fruit 也有了实际值"apple"；当程序走到第 4 行代码遇到 return 语句时，就会结束函数调用，立即返回调用 fruit_cutter()函数的位置，即第 6 行代码，同时变量 pieces 的值被 return 语句传递到函数外部，通过赋值语句存放在变量 fruit_pieces 中，最后于第 7 行输出 fruit_pieces 的值。

5.3 函数返回值

函数返回值是函数执行完毕后传递给调用者的数据，例如计算结果（如几何形状的面积、财务利息或三角函数的值）、状态信息（如操作是否成功、数据是否有效）、数据加工结果（如排序后的数据、检索结果）等。Python 函数通过 return 语句将这些数据传递出去，一般有以下几种形式。

1. 返回 None 值

当没有 return 语句，函数体执行完毕返回时，或者遇到 return 语句但 return 之后为空时，函数返回 None。示例 5-2 和示例 5-3 展示了返回值为 None 的例子。

【示例 5-2】函数执行完毕后返回 None。

```
1.  def say_hello(name):
```

```
2.      print(f'Hello, {name}!')
3.
4.  ret_val = say_hello('张三')
5.  print(ret_val)  # 输出结果: None
```

【示例 5-3】return 之后为空返回 None。

```
1.  def save(name, age):
2.      if name is None or name == '':
3.          print(f'名字({name})不合法')
4.          return
5.      if age is None or age < 0:
6.          print(f'年龄({age}不合法)')
7.          return
8.      print('保存完毕！')
9.
10. ret_val = save('', 18)
11. print(ret_val)  # 输出结果: None
```

2. 返回单一的值

当 return 之后只有一个数据时，函数将返回这个数据，调用函数的地方也只需要一个变量来存放这个返回值，示例 5-4 和示例 5-5 展示了返回单一值的例子。

【示例 5-4】返回单一的值（一个 return）。

```
1.  def summary(a, b):
2.      return a + b
3.
4.  ret_val = summary(5, 10)
5.  print(ret_val)
```

【示例 5-5】返回单一的值（多个 return）。

```
1.  def to_level(score):
2.      if score >= 90:
3.          return '优'
4.      elif score >= 80:
5.          return '良'
6.      elif score >= 70:
7.          return '中'
8.      elif score >= 60:
9.          return '合格'
10.     else:
11.         return '不合格'
12.
13. ret_val = to_level(85)
14. print(ret_val)
```

3. 返回多个值

当 return 之后有多个数据且每个数据之间用逗号隔开时，函数会创建一个元组，并将这些数据放进这个元组，然后将元组返回。如示例 5-6 所示，函数 top_1()以一个列表对象为参数，先通过内置函数 max()获取该列表中的最大元素，再通过列表的 index()方法获取这个最大元素的索引，最后将最大元素、索引一同返回。调用函数的地方可以用一个变量存放返回值，如第 6 行代码所示，此时 ret_val 中存放的是一个元组，之后通过索引访问所有的返回值；也可以如第 9 行代码所示，通过解包的方式，有多少个返回值就准备多少个变量，返回值会按照函数定义的顺序依次存放到 ret1 和 ret2 中。

【示例 5-6】返回多个值。

```
1.   def top_1(data_list):
2.       max_val = max(data_list)
3.       idx = data_list.index(max_val)
4.       return max_val, idx
5.
6.   ret_val = top_1([1, 19, 4, -6, 15, 7])
7.   print(ret_val)  # 输出结果: (19, 1)
8.
9.   ret1, ret2 = top_1([1, 19, 4, -6, 15, 7])
10.  print(ret1, ret2)  # 输出结果: 19 1
```

通常情况下，当 return 没有明确的返回值时，可以直接调用函数，当 return 提供明确的返回值时，可以根据实际需要决定是否以"变量 = 函数名(实际参数)"的形式将返回值保存到变量中。

【实战 5-1】函数简单运用：优惠券有效性查询

 【需求描述】

假设某在线书店平台需要检查用户使用的优惠券是否有效，现设计一个函数，实现检查用户优惠券代码有效性的功能。

 【实战解析】

本实战涉及的编程要点如下。

1. 列表操作

程序需要使用列表存储系统预置的优惠券代码。

2. 函数定义

程序需要定义一个函数，接收用户输入的优惠券代码，并返回该优惠券的有效性。

3. 函数调用

程序需要调用定义的函数，并传入正确的参数。

4. 输入输出

程序需要和用户进行互动，通过 input()函数获取用户输入的优惠券代码，通过 print()函数反馈优惠券的有效性。

 【实战指导】

具体编程步骤如下。

1. 初始化预置的优惠券代码列表

首先创建一个列表用来存储所有有效的优惠券代码，作为验证的依据。

2. 定义函数

定义一个名为 check_coupon_validity 的函数，它接收一个参数 coupon_code，即用户输入的优惠券代码。

3. 实现函数逻辑

使用 if 语句和 in 运算符检查 coupon_code 是否在预置的优惠券代码列表中，如果存在则为有效优惠券，函数返回 True，否则为无效优惠券，函数返回 False。

4. 获取用户输入

在主程序中使用 input()函数获取用户输入的优惠券代码。

5. 调用函数并处理结果

调用 check_coupon_validity()函数，将用户输入的优惠券代码作为参数传递给它，并将函数的返回值存放在变量 is_valid 中。

6. 输出结果

使用 if 语句对 is_valid 进行判断，如果 is_valid 为 True，即优惠券有效，则通过 print()函数输出信息 "优惠券代码有效，您将获得折扣!"；如果 is_valid 为 False，即优惠券无效，则输出信息 "优惠券代码无效，请检查您的输入或尝试其他优惠码。"。

【参考代码】

```
1.    # 定义检查优惠券有效性的函数
2.    def check_coupon_validity(coupon_code):
3.        # 定义有效的优惠券代码列表
4.        valid_coupons = ['SUMMER2023', 'BOOKLOVER', 'NEWUSER10']
5.
6.        # 使用 if 语句检查优惠券代码是否在有效列表中
7.        if coupon_code in valid_coupons:
8.            return True  # 如果在列表中，返回 True，表示优惠券有效
9.        else:
10.            return False  # 如果不在列表中，返回 False，表示优惠券无效
11.
12.
13.   # 获取用户输入的优惠券代码
14.   user_coupon = input('请输入您的优惠券代码：')
15.
16.   # 调用函数检查优惠券代码的有效性
17.   is_valid = check_coupon_validity(user_coupon)
18.
19.   # 根据函数返回值输出相应的结果信息
20.   if is_valid:
21.       print('优惠券代码有效，您将获得折扣! ')
22.   else:
23.       print('优惠券代码无效，请检查您的输入或尝试其他优惠码。')
```

5.4　参数传递

在 Python 中，函数的参数传递方式决定了函数如何接收外部数据，以及如何影响函数内部的执行逻辑。本节将详细介绍 Python 中位置参数、默认参数、关键字参数等的传递方式，了解这些参数传递方式对编写高效、灵活的 Python 函数至关重要。

5.4.1　位置参数

位置参数是指调用函数时，必须按照函数定义中的形参的顺序，提供实际参数，不能随意改变，

通常用于传递必需的值给函数，以便函数能够执行其任务。示例 5-7 展示了位置参数的应用，它计算并返回矩形周长，参数列表中的 height 和 width 分别表示矩形的高和宽，第 4 行代码调用函数时，实际参数 3 和 2 会按照顺序依次传递给 height 和 width。

【示例 5-7】位置参数传递实参。

```
1.    def rectangular_perimeter(height, width):
2.        return (height + width) * 2
3.
4.    ret = rectangular_perimeter(3, 2)
5.    print(ret)  # 输出结果: 10
```

5.4.2 默认参数

默认参数允许在函数定义中为某些形参提供默认值。当调用函数时，如果没有为这些参数提供实参，函数将自动使用定义中指定的默认值。这增加了函数的灵活性和通用性，使函数可以适应更多的使用场景。

如示例 5-8 所示，在函数 say_hello()的定义中，为参数 name 赋予一个默认值"Python"，即被声明为默认参数。第 4 行代码调用 say_hello()函数时没有给该参数提供值，函数将使用该参数的默认值，输出结果为"Hello, Python!"；第 5 行代码调用 say_hello()函数时提供了实参"张三"，则把字符串"张三"传递给 name 而不使用默认值。

【示例 5-8】使用默认参数。

```
1.    def say_hello(name='Python'):
2.        print(f'Hello, {name}!')
3.
4.    say_hello()            # 输出结果: Hello, Python!
5.    say_hello('张三')       # 输出结果: Hello, 张三!
```

需要注意的是，默认参数后面如果还有其他参数，只能是默认参数，否则会报错。

5.4.3 关键字参数

关键字参数是 Python 函数调用时非常有用的传参方式，它允许调用函数时通过"参数名=值"的语法将对应的值传递给参数，而不是仅通过位置顺序，这种特性使参数传递更加直观和灵活。

示例 5-9 展示了使用关键字参数传参的例子，第 4 行代码调用 info()函数时，为每个形式参数赋值，这时参数可以不按照函数定义中的位置顺序排列。

【示例 5-9】使用关键字参数。

```
1.    def info(name, age, career):
2.        print(f'{name}今年{age}岁, 职业为{career}')
3.    # 输出结果: 张三今年 28 岁, 职业为飞行员
4.    info(name='张三', career='飞行员', age=28)
```

5.4.4 变长参数

Python 函数支持变长参数，它允许函数接收不定数量的实参。使用变长参数，函数可以更加灵活地处理各种数量、各种类型的参数，提高了代码的重用性。

1. 以 "*" 表示变长参数

如示例 5-10 所示，第 1 行代码的参数列表中，"*形参名"表示该形参在函数内部作元组使用，因此参数 person 是一个元组对象，person[0]、person[1]、person[2]分别引用了元组的第 1 个、第 2

个、第 3 个元素。第 4 行代码调用函数时，程序会将传入的 3 个实参打包成一个元组，再传递给参数 person。

【示例 5-10】使用*args 变长参数。

```
1.  def info(*person):
2.      print(f'{person[0]}今年{person[1]}岁，职业为{person[2]}')
3.
4.  info('张三', 28, '飞行员')  # 实际传递的元组对象：('张三', 28, '飞行员')
```

2. 以 "**" 表示变长参数

如示例 5-11 所示，第 1 行代码的参数列表中，"**形参名"表示该形参在函数内部作字典使用，因此参数 person 是一个字典对象，函数内部通过键遍历字典所有元素输出信息。第 6 行代码调用函数时，需使用关键字参数传参，程序会将参数名转换为键值对的键，参数的值转换为键值对的值，构造一个字典对象并传递给 person。

【示例 5-11】使用**args 变长参数。

```
1.  def info(**person):
2.      for k in person:
3.          print(k, person[k])
4.
5.  # 实际传递的字典对象：{name:'张三', age:28, career:'飞行员'}
6.  info(name='张三', age=28, career='飞行员')
```

当使用变长参数时，仅从函数的参数列表是看不出来有哪些参数的，实现方和调用方应协商好参数的具体定义，必要情况下应提供接口描述变长参数的使用方法。

5.4.5　不可变实参和可变实参

调用函数时，如果实参是不可变类型，函数内部对形参的修改不会影响实参；如果实参是可变类型，函数内部对形参的修改会反映在实参上。

示例 5-12 展示了传递不可变实参的情况。函数 change_value()将参数 a 的值更改为新值 b，由于调用时传递的实参为字符串，所以函数内部修改 name 的值，不会对实参 name 造成影响，函数返回后 name 的值依然是"张三"。

【示例 5-12】传递不可变实参。

```
1.  def change_value(a, b):
2.      a = b
3.
4.  name = '张三'
5.  change_value(name, '李四')
6.  print(name)  # 输出结果：张三
```

示例 5-13 展示了传递可变实参的情况。对函数 change_value()略作修改，将参数 a 作列表使用，将 a 的第一个元素修改为 b，调用函数时必然要传递一个列表对象给参数 a，如第 5 行代码所示。由于列表是可变数据类型，传递的是实参本身，相当于函数内部直接修改了变量 info，函数返回后 info 的第一个元素变为"李四"。

【示例 5-13】传递可变实参。

```
1.  def change_value(a, b):
2.      a[0] = b
3.
4.  info = ['张三', 28, '飞行员']
```

```
5.   change_value(info, '李四')
6.   print(info)  # 输出结果：['李四', 28, '飞行员']
```

由于 Python 函数的参数列表不指定数据类型，设计时应斟酌，确定应当传递怎样的参数，必要时提供相应的注释。

【实战 5-2】变长参数运用：列出多个目录下的子目录和文件名

 【需求描述】

当从命令行运行程序时，程序根据实际输入的目录个数，分别列出了"F:\桌面文件预留\""F:\DemoVideo\"两个目录下的子目录和文件名，如图 5-1 所示。设计一个函数实现该功能。

 【实战解析】

图 5-1　列出的多个目录下的子目录和文件名

本实战涉及的编程要点如下。

1. 命令行参数处理

从图 5-1 中可以看出，程序需要处理命令行参数，以获取用户输入的一定数量的目录信息，这可以通过导入 sys 模块实现。sys 模块提供了用于访问 Python 解释器自身使用和维护的变量及函数，例如 sys.argv 中存储了在命令行中执行 Python 脚本文件时用到的命令行参数。

2. 目录遍历

程序需要获取指定目录下的子目录和文件名，这可以通过导入 os 模块实现。os 模块提供了获取操作目录的函数，例如 os.listdir()可以遍历指定目录并返回遍历的结果，os.path.isdir()可以判断某路径是目录还是文件，os.path.join()可以将多个参数拼接成新路径等。

3. 函数定义

程序需要定义一个函数，并使用变长参数接收一定数量的目录。

4. 函数调用

程序需要调用定义的函数，并正确传入一定数量的实参。

5. 输出信息

程序需要反馈友好的输出信息，例如分别列出子目录和文件名、对目录进行提示等。

【实战指导】

具体编程步骤如下。

1. 导入模块

首先导入 os 模块和 sys 模块，分别用于处理目录和命令行参数。

2. 定义函数

定义一个名为 simulate_dir 的函数，该函数使用"*形参名"的变长参数。

3. 实现函数逻辑

（1）使用 for 循环遍历传入的每个目录路径，使用 os.listdir() 函数获取目录下的所有文件和子目录列表。

（2）初始化两个空列表 files 和 sub_dir，分别用于存储文件名和子目录名，遍历（1）中返回列表的每个条目，使用 os.path.isdir() 函数检查这些条目是否为目录，如果是目录，将其添加到 sub_dir 列表中；否则，将其视为文件并添加到 files 列表中。

（3）使用条件语句检查 sub_dir 列表是否为空，如果为空，输出"无子目录"，否则输出"子目录:"，然后遍历 sub_dir 列表，输出每个子目录的名称。

（4）使用类似的方式检查 files 列表是否为空，并输出文件列表。

4. 调用函数并处理结果

在主程序中使用 sys.argv 获取命令行参数，然后调用 simulate_dir() 函数，将命令行参数中的路径部分传给形参 dirs。

【参考代码】

```
1.   import os
2.   import sys
3.
4.   def simulate_dir(*dirs):
5.       for directory in dirs:
6.           print(f'当前目录: {directory}')
7.
8.           # 获取当前目录下的所有文件和子目录
9.           entries = os.listdir(directory)
10.
11.          # 将子目录和文件分开
12.          sub_dir = []
13.          files = []
14.          for entry in entries:
15.              # 拼接完整路径后，判断是文件还是目录
16.              if os.path.isdir(os.path.join(directory, entry)):
17.                  sub_dir.append(entry)
18.              else:
19.                  files.append(entry)
20.
21.          # 输出各子目录和文件列表
22.          print('无子目录') if len(sub_dir) == 0 else print('子目录: ')
23.          for s in sub_dir:
24.              print('<DIR>\t\t', s)
25.
26.          print('无文件') if len(files) == 0 else print('文件: ')
27.          for f in files:
28.              print(f)  # 简化处理，只显示文件名
29.
30.          print()  # 输出空行以便区分不同的目录
31.
32.  # 假设命令行执行该脚本文件时的命令为:
```

```
33.  #     python 实战 5-2.py F:\桌面文件预留\ F:\DemoVideo\
34.  # sys.argv[]中的元素为:
35.  #     ['实战 5-2.py', 'F:\\桌面文件预留\\', 'F:\\DemoVideo\\']
36.  # sys.argv[1:]用于取切片，得到['F:\\桌面文件预留\\', 'F:\\DemoVideo\\']
37.  # *sys.argv[1:]用于将切片结果解包后传入 simulate_dir()函数中，相当于传入:
38.  #     simulate_dir('F:\\桌面文件预留\\', 'F:\\DemoVideo\\')
39.  # simulate_dir()函数的变长参数为"*dirs"，该实参将生成元组，在函数内按元组使用
40.  simulate_dir(*sys.argv[1:])
```

5.5 变量作用域

变量作用域是指变量能够被使用的范围，根据作用域的不同，Python 变量可分为全局变量和局部变量。

5.5.1 全局变量

Python 的全局变量是指直接定义在源文件中，处于函数、类定义之外的变量。全局变量在整个程序运行期间都存在，可以在程序的任何位置读取和修改。示例 5-14 展示了全局变量的定义和使用。

【示例 5-14】使用全局变量。

```
1.  a = 10      # 定义全局变量 a
2.  b = 5       # 定义全局变量 b
3.
4.  def summary(x, y):
5.      return x + y
6.
7.  print(summary(a, b))    # 将 a 和 b 作为实参传递给 summary()
8.  b += 1  # 修改变量 b
```

5.5.2 局部变量

Python 的局部变量是指在函数内部定义，只能在该函数内部使用的变量。当函数被调用时，局部变量会被创建，在函数执行期间存在。

示例 5-15 展示了局部变量的使用，在函数 demo()内部定义的变量 x 和 y 都是 demo()的局部变量，所以第 4 行代码中的函数 print()可以使用 x 和 y，但第 7 行代码不在 demo()的定义范围内，而是属于全局作用域。程序会在全局作用域而非函数内部搜寻变量 x 的定义，而本例的全局作用域中没有定义名为 x 的变量，所以会报错。

【示例 5-15】使用局部变量。

```
1.  def demo():
2.      x = 2  # 定义局部变量 x
3.      y = 4  # 定义局部变量 y
4.      print(x, y)
5.
6.  demo()          # 输出结果: 2 4
7.  print(x) # 报错: NameError: name 'x' is not defined
```

5.5.3　global 关键字

函数内部对所使用变量的作用域的判断规则如下。

1. 函数内部仅读取某个变量的值时

这种情况下，函数体中没有任何一条语句是给变量赋值，该变量将被认定为全局变量，会在全局作用域中搜寻该变量是否定义。如示例 5-16 所示，demo1()函数内部的变量 a 会被解释器认定为全局变量。

【示例 5-16】函数内部仅读取某个变量的值。

```
1.   a = 10  # 定义全局变量a
2.
3.   def demo1():
4.       b = a + 1  # 函数仅读取a的值，因此在全局作用域中寻找a
5.       print(a, b)
6.
7.   demo1()  # 输出结果: 10 11
```

2. 函数内部任意位置给某个变量赋值时

这种情况下，该变量将被认定为局部变量，会从函数定义开始，到给变量赋值之前的范围内搜寻该变量是否定义。如示例 5-17 所示，在 demo2()函数内部给变量 a 赋值，所以 a 是局部变量，恰好它与全局变量 a 重名，所以在函数内部会覆盖全局变量 a，demo2()函数调用结束后全局变量 a 的值没有变化；demo3()函数中变量 a 也因为赋值而被认为是局部变量，它在定义之前先使用，所以程序执行到第 7 行代码时会报错。

【示例 5-17】函数内部局部变量覆盖同名全局变量。

```
1.   a = 10  # 定义全局变量a
2.
3.   def demo2():
4.       a = 20  # 定义局部变量a, 和全局变量a同名, 函数内部将覆盖全局变量a
5.
6.   def demo3():
7.       print(a)
8.       a = 30  # a为局部变量, 但第7行先使用了a
9.
10.  demo2()
11.  print(a)  # 输出结果: 10
12.
13.  demo3()  # 报错
```

如果确实需要在函数内部修改全局变量的值，则要在函数内部用"global 全局变量名"声明使用全局变量。如示例 5-18 所示，进入 demo4()函数后先声明，那么在之后的语句中，所有的变量 a 都指全局变量 a，demo4()函数调用结束后输出全局变量 a 的值为 20。

【示例 5-18】函数内部修改全局变量。

```
1.   a = 10  # 定义全局变量a
2.
3.   def demo4():
4.       global a  # 声明函数内部使用全局变量a
5.       a = 20
6.
7.   demo4()
```

```
8.  print(a)  # 输出结果: 20
```

综上，Python 中不同函数内部的局部变量互不干扰，但应避免全局变量和局部变量的命名冲突。

5.6 高阶函数

在 Python 中，高阶函数是一类非常强大且灵活的函数，它们能够接收其他函数作为参数，或者返回一个函数作为结果。从简单的函数操作到复杂的算法，高阶函数在编程中具有广泛的应用。本节将介绍 Python 的高阶函数知识，包括 lambda 表达式、内置的 map()和 filter()函数以及闭包。

5.6.1 lambda 表达式

Python 中的 lambda 表达式是一种简洁的函数定义方式，它用于定义简单的、单表达式的匿名函数，其基本语法为：

```
lambda 参数列表 : 表达式
```

其中参数列表可以是任意数量的参数，多个参数之间用逗号隔开，表达式的值即函数的返回值，通常是一个较为简单的单一表达式。如示例 5-19 第 1 行代码所示，lambda 表达式定义的匿名函数接收 x、y 和 z 这 3 个参数，返回值是 x+y+z，这个匿名函数通过赋值运算将结果存放在变量 f 中。

完整的函数定义提供了函数名供使用者调用，但 lambda 表达式定义的匿名函数没有函数名。可以将这个匿名函数对象存放在变量中，然后以变量名作为函数名调用。如示例 5-19 第 2 行代码所示，可将变量名"f"当作函数名使用，其调用方法、参数传递方式均与普通定义的函数相同，实参"1、3、5"分别传递给 x、y、z，返回值存放在变量 result 中。

【示例 5-19】调用 lambda 表达式定义的匿名函数。

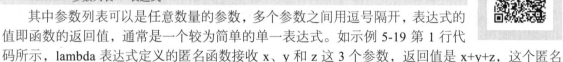

```
1.  f = lambda x, y, z: x + y + z
2.  result = f(1, 3, 5)
3.  print(result)  # 输出结果: 9
```

lambda 表达式在需要定义简单的、一次性使用的函数时非常有用，例如配合 map()、filter()、sorted()等高阶函数使用。示例 5-20 展示了 sorted()方法使用 lambda 表达式对字典 emotions 键值对排序。这个例子用到了 sorted()方法提供的可选参数 key，它用于指定一个函数，该函数接收一个参数，从中提取排序所需的关键字作为返回值，sorted()方法会遍历排序对象，依次将其中的每个元素作为实参传递给该函数，得到排序的依据。

【示例 5-20】使用 lambda 表达式对字典键值对排序。

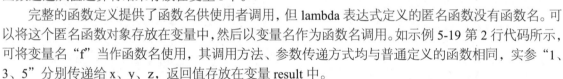

```
1.  emotions = {0: 'anger', -1: 'sad', 1: 'happiness'}
2.  result = sorted(emotions.items(), key=lambda x: x[0])
3.  print(result)  # 输出结果: [(-1, 'sad'), (0, 'anger'), (1, 'happiness')]
```

在第 2 行代码中，sorted()方法的排序对象是 emotions.items()的结果，即 "[(0, 'anger'), (-1, 'sad'), (1, 'happiness')]"，每次取其中一个元素（即一个元组）传递给 lambda 表达式的参数 x，返回的是该元组的第一个元素，于是得到排序关键字(0, -1, 1)。关键字排序结果为(-1, 0, 1)，最终的排序结果为 "[(-1, 'sad'), (0, 'anger'), (1, 'happiness')]"。

使用 lambda 表达式的函数代码简洁，但过度使用可能会降低代码的可读性和可维护性，在处理复杂的逻辑或需要重用的功能时，最好使用完整的函数定义。

5.6.2　map()和 filter()函数

map()和 filter()是 Python 内置的两个高阶函数，使用这两个高阶函数可以使数据处理逻辑更加简洁灵活。

1．map()函数

map()函数接收一个函数和 n 个（n≥1）可迭代对象作为参数，函数应用于可迭代对象的每个元素，并返回一个迭代器，其中包含应用函数后的结果，通常会将这个迭代器转换成列表等数据结构后再使用。其基本调用语法为：

```
map(函数名, 可迭代对象 1[, 可迭代对象 2, ..., 可迭代对象 n])
```

示例 5-21 展示了将列表中所有字符串都转换为小写字母的例子，第 2 行代码中传入 map()的参数是字符串类的 lower()方法，map()将自动遍历 fruits 列表，为每个元素调用 lower()方法，得到相应的小写字符串，最后将所有转换结果封装在一个迭代器中返回，存放在 result 变量中。第 3 行代码将这个迭代器转换为 list 对象，然后输出。

【示例 5-21】使用 map()函数将列表所有字符串转换为小写字母。

```
1.   fruits = ['Apple', 'Banana', 'Cherry']
2.   result = map(str.lower, fruits)
3.   print(list(result))  # 输出结果: ['apple', 'banana', 'cherry']
```

示例 5-22 展示了使用 map()函数处理多个可迭代对象的例子，这个例子实现了两个列表对象相同位置元素相乘的功能。首先实现了一个自定义函数 multiply()，该函数接收两个参数，并返回两个参数的乘积；然后定义了两个列表对象 list1 和 list2，在第 7 行代码的 map()函数中，传入自定义函数 multiply（只写函数名，没有圆括号），后面是两个列表对象，map()函数每次循环都同时取出 list1 和 list2 中相同位置的元素（1 和 6、2 和 7……），分别传给 multiply()函数的参数 x 和 y，并得到它们的乘积；最终所有处理结果封装在迭代器中返回。

对于简短的数据处理逻辑，也可以使用 lambda 表达式，如示例 5-22 的第 10 行代码所示，map()函数将使用 lambda 表达式处理从列表对象中取出的元素，作用与第 7 行代码相同。

【示例 5-22】map()函数处理多个可迭代对象。

```
1.   def multiply(x, y):
2.       return x * y
3.
4.   list1 = [1, 2, 3, 4, 5]
5.   list2 = [6, 7, 8, 9, 10]
6.
7.   result = map(multiply, list1, list2)
8.   print(list(result))  # 输出结果: [6, 14, 24, 36, 50]
9.
10.  result = map(lambda x, y: x * y, list1, list2)
11.  print(list(result))  # 输出结果: [6, 14, 24, 36, 50]
```

2．filter()函数

filter()函数用于筛选数据，它接收一个函数和一个可迭代对象作为参数。函数对可迭代对象的每个元素进行测试，并返回一个迭代器，其中包含测试结果为 True 的元素，通常会将这个迭代器转换成列表等数据结构后再使用。其基本调用语法为：

```
filter(函数名, 可迭代对象)
```

示例 5-23 展示了筛选出列表对象中所有偶数的例子。首先定义一个测试函数 is_even()，接收一个参数 x，如果 x 是偶数则返回 True，否则返回 False；第 5 行代码将函数 is_even、处理对象 numbers

传给 filter()函数，filter()函数依次将 numbers 中的元素传递给 is_even()函数处理，将返回值为 True 的元素封装在迭代器中。

与 map()函数类似，filter()函数也可以接收 lambda 表达式作为参数，如第 8 行代码所示。

【示例 5-23】filter()函数筛选偶数。

```
1.   def is_even(x):
2.       return x % 2 == 0
3.
4.   numbers = [1, 2, 3, 4, 5]
5.   result = filter(is_even, numbers)
6.   print(list(result))  # 输出结果: [2, 4]
7.
8.   result = filter(lambda x: x % 2 == 0, numbers)
9.   print(list(result))  # 输出结果: [2, 4]
```

5.6.3 闭包

闭包是 Python 高阶函数的一种特殊形式，它涉及一个函数（记作"外层函数 A"）定义中嵌套了另一个函数（记作"内层函数 B"）。当外层函数 A 执行并返回内层函数 B 时，如果内层函数 B 需要访问外层函数 A 的局部变量，那么这个被返回的函数对象 B 就形成了一个闭包。

编写闭包需要满足 3 个条件：必须有一个内层函数，内层函数里必须引用定义在外层函数里的变量，外层函数必须返回内层函数。示例 5-24 展示了闭包的例子，外层函数 create_model()接收一个参数 factor，函数体内首先定义了一个局部变量 offset，然后嵌套了内层函数 calc()，calc()函数对参数 x 进行计算后返回结果，而外层函数则将 calc()函数作为返回值，返回给调用方。

【示例 5-24】定义闭包。

```
1.   def create_model(factor):  # 外层函数 create_model()
2.       offset = 100
3.
4.       def calc(x):  # 内层函数 calc()
5.           return x * factor + offset  # 内层函数引用外部变量
6.
7.       return calc  # 返回内层函数
```

闭包的关键特性是它能够捕获并记住创建时的作用域，使得外层函数 A 执行完毕后，闭包仍然可以访问 A 中的局部变量，这个特性使闭包常用在数据封装、回调函数、实现装饰器、记录历史状态等场景。

示例 5-25 展示了如何使用示例 5-24 中定义的闭包。首先调用外层函数 create_model()，参数 factor 为 3，进入外层函数后，定义局部变量 offset 为 100，然后创建内层函数 calc()，并将 calc()函数作为函数对象返回，外层函数调用结束；闭包一旦创建就会绑定外层函数的变量，所以尽管外层函数返回了，factor 和 offset 在闭包函数内部仍然可用；第 1 行代码执行完毕后，闭包函数对象 calc()将保存在变量 model 中，如第 3 行代码所示，将变量名当作函数名使用，model(2)相当于"calc(2)"，返回值为"106"。

【示例 5-25】调用闭包。

```
1.   model = create_model(3)  # 创建一个 factor 为 3 的闭包
2.
3.   result = model(2)  # 使用闭包计算参数为 2 时的结果
4.   print(result)  # 输出结果: 106
```

【实战 5-3】函数综合运用：模拟选课系统

【需求描述】

编程实现一个模拟的选课系统，该系统需要具备以下几个核心功能。

1. 学生信息管理

系统需要存储学生的基本信息，包括学生 ID 和姓名。

2. 课程信息管理

系统需要存储课程的基本信息，包括课程编号和课程名称。

3. 选课管理

学生应能选择课程，系统应记录每个学生所选的课程。

4. 查看选课情况

系统应能查看所有学生选课情况。

【实战解析】

本实战涉及的编程要点如下。

1. 数据结构选择

为了存储学生、课程和选课信息，可以选择使用字典数据结构来表示学生 ID 与学生信息、课程编号与课程信息之间的映射关系，可将值部分设计为另一个字典，用来存储学生姓名、所选课程等更丰富的数据信息。

2. 输入验证

在用户输入学生 ID、课程编号等信息时，需要进行验证，确保输入的数据是有效的。例如，可以检查输入的学生 ID 是否已存在，课程编号是否合法等。

3. 函数封装

为了提高代码的可读性和可维护性，应将各个功能封装成独立的函数，每个函数负责完成一个具体的任务，如添加学生信息、添加课程信息、处理选课逻辑等。

4. 循环与菜单

为了实现用户交互功能，可以使用循环显示菜单，并根据用户的选择调用相应的函数，这通常涉及使用 while 循环和 input()函数获取用户输入。

【实战指导】

具体编程步骤如下。

1. 初始化数据

使用两个字典分别存储学生信息和课程信息，具体如下。

（1）学生信息字典：键为学生 ID，值是另一个字典对象，其中包含学生姓名和所选课程 ID 列表。

（2）课程信息字典：键为课程 ID，值是另一个字典对象，其中包含课程名称和选课学生 ID

列表。

2. 定义功能函数

（1）添加学生

① 定义一个函数 add_student()，接收学生 ID 和学生姓名作为参数。

② 检查学生 ID 是否已存在，若不存在则将其添加到学生信息字典，并输出添加成功的提示。

（2）添加课程

① 定义一个函数 add_course()，接收课程 ID 和课程名称作为参数。

② 检查课程 ID 是否存在，若不存在则将其添加到课程信息字典，并输出添加成功的提示。

（3）学生选课

① 定义一个函数 choose_course()，接收学生 ID 和课程 ID 作为参数。

② 检查学生 ID 和课程 ID 是否存在于各自的信息字典中。

③ 若都存在，则将学生 ID 添加到课程信息的选课学生列表，并将课程 ID 添加到学生的所选课程列表，然后输出选课成功的提示。

（4）显示学生选课情况

① 定义一个函数 show_courses_for_student()，接收学生 ID 作为参数。

② 根据学生 ID 查找学生所选的所有课程，并输出课程 ID 和课程名称。

（5）显示选课学生情况

① 定义一个函数 show_students_for_course()，接收课程 ID 作为参数。

② 根据课程 ID 查找所有选课的学生 ID 和学生姓名，并输出。

（6）显示所有选课情况

定义一个函数 show_all_students_for_courses()，遍历所有课程，并显示每个课程下已选课的学生 ID 和学生姓名。

3. 主程序

实现一个主程序 main()，通过无限循环显示选课系统菜单，并执行用户输入的相应操作。

（1）用户可以通过输入数字（1～7）来选择要执行的操作，输入 7 则退出系统。

（2）根据用户的选择，使用 if 语句调用相应的函数处理。

【参考代码】

```
1.   # 初始化字典数据
2.   # 1. 存放学生信息
3.   # key：学生 ID
4.   # value：字典对象，{'name'：学生姓名，'courses'：包含所选课程 ID 的列表}
5.   students = {}
6.
7.   # 2. 存放课程信息
8.   # key：课程 ID
9.   # value：字典对象，{'name'：课程名称，'students'：包含选课学生 ID 的列表}
10.  courses = {}
11.
12.  # 添加学生
13.  def add_student(id, name):
14.      global students
15.
16.      if id in students:
17.          print(f'学号({id})已存在！')
```

```
18.        else:
19.            students[id] = {'name': name, 'courses': []}
20.            print(f'学生 {name} 已添加, 学生 ID 为 {id}, 所选课程为空。')
21.
22.    # 添加课程
23.    def add_course(id, course_name):
24.        global courses
25.
26.        if id in courses:
27.            print(f'课程编号 ({id}) 已存在! ')
28.        else:
29.            courses[id] = {'name': course_name, 'students': []}
30.            print(f'课程 {course_name} 已添加, 课程编号为 {id}, 选课学生为空。')
31.
32.    # 学生选课
33.    def choose_course(s_id, c_id):
34.        global students
35.        global courses
36.
37.        if s_id not in students:
38.            print(f'学生 {s_id} 不存在, 请确保已添加学生。')
39.            return False
40.
41.        if c_id not in courses:
42.            print(f'课程 {c_id} 不存在, 请确保已添加课程。')
43.            return False
44.
45.        students[s_id]['courses'].append(c_id)
46.        courses[c_id]['students'].append(s_id)
47.        print(f'学生 {s_id} 已成功选课: {c_id}。')
48.
49.    # 显示某课程下所有学生 ID
50.    def show_students_for_course(c_id):
51.        print(f'已选课程 {c_id} 的学生: ')
52.        for s_id in courses[c_id]['students']:
53.            print(f'{s_id}\t{students[s_id]['name']}')
54.
55.    # 显示某学生所有已选课程 ID
56.    def show_courses_for_student(s_id):
57.        print(f'学生 {s_id} 已选课程: ')
58.        for c_id in students[s_id]['courses']:
59.            print(f'{c_id}\t{courses[c_id]['name']}')
60.
61.    # 显示所有课程下已选该课程的学生
62.    def show_all_students_for_courses():
63.        print('所有选课信息: ')
64.        for c_id in courses:
65.            print(f'课程 {c_id}, {courses[c_id]['name']}')
66.            for s_id in courses[c_id]['students']:
67.                print(f'\t{s_id}\t{students[s_id]['name']}')
68.            print()
69.
```

```
70.    # 主程序
71.    def main():
72.        while True:
73.            print('\n 学生选课系统菜单：')
74.            print('1. 添加学生')
75.            print('2. 添加课程')
76.            print('3. 学生选课')
77.            print('4. 显示学生选课情况')
78.            print('5. 显示选课学生情况')
79.            print('6. 显示所有选课情况')
80.            print('7. 退出系统')
81.
82.            choice = input('请输入您的选择（1-7）：')
83.            if choice == '1':
84.                student_id = input('请输入学生 ID：')
85.                name = input('请输入学生姓名：')
86.                add_student(student_id, name)
87.            elif choice == '2':
88.                course_id = input('请输入课程 ID：')
89.                course_name = input('请输入课程名称：')
90.                add_course(course_id, course_name)
91.            elif choice == '3':
92.                student_id = input('请输入选课的学生 ID：')
93.                course_id = input('请输入要选的课程 ID：')
94.                choose_course(student_id, course_id)
95.            elif choice == '4':
96.                student_id = input('请输入学生 ID：')
97.                show_courses_for_student(student_id)
98.            elif choice == '5':
99.                course_id = input('请输入课程 ID：')
100.               show_students_for_course(course_id)
101.           elif choice == '6':
102.               show_all_students_for_courses()
103.           elif choice == '7':
104.               print('退出系统。')
105.               break
106.           else:
107.               print('无效的选择，请重新输入。')
108.
109.   if __name__ == '__main__':
110.       main()
```

本章小结与知识导图

本章概述了 Python 自定义函数的核心概念，包括函数的定义与调用、函数返回值、函数参数传递、局部变量和全局变量等。此外，也对高阶函数的基本概念和常见用法，如 lambda 表达式、map()/filter()函数、闭包等进行了介绍。

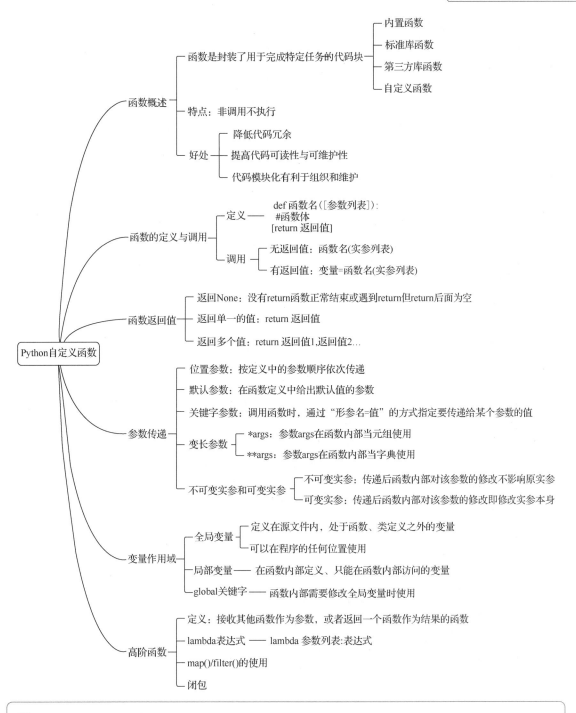

Python 自定义函数
- 函数概述
  - 函数是封装了用于完成特定任务的代码块
    - 内置函数
    - 标准库函数
    - 第三方库函数
    - 自定义函数
  - 特点：非调用不执行
  - 好处
    - 降低代码冗余
    - 提高代码可读性与可维护性
    - 代码模块化有利于组织和维护
- 函数的定义与调用
  - 定义
    - def 函数名([参数列表]):
    - #函数体
    - [return 返回值]
  - 调用
    - 无返回值：函数名(实参列表)
    - 有返回值：变量=函数名(实参列表)
- 函数返回值
  - 返回None：没有return函数正常结束或遇到return但return后面为空
  - 返回单一的值：return 返回值
  - 返回多个值：return 返回值1,返回值2…
- 参数传递
  - 位置参数：按定义中的参数顺序依次传递
  - 默认参数：在函数定义中给出默认值的参数
  - 关键字参数：调用函数时，通过"形参名=值"的方式指定要传递给某个参数的值
  - 变长参数
    - *args：参数args在函数内部当元组使用
    - **args：参数args在函数内部当字典使用
  - 不可变实参和可变实参
    - 不可变实参：传递后函数内部对该参数的修改不影响原实参
    - 可变实参：传递后函数内部对该参数的修改即修改实参本身
- 变量作用域
  - 全局变量
    - 定义在源文件内，处于函数、类定义之外的变量
    - 可以在程序的任何位置使用
  - 局部变量 —— 在函数内部定义、只能在函数内部访问的变量
  - global关键字 —— 函数内部需要修改全局变量时使用
- 高阶函数
  - 定义：接收其他函数作为参数，或者返回一个函数作为结果的函数
  - lambda表达式 —— lambda 参数列表:表达式
  - map()/filter()的使用
  - 闭包

Python 二级考点梳理

本章涉及的考点为 Python 自定义函数的核心概念和使用方法，主要包括如下内容。

【考点 1】函数的定义与调用

掌握函数的定义语法，掌握函数的调用方法，掌握使用函数返回值的方法。

【考点 2】函数参数的传递方式

掌握实参与形参的概念，掌握位置参数、默认参数、关键字参数、变长参数的含义和使用方法，掌握不可变实参和可变实参在函数内部的使用方法。

【考点 3】变量作用域

掌握全局变量和局部变量的作用域和使用方法。

【考点 4】lambda 表达式

理解高阶函数的概念，掌握如何使用 lambda 表达式定义并使用匿名函数。

习题

一、选择题

1. 在 Python 中，定义函数的关键字是（　　　）

   A. def   B. function   C. create   D. new

2. 下列选项中（　　　）不是 Python 函数的组成部分。

   A. 函数名   B. 参数列表   C. 函数体   D. 参数类型

3. 对于下列代码描述正确的是（　　　）。

```
def x(a, b):
return a + b
x(10)
```

   A. 传递给形参 b 的值为 None   B. 传递给形参 b 的值为 False

   C. 传递给形参 b 的值为 0   D. 引发异常

4. Python 函数返回值的类型是由（　　　）决定的。

   A. 函数名   B. 返回值语句   C. 调用方式   D. 参数类型

5. 在 Python 中，lambda 表达式用于创建（　　　）。

   A. 匿名函数   B. 有名函数   C. 类   D. 模块

6. 下列函数中，（　　　）可以将一个函数应用于可迭代对象的每个元素。

   A. filter()   B. map()   C. reduce()   D. lambda()

7. 关于 Python 中的闭包，以下说法正确的是（　　　）。

   A. 闭包可以访问外部函数的局部变量   B. 闭包不能访问外部函数的变量

   C. 闭包只能在定义它的函数内部使用   D. 闭包即递归

8. 在 Python 中，（　　　）关键字用于声明变量是全局的，可以在函数内部修改。

   A. global   B. nonlocal   C. local   D. extern

9. 下列关于 Python 函数参数传递的描述正确的是（　　　）

   A. Python 中的函数参数传递总是按值传递

   B. Python 中的函数参数传递总是按引用传递

   C. Python 中的函数参数传递是按值传递还是按引用传递，取决于参数类型

   D. Python 中的函数参数传递方式由调用方式决定

10. 以下选项中，（　　　）不是 Python 高阶函数的特点。

   A. 可以接收其他函数作为参数   B. 可以返回另一个函数作为结果

   C. 只能处理简单的数据类型   D. 可以使用 lambda 表达式定义简短的函数

11. 下列关于函数优点的描述中不正确的是（　　　）。

   A. 提高代码的执行速度   B. 可复用代码

   C. 降低编程复杂度   D. 提高代码的可读性

12. 下列代码的输出结果是（　　　）。

```
list1 = ['red', 'orange']
```

```
def demo(color):
list1.append(color)
demo('yellow')
print(list1)
```

A. ['yellow'] B. ['red', 'orange', 'yellow']

C. 引发异常 D. ['red', 'orange']

13. 下列代码的输出结果是（　　）。

```
f = lambda x, y : x if x < y else y
a = f('a1', 'a12')
print(a)
```

A. a1 a12　　　　B. a1　　　　C. a12　　　　D. None

14. 下列代码的输出结果是（　　）。

```
a = 2
def demo(p):
a = bool(p - 2)
return a
b = demo(2)
print(a, b)
```

A. 2 0　　　　B. 0 True　　　　C. 2 False　　　　D. 0 False

二、简答题

1. 什么是 Python 中的函数？简述函数的主要特点和优势。

2. 在 Python 中，什么是闭包？给出一个简单的闭包示例，并解释其工作原理。

3. 简述 Python 中函数参数传递的两种主要方式：按值传递和按引用传递。

三、实践题

1. 模拟内置函数 max() 和 min()：编写函数 demo()，接收参数 p（p 支持传入列表对象或集合对象），然后返回 p 中的最大值和最小值，调用该函数进行测试。（提示：使用 isinstance() 函数判断是否为支持的数据类型；使用 for 循环遍历查找最大值和最小值）

2. 回文判断：在英文中，回文是指一个单词、短语、句子或数字，从前向后读和从后向前读都是一样的，例如 "level" "madam" 都是回文。编写函数，接收一个字符串参数，判断该字符串是否为回文，如果是则输出 "是回文"，否则输出 "不是回文"，调用该函数进行测试。

3. 斐波那契数列：从第 3 个数字开始，每个数字都是前两个数字的和，如 0，1，1，2，3，5，8，13……编写一个函数，接收一个整数 n 作为参数（n≥1），并返回斐波那契数列的前 n 项，注意处理 n 为 1 和 2 的情况。

4. 凯撒密码：凯撒密码是一种古老的加密算法，将信息中的每个英文字符循环替换为字母表序列中该字母后面的第 3 个字母，对应关系如下（小写字母同）。

原文：A B C D E F G H I J K L M N O P Q R S T U V W X Y Z

密文：D E F G H I J K L M N O P Q R S T U V W X Y Z A B C

加密方法：密文字母 = (原文字母 + 3) mod 26

解密方法：原文字母 = (密文字母 − 3) mod 26

编写两个函数：加密函数 caesar_encode() 和解密函数 caesar_decode()。caesar_encode() 函数接收一个字符串参数，使用凯撒密码对输入明文中的英文字母进行加密，其他非英文字母不变，并返回加密后的密文；caesar_decode() 函数接收一个密文字符串，使用凯撒密码对其进行解密，并返回解密后的内容，然后调用这两个函数进行测试。

第6章 Python 文件操作

导言

　　文件操作是 Python 编程中非常重要的一环，它是程序通往外部数据的一扇门，允许程序与外部进行获取数据、存储数据或者其他形式的交互。本章将探讨 Python 的基本文件操作，学习如何打开文件、读取文件、写入文件、复制文件、遍历目录等，熟悉这些基本文件操作是构建更复杂程序的基础。

　　实践是最好的老师，只有通过不断的实践，才能真正掌握 Python 的文件操作。

学习目标

知识目标	● 了解：文本文件与二进制文件的概念 ● 识记：文件打开模式标识符及含义 ● 掌握：文本文件和 CSV 文件操作；目录基本操作
能力目标	● 能够在 Python 中创建、打开、读取、写入、关闭文本文件和 CSV 文件 ● 能够使用 Python 进行文件和目录操作

6.1 文件概述

　　许多实际应用场景中，需要用程序将数据保存下来，以便日后重新读取并使用，如重要的配置信息、系统运行日志、用户资料、影片、乐曲、源代码等，文件是计算机系统中用于存储信息的一种机制，它允许将数据永久保存在外存储器中。将数据保存成文件后可以重复读取和修改，也可以以文件为单位在不同介质间复制粘贴，进行信息交换。

6.1.1 文件分类

　　根据数据写入文件的形式，文件可分为文本文件和二进制文件。

　　1. 文本文件

　　文本文件是保存字符编码的文件。常见的字符编码有 ASCII、Unicode、UTF-8、GBK 等。假设内存中有字符串'Hello'、整数 10 两个数据，当以文本形式保存到文件时，这两个数据均转化为字符串'Hello'、'10'。以 ASCII 编码为例，所有字符的编码序列为 48 65 6C 6C 6F 31 30（十六进制表示），最终写入文件的即这串编码序列。用文本编辑软件打开保存的文件，如

Windows 系统的记事本、EmEditor、Vim、UltraEdit 等，一般尝试以读取文本的方式，将读到的内容按默认编码转换成字符显示出来，这也是有时打开文本文件会乱码的原因之一，可能软件采用的默认编码和文本文件保存时使用的字符编码不一致，或者该文件并非文本文件。

文本文件的种类很多，软件开发中常见的有*.txt、*.html/*.htm、*.json、*.log、*.ini、源代码文件（*.py、*.cpp、*.java 等），文字处理软件可以对文本文件进行创建、读取和编辑。

2. 二进制文件

二进制文件保存的是数据在内存中的字节序列。将内存中的数据对象以字节序列的形式写入文件的过程称为"序列化"，从文件中读取字节序列再转换成内存数据对象的过程称为"反序列化"。

仍以字符串'Hello'、整数 10 这两个数据为例，字符在内存中以字符编码表示，以 ASCII 编码为例，字符串'Hello'在内存中的字节序列为 48 65 6C 6C 6F，整数 10 在内存中的十六进制值为 0A，所以二进制文件中保存的内容是 48 65 6C 6C 6F 和 0A。

不难看出，二进制文件只是将数据在内存中的状态原样保存，不同用途的数据保存顺序至关重要，如果不了解二进制文件数据的规则，就无法理解其内容。二进制文件常用于存储复杂数据结构或多媒体内容，以便更高效地存储和传输数据，常见的二进制文件有压缩文件（*.zip、*.7z）、可执行文件（*.exe、*.dll、*.so）、图像文件（*.bmp、*.png、*.jpg）、音视频文件（*.mp3、*.mp4、*.avi）、专有文件（*.dwg、*.psd、*.trec）等，这些文件通常都需要专门的软件工具才能读取和编辑。

6.1.2 文件操作函数

在 Python 中，程序员可以使用"文件对象"与文本文件、二进制文件交互。通过内置函数 open() 可以打开文件并获得一个与该文件关联的文件对象。文件对象提供了读取、写入、追加和其他 I/O 操作的方法，处理完毕后使用 close()关闭文件对象。

Python 标准库提供了对多种不同格式文件操作的模块，如处理 CSV 文件的 csv 模块、处理 Windows 系统配置文件的 configparser 模块、处理 zip 压缩文档的 zipfile 模块、序列化 Python 对象的 pickle 模块、处理 SQLite3 数据库文件的 sqlite3 模块等。

Python 社区也提供丰富的第三方库处理一些专有格式的文件，如处理 Excel 文件的 openpyxl 库、处理 Word 文件的 python-docx 库、处理视频文件的 OpenCV 库、处理音频文件的 librosa 库、处理图像文件的 Pillow 库等。

6.2 文本文件操作

打开、读取、写入、关闭文本文件等操作是处理文本数据的基础，对日常编程任务来说非常重要，本节将介绍如何使用 Python 内置文件处理函数操作文本文件。

6.2.1 打开文件

使用 open()函数打开文本文件并返回一个文件对象，以便进行后续的操作。其基本调用语法为：

```
变量 = open(file[, optional_params])
```

其中，file 一般是要打开的文件路径字符串，可以是绝对路径，也可以是相对路径（相对于当前正在运行的*.py 文件），其他可选参数有 mode、buffering、encoding、newline 等，这里介绍常用的参数 mode，其他参数使用方法可参考 Python 帮助文档。

mode 是一个指定文件打开模式的字符串，可用的模式如表 6-1 所示，其中读写模式字符串可以与文件模式字符串组合使用，如'rb'、'wb+'、'wt'等。

表 6-1　可用的文件打开模式字符串

字符串		说明
读写模式	'r'	仅读取（默认），从文件头开始读取，如果文件不存在则报错
	'w'	仅写入，如果文件不存在则创建新的空文件，如果存在则清空文件内容
	'x'	排他性创建，如果文件已存在则报错
	'a'	追加模式，如果文件不存在则创建新的空文件，如果存在则在末尾追加内容
	'+'	读写模式，可同时读取和写入，与 r、w、x、a 模式组合使用
文件模式	't'	文本模式（默认），以文本格式打开文件
	'b'	二进制模式，以二进制格式打开文件

示例 6-1 展示了 open()函数的使用方法，第 1 行代码打开文件 "demo.txt"，使用了相对路径，将在运行此代码的源文件同级路径下寻找 demo.txt 文件，没有指定 mode 参数，则默认使用 "rt" 模式，执行成功后返回一个文件对象并将其存放在变量 f1 中，后续可以通过 f1 读取 demo.txt 文件的内容；第 2 行代码的 open()函数使用绝对路径，指定了打开模式 "rb"，即以二进制只读模式打开文件，执行成功后返回的文件对象存在变量 f2 中。

【示例 6-1】打开文件。

```
1.    f1 = open('demo.txt')
2.    f2 = open('E:/points.dat', 'rb')
```

6.2.2　读取文件

只有得到文件打开成功返回的文件对象，才能进行后续的读取操作。Python 文件对象提供了以下 3 种读取文件内容的方法。

1. readlines([hint])

该函数读取文件的每行内容并返回一个包含读取行的列表，可选参数 hint 用于控制读取的行数，不指定则读取全部行。如示例 6-2 所示，首先通过 open()函数以文本文件只读模式打开 names.txt 文件，得到文件对象 f；然后通过 f 调用 readlines()方法，返回以各行内容为元素的列表对象，并存放在变量 lines 中；接着使用 for 循环遍历列表对象，输出每行的内容。

【示例 6-2】使用 readlines()读取文件。

```
1.    f = open('names.txt')
2.    lines = f.readlines()  # lines 是一个列表
3.    for l in lines:  # l 是一个字符串
4.        print(l.strip('\n'))
```

names.txt 文件的内容如图 6-1 所示。需要注意的是，第 1~3 行的末尾都有一个换行符，读取时也会一并读入，以第 1 行内容为例，读入的字符串是 "Lily\n" 而非 "Lily"。如果在处理行数据时需要去掉行末的换行符，可以如示例 6-2 第 4 行代码所示，调用字符串的 strip()方法。

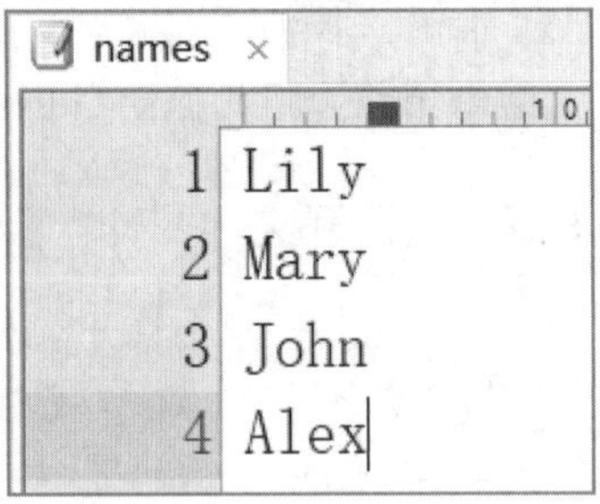

readlines()方法很适合读取内容后以行为单位处理数据的场合，一次性读取全部行使处理变得更加简单。但如果文件较大，可能导致内存泄漏问题。

2. readline([size])

readline()方法用于读取文件下一行中的 size 个字符并返回，未指定 size 默认读取整行。readline() 方法适合文件较大的情况，如果需要逐行处理，可使用循环结构多次调用 readline()，当读出的内容

names

1	Lily
2	Mary
3	John
4	Alex

图 6-1　names.txt 文件的内容

为空字符串时说明文件结束。如示例 6-3 所示，第 2 行代码通过文件对象 f 调用 readline() 方法，读入第 1 行内容，第 3 行代码的 while 循环判断读取的内容是否为空字符串，如果不为空说明读取到了新行的内容，然后进入循环体，输出该行内容，再读下一行。与 readlines() 方法相同，行末的换行符也会被读入。

【示例 6-3】使用 readline() 读取文件。

```
1.  f = open('names.txt')
2.  line = f.readline()  # line 是一个字符串，包含一行的内容
3.  while line != '':
4.      print(line)
5.      line = f.readline()
```

在需要处理文件中全部行内容的特例情况下，可以直接遍历文件对象，效果和循环调用 readline() 方法一样，如示例 6-4 所示。

【示例 6-4】遍历文件对象。

```
1.  f = open('names.txt')
2.  for l in f:  # l 是一个字符串，包含一行的内容
3.      print(l)
```

3. read([size])

read() 方法用于从文件中读取 size 个字符，以字符串的形式返回，未指定 size 默认读取所有内容。如示例 6-5 所示，names.txt 文件的全部内容（包括换行符）被 read() 方法读出返回，存放在变量 contents 中。和 readlines() 方法相同，如果文件太大，一次性读取所有内容也可能导致内存泄漏问题。

【示例 6-5】使用 read() 读取文件。

```
1.  f = open('names.txt', 'r')
2.  contents = f.read()  # contents 是一个字符串
3.  print(contents)
```

6.2.3　写入文件

只有得到文件打开成功返回的文件对象，才能进行后续的写入操作。Python 提供了两种写入文件内容的方法：write() 和 writelines()。

1. write(string)

write() 方法用于将字符串 string 的内容写入文件。该方法不会在每次写入后自动添加换行符，需要开发者在 string 中自行控制换行符的位置。示例 6-6 展示了 write() 的使用方法，打开文件时，需要指定"w"模式保证文件能够写入，然后定义两个字符串 n1 和 n2，通过文件对象 f 调用 write() 方法，传入字符串，将 n1 和 n2 的内容写入 write_demo.txt 文件。执行完毕后，write_demo.txt 文件的内容如图 6-2 所示。

图 6-2　write_demo.txt 文件的内容

【示例 6-6】使用 write() 写入文件。

```
1.  f = open('write_demo.txt', 'w')
2.  n1 = 'Danie\n'
3.  n2 = 'Kitty\n'
4.  f.write(n1)
5.  f.write(n2)
```

2. writelines(string_list)

writelines() 方法用于接收所有元素均为字符串的列表对象作为参数，依次将每个字符串写入文

件。该方法也不会自动在每个字符串后添加换行符，需要开发者自行控制换行符的位置。示例 6-7 展示了 writelines()的使用方法，names 是包含 3 个字符串的列表对象，将它传给 writelines()方法，其中的元素会依次写入文件。本例中没有在字符串后添加换行符，写入结果如图 6-3 所示。

【示例 6-7】使用 writelines()写入文件。

```
1.    f = open('writelines_demo.txt', 'w')
2.    names = ['Danie', 'Kitty', 'Branda']
3.    f.writelines(names)
```

图 6-3　写入结果

6.2.4　关闭文件

当对文件的读写操作结束后，应当使用 close()函数关闭文件，以确保所有的数据都被正确地写入磁盘，并释放系统资源。文件关闭后，不能再使用文件对象操作文件数据。完整的文件访问过程如示例 6-8 所示。

【示例 6-8】完整的文件访问过程。

```
1.    f = open('writelines_demo.txt', 'w')
2.    names = ['Danie', 'Kitty', 'Branda']
3.    f.writelines(names)
4.    f.close()
```

Python 也提供其他机制自动关闭文件，如 with 语句。使用 with 语句可以更安全地处理文件，确保文件在代码块执行完毕后能自动关闭。如示例 6-9 所示，第 1 行代码使用 with 语句创建了一个上下文管理器，接管 open('writelines_demo.txt', 'w')返回的文件对象，并通过 as f 给这个文件对象取了一个别名 f，那么在 with 语句中就可以通过别名 f 使用文件对象；第 2～3 行代码是文件处理有关的语句，属于 with 语句块，所以要相对于 with 语句缩进，定义好要写入的数据后，就可以通过文件对象 f 调用 writelines()方法写入内容；with 语句里的代码块执行完毕后，文件会自动关闭，无须显式调用 f.close()。这是一种更安全、更优雅的文件操作方式，可以确保文件在使用后被正确关闭。

【示例 6-9】使用 with 语句自动关闭文件。

```
1.    with open('writelines_demo.txt', 'w') as f:
2.        names = ['Danie', 'Kitty', 'Branda']
3.        f.writelines(names)
```

【实战 6-1】文本文件读写应用：文本内容分析与词云显示

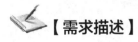【需求描述】

从指定的文本文件中读取内容，对文本内容进行词频分析，并利用词云直观展示文本中词汇的分布和频率，帮助用户快速了解文本文件的主要内容。

1. Matplotlib 库简介

Matplotlib 是一个强大的 Python 绘图库，它提供了灵活的、易于使用的接口，能够生成各种类型的静态、动态以及交互式的可视化图表，广泛应用于数据可视化、统计分析、科学计算等多个领域，其主要功能和特点如下。

（1）丰富的图表

Matplotlib 库支持多种图表，如折线图、散点图、柱状图、饼图、直方图、箱线图、热力图、面积图、三维图等。

（2）高定制性

Matplotlib 库为每种类型的图表提供多种可调整的参数（如线条样式、标记样式、颜色、刻度标签等），支持基本图形元素的绘制（如线条、矩形、圆形、文本、箭头等）。此外，Matplotlib 库还支持创建子图，可以在同一窗口中显示多个相关的图形，或者创建一个复杂的图形布局，用户可根据需要设置个性化图表显示和排版。

（3）交互性

Matplotlib 库支持交互式绘图，例如缩放、平移、选择数据点等，方便用户深入探索和分析数据。

（4）集成性

Matplotlib 库可与其他 Python 库（如 pandas、NumPy、wordcloud 等）无缝集成，方便用户进行数据预处理、分析和可视化操作。

（5）多种导出格式

Matploblib 库生成的图表可以保存为多种格式，如.jpg、.png 等，方便文件在不同平台或设备上展示和分享。

Matplotlib 库需要通过 pip 安装，安装命令为：

```
pip insntall matploblit
```

安装完成后可使用 import 导入 Matplotlib 库，表 6-2 列出了 Matplotlib 库部分核心绘图对象。

表 6–2　Matplotlib 库部分核心绘图对象

对象	说明
图形对象（Figure）	图形对象是整个图像的容器，包含图表的所有元素，如坐标轴、标题、图例等
坐标轴对象（Axes）	坐标轴对象是图形对象的一部分，代表图表的绘图区域，提供多种方法和属性用于设置坐标轴的标签、刻度、范围等
图例（Legend）	图例用于解释图表中不同线条、标记或填充区域所代表的含义
刻度标签（Tick）	刻度标签是坐标轴上表示数据点位置的文本标签，Matplotlib 库会自动计算并显示刻度标签，但也可以自定义刻度标签
轴标签（Axis）	轴标签用于描述 x 轴和 y 轴含义
注释（Annotations）	注释用于在图表的特定位置添加文本信息，以解释或强调图表的某个数据点或特征

示例 6-10 展示了使用 Matplotlib 库绘制饼图的方法，运行结果如图 6-4 所示，更多信息可参考官方文档。

【**示例 6-10**】使用 Matplotlib 库绘制饼图。

```
1.   # 导入 Matplotlib 的 pyplot 模块，之后将使用别名 plt 引用该模块
2.   import matplotlib.pyplot as plt
3.   # 可视化设置
4.   labels = ['Python', 'C', 'C++', 'Java', 'C#', '其他']  # 数据标签
5.   datas = [15.16, 10.97, 10.53, 8.88, 7.53, 46.93]  # 每种编程语言对应的占比
6.   explode = (0.03, 0, 0, 0, 0, 0)  # 第 1 片外裂，数值越大离得越远
```

```
7.   fig = plt.figure()  # 创建图形对象，用户可以在这个图形窗口中进行绘图操作
8.   ax = fig.gca()  # 获取坐标轴对象
9.   ax.pie(datas, explode=explode, labels=labels, autopct='%1.2f%%',
10.      shadow=False, startangle=90, normalize=True, radius=0.25,
11.      center=(0, 0), frame=True)  # 绘制饼图
12.  plt.axis('off')  # 关闭坐标轴
13.  plt.rcParams['font.sans-serif'] = 'SimHei'  # 设置字体以正确显示中文
14.  plt.title('2024年2月TIOBE编程语言排行榜')  # 设置图表的标题
15.  plt.show()  # 显示绘制的图表
```

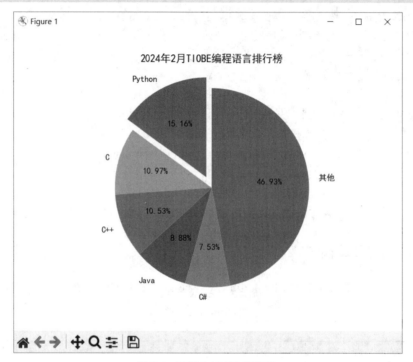

图 6-4　示例 6-10 的运行结果

2. jieba 库简介

jieba 是一个用于中文分词的 Python 第三方库。分词是中文自然语言处理中的一个重要步骤，jieba 库通过将中文文本切分成单独的词语，为后续的自然语言处理任务奠定基础。

jieba 库支持 3 种分词模式：精确模式、全模式和搜索引擎模式。精确模式尝试对语句做最精确的切分，不存在冗余数据，适用于文本分析和挖掘等任务，是默认的分词模式；全模式会将语句中所有可能的词语都切分出来，速度较快，但可能存在冗余数据；搜索引擎模式是在精确模式的基础上，对长词再次进行切分，适用于搜索引擎等需要优化分词效果的场景。

jieba 库需要通过 pip 安装，安装命令为：

```
pip insntall jieba
```

安装完成后可使用 import 导入 jieba 库，示例 6-11 演示了 jieba 库 3 种分词模式的简单使用，运行结果如图 6-5 所示。从输出结果中可以看到，全模式出现了一些歧义和重复的词语，搜索引擎模式在精确模式的基础上，对"东岳泰山"做了进一步切分。

【示例 6-11】jieba 库 3 种分词模式。

```
1.   import jieba
2.
```

```
3.    # 原始句子
4.    sentence = '我登上东岳泰山'
5.
6.    print('精确模式:')
7.    seg_list = jieba.cut(sentence)
8.    print(' '.join(seg_list))
9.
10.   print('\n 全模式:')
11.   seg_list = jieba.cut(sentence, cut_all=True)
12.   print(' '.join(seg_list))
13.
14.   print('\n 搜索引擎模式:')
15.   seg_list = jieba.cut_for_search(sentence)
16.   print(' '.join(seg_list))
```

```
精确模式:
我  登上  东岳泰山


全模式:
我  登上  上东  东岳  东岳泰山  泰山


搜索引擎模式:
我  登上  东岳  泰山  东岳泰山
```

图 6-5　示例 6-11 的运行结果

jieba 库的分词主要基于中文词库进行,用户也可以根据需要添加自定义的词组,这在处理特定领域或专有名词时非常有用,可以提高分词的准确性。示例 6-12 展示了使用自定义词典的例子,首先需要创建一个自定义词典文件 custom_dict.txt,并添加一些自定义的词组及其词频,如图 6-6 所示,在 custom_dict.txt 文件中,每行的第一个字段是自定义的词组,后面的数字是该词组的词频,词频越高,jieba 库越倾向于将这个词组作为一个整体识别。加载这个自定义词典文件,使用 jieba 库进行分词,程序运行结果如图 6-7 所示,可以看到"计算机视觉""人工智能""深度学习框架"这些自定义词组都被正确地识别为一个整体,没有被切分开。

【示例 6-12】使用自定义词典分词。

```
1.    import jieba
2.
3.    # 加载自定义词典文件
4.    jieba.load_userdict('custom_dict.txt')
5.
6.    # 待分词的句子
7.    sentence = "计算机视觉是人工智能领域的一个重要分支, TensorFlow 和 PyTorch 是常用的深度学习框架。"
8.
9.    # 使用 jieba 库进行分词
10.   seg_list = jieba.cut(sentence)
11.   print(" ".join(seg_list))
```

图 6-6 自定义词典文件 custom_dict.txt 的内容

计算机视觉 是 人工智能 领域 的 一个 重要 分支 ， TensorFlow 和 PyTorch 是 常用 的 深度学习框架 。

图 6-7 示例 6-12 的运行结果

3. wordcloud 库简介

词云是一种可视化描绘一段文本中词语出现频率的方式。这些词随机分布在词云图中，出现频率较高的词以较大的形式呈现出来，出现频率低的词则会以较小的形式呈现。wordcloud 库是一个用于绘制词云图的 Python 库，它不仅可以通过字体大小、颜色体现词频，还能定制词云形状，生成具有艺术性的图案。

wordcloud 库需要通过 pip 安装，安装命令为：

```
pip insntall wordcloud
```

wordcloud 库的核心是一个 WordCloud 对象，负责生成和绘制词云。使用 wordcloud 库生成词云的基本步骤如下。

（1）收集数据

准备需要展示为词云的文本数据，存放在文件中。

（2）创建对象

导入 wordcloud 库并创建一个 WordCloud 对象。

（3）生成词云

调用 WordCloud 对象的 generate() 方法，将文本数据加载到词云中。

（4）保存结果

使用 WordCloud 对象的其他方法（如 to_file()），将生成的词云保存为图片文件。

示例 6-13 展示了 wordcloud 库的基本使用方法，运行结果如图 6-8 所示。

【示例 6-13】wordcloud 库生成词云。

```
1.   import jieba
2.   from wordcloud import WordCloud
3.   import matplotlib.pyplot as plt
4.
5.   # 待展示的文本
6.   text = '中华文化博大精深，包含诗词、书法、绘画、音乐、戏曲等多个领域。今天，我们要传承和弘扬中
华文化，让它在新的时代里焕发出更加绚丽的光彩。'
7.
8.   # 使用 jieba 库进行分词
9.   seg_list = jieba.cut(text, cut_all=False)
10.  words = ' '.join(seg_list)
11.
12.  # 创建 WordCloud 对象并生成词云
13.  wordcloud = WordCloud(font_path='simhei.ttf',  # 设置字体为黑体以显示中文
14.                        background_color='white',  # 设置背景颜色
```

```
15.                          max_words=10,  # 设置词云图中词语个数上限
16.                          max_font_size=100,  # 设置字体的最大值
17.                          width=400, height=400,  # 设置图片的宽度和高度
18.                          margin=1  # 设置词语间距
19.                          ).generate(words)
20.
21.    # 显示词云图像
22.    plt.figure(figsize=(10, 5))
23.    plt.imshow(wordcloud, interpolation='bilinear')
24.    plt.axis('off')  # 不显示坐标轴
25.    plt.show()
```

图 6-8　示例 6-13 的运行结果

 【实战解析】

本实战涉及的编程要点如下。

1. 文件操作

程序需要从指定的文件中读取文本内容，这涉及 Python 的文件 API（Application Program Interface，应用程序接口），如打开文件、读取文件等。

2. 中文分词

由于本实战处理的是中文文本，程序需要使用 jieba 库进行中文分词。

3. 生成词云

程序需要使用 wordcloud 库生成词云，使用 Matplotlib 库展示词云图片。

4. 函数封装

函数封装有助于将复杂的逻辑分解为简单的模块，使代码更加清晰和易于管理。在本实战中，可以将文件读取、中文分词、词云生成和可视化等步骤封装成独立的函数。

 【实战指导】

具体编程步骤如下。

1. 任务准备

（1）确保 Python 环境已经安装了 jieba、wordcloud 和 Matplotlib 等必要的库。如未安装，先使用 pip 命令进行安装。

（2）准备一份中文文本文件，作为生成词云的输入数据。

2. 编写功能函数

（1）编写用于读取文件的函数 read_file()，该函数接收文件路径作为参数，并返回文件的内容。

（2）编写用于中文分词的函数 generate_word_list()，该函数接收文本内容作为参数，并使用 jieba 库进行分词，最后返回分词后的结果。本函数可以对文本内容做基本的过滤，例如排除单个中文的分词结果。

（3）编写用于可视化词云的函数 generate_and_show_wordcloud()，该函数接收存放词语的列表对象作为参数，创建 WordCloud 对象并生成词云，使用 Matplotlib 库展示词云图片。注意要在词云对象中指定中文字体的路径，以确保正确显示中文。

3. 主程序

在主程序部分调用封装好的函数，生成词云。

【参考代码】

```
1.   import jieba
2.   from wordcloud import WordCloud
3.   import matplotlib.pyplot as plt
4.
5.   # 读取文件内容
6.   def read_file(file_path):
7.       with open(file_path, 'r', encoding='gb2312') as f:
8.           content = f.read()
9.       return content
10.
11.  # 分词并生成词频列表
12.  def generate_word_list(content):
13.      seg_list = jieba.cut(content, cut_all=False)
14.      # 排除单个字符的词
15.      word_list = [word for word in seg_list if len(word) > 1]
16.      return word_list
17.
18.  # 生成词云并显示
19.  def generate_and_show_wordcloud(word_list):
20.      wordcloud = WordCloud(font_path='simhei.ttf',
21.                      background_color='white',
22.                      width=800,
23.                      height=400,
24.                      margin=2).generate(' '.join(word_list))
25.      plt.figure(figsize=(10, 5))
26.      plt.imshow(wordcloud, interpolation='bilinear')
27.      plt.axis('off')
28.      plt.show()
29.
30.
31.  # 主程序
32.  def main():
33.      file_path = '一段文字.txt'
34.      content = read_file(file_path)
```

```
35.      word_list = generate_word_list(content)
36.      generate_and_show_wordcloud(word_list)
37.
38.  if __name__ == '__main__':
39.      main()
```

运行结果如图 6-9 所示。

图 6-9 【实战 6-1】参考代码的运行结果

6.3 CSV 文件操作

CSV（Comma Separated Values，逗号分隔值）文件是一种纯文本文件，用于存储表格数据，特点是可以包含任意数量的记录，一般情况下一行一条记录，每条记录的不同字段之间用逗号分隔，基本文件结构如表 6-3 所示。CSV 文件可以与 Excel 文件互相转换，也可以在 Excel 操作软件中进行编辑。

表 6–3 CSV 基本文件结构

列名 1	列名 2	列名 3
数据值(1,1)，	数据值(1,2)，	数据值(1,3)
数据值(2,1)，	数据值(2,2)，	数据值(2,3)
数据值(3,1)，	数据值(3,2)，	数据值(3,3)

可以用 6.2.2 小节中介绍的文件读取方法，读入内容后再使用字符串的 split() 方法以逗号分隔字段数据，也可以使用 Python 内置的 csv 模块读写 CSV 文件。

6.3.1 导入模块

导入 csv 模块之后才能使用其中的对象操作 CSV 文件，它是 Python 的内置模块，无须额外下载安装，导入语句为：

```
import csv
```

6.3.2 读取文件

读取 CSV 文件之前也要通过 open() 函数获取文件对象，示例 6-14 展示了读取并处理 CSV 文件数据的方法。本例使用的 csv_read_demo.csv 文件的内容如图 6-10 所示，使用了 with 语句管理打开的文件对象 f。打开成功后，第 4 行代码调用 csv 模块的 reader() 函数，为文件对象 f 创建一个 csv 阅读器对象 reader，这是一个可迭代对象；第 5 行代码通过 next() 函数跳过文件的标题行，第 6 行代码使用 for 循环遍历其余的内容行，每次取出一行内容封装成列表对象，其元素是该行的 3 个字段值，然后将第 3 个字段的值转换成汉字，输出信息。

【示例 6-14】读取 CSV 文件。

```
1.    import csv
2.
3.    with open('csv_read_demo.csv') as f:
4.        reader = csv.reader(f)
5.        next(reader)  # 跳过标题行
6.        for row in reader:
7.            sex = '女' if row[2] == 'F' else '男'
8.            print(f'{row[0]}, {sex}, 学号是{row[1]}')
```

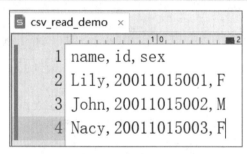

图 6-10　csv_read_demo.csv 文件的内容

6.3.3　写入文件

示例 6-15 展示了将数据写入 CSV 文件的方法。首先定义两个列表对象：title 存放标题行的内容，rows 是一个二维列表，存放所有要写入的记录，每条记录都是包含 3 个元素的列表。在 open() 函数中指定参数 newline 为空字符串，是为了避免写入的每行记录之间有多余的空行；文件打开成功后，调用 csv 模块的 writer() 函数，为文件对象 f 创建一个 csv 写入器对象 writer；写入器对象的 writerow() 方法可以写入一行数据，第 10 行代码利用该方法写入标题行；写入器的 writerows() 方法可以将一个包含列表或元组的二维数据结构写入 CSV 文件，第 11 行代码利用该方法写入 rows 中的全部数据。最终写入 write_csv_demo.csv 文件的内容如图 6-11 所示。

【示例 6-15】写入 CSV 文件。

```
1.    import csv
2.
3.    title = ['姓名', '职业', '年龄']
4.    rows = [['张三', '飞行员', 32],
5.            ['李四', '工程师', 28],
6.            ['钱五', '插画师', 26]]
7.
8.    with open('csv_write_demo.csv', 'w', newline='') as f:
9.        writer = csv.writer(f)
10.       writer.writerow(title)
11.       writer.writerows(rows)
```

当然，将 title 的内容放在 rows 中通过 writerows() 一并写入，或者使用 for 循环遍历 rows，然后调用 writerow()逐行写入，也能实现同样的效果。

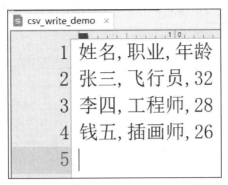

图 6-11　写入 csv_write_demo.csv 文件的内容

【实战 6-2】CSV 文件读写应用：绘制坐标点

【需求描述】

Points.csv 文件的内容如图 6-12 所示，每行为一个点的记录，3 列分别记录了点的名称、x 坐标和 y 坐标。使用 Matplotlib 库将 Points.csv 文件中的点绘制在直角坐标系中。

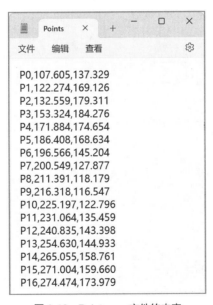

图 6-12　Points.csv 文件的内容

【实战解析】

本实战涉及的编程要点如下。

1. 列表操作

程序需要使用列表分别存储每个点的名称、x 坐标值、y 坐标值。

133

2. CSV 文件操作

程序需要使用 csv 模块读取 Points.csv 文件中所有点的信息，并将每个点的名称、x 坐标、y 坐标存放到相应的列表中。

3. Matplotlib 库的使用

程序需要使用 Matplotlib 库中的相关对象绘制散点图。

【实战指导】

具体编程步骤如下。

1. 导入库

（1）导入 matplotlib.pyplot 模块，以便进行绘图操作。

（2）导入 csv 模块，以便读取 CSV 文件。

2. 初始化 3 个空列表

point_name 用于存储点的名称，x_data 用于存储点的 x 坐标值，y_data 用于存储点的 y 坐标值。

3. 读取 CSV 文件

（1）打开名为"Points.csv"的文件。

（2）使用 csv.reader()读取 CSV 文件的每行信息。

（3）将名称添加到 point_name 列表，将 x 坐标值添加到 x_data 列表，将 y 坐标值添加到 y_data 列表。注意，x 和 y 坐标值需要转换为浮点数。

4. 创建图形和坐标轴

（1）使用 plt.figure()创建一个新的图形。

（2）使用 fig.gca()获取当前的坐标轴对象。

5. 绘制散点图

使用 ax.scatter()函数在坐标轴上绘制散点图，其中 x 和 y 坐标值分别来自 x_data 和 y_data 列表。

6. 设置图形属性

（1）设置中文字体为"SimHei"，以确保中文字符能正确显示。

（2）使用 plt.title()设置图形的标题。

（3）使用 plt.xlabel()和 plt.ylabel()分别设置 x 轴和 y 轴的标签。

（4）使用 plt.grid(True)显示网格线。

7. 添加文本标签

使用 plt.text()函数在每个点处添加一个文本标签，标签内容为点的名称。可适当调整文本的位置（相对于点的坐标）和文本属性（如字体大小）。

8. 显示图形

使用 plt.show()函数显示绘制好的图形。

【参考代码】

```
1.   import matplotlib.pyplot as plt
2.   import csv
3.
4.   # 初始化变量
5.   point_name = []  # 存放点的名称
```

```
6.    x_data = []  # 存放点的 x 坐标值
7.    y_data = []  # 存放点的 y 坐标值
8.
9.    with open('Points.csv') as f:
10.       reader = csv.reader(f)
11.       for row in reader:
12.           point_name.append(row[0])
13.           x_data.append(float(row[1]))
14.           y_data.append(float(row[2]))
15.
16.   fig = plt.figure()  # 创建一个新的图形
17.   ax = fig.gca()  # 获取坐标轴
18.   ax.scatter(x_data, y_data)  # 绘制散点图
19.
20.   plt.rcParams['font.sans-serif'] = 'SimHei'  # 设置字体
21.   plt.title('Points.csv 中的点')  # 设置标题
22.   plt.xlabel('X 坐标')  # 设置 x 轴标签
23.   plt.ylabel('Y 坐标')  # 设置 y 轴标签
24.   plt.grid(True)  # 显示网格
25.
26.   # 在每个点处添加文本标签
27.   for x, y, name in zip(x_data, y_data, point_name):
28.       plt.text(x, y + 1, name, ha='center', va='bottom', fontsize=10)
29.
30.   plt.show()  # 显示图形
```

运行结果如图 6-13 所示。

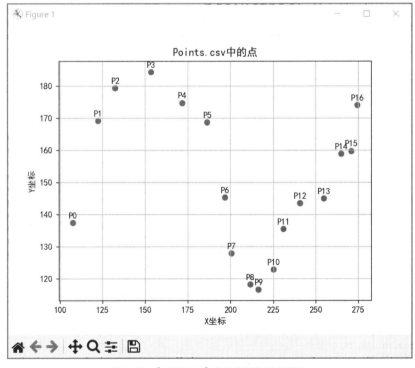

图 6-13　【实战 6-2】参考代码的运行结果

6.4 目录操作

在文件系统中，目录是组织和管理文件的关键组件，Python 内置 shutil 模块、os 模块，提供目录管理的功能。本节将介绍与目录相关的基本操作，包括文件的移动、复制、删除以及目录的创建、删除、遍历。

6.4.1 移动和复制文件

Python 内置的 shutil 模块提供 move() 和 copy() 函数分别用于完成移动文件和复制文件，示例 6-16 展示了它们的使用方法。使用 move() 函数移动文件后，原位置的文件不存在；使用 copy() 函数复制文件后不会更改原文件。它们都需要原文件路径和目标文件路径作为参数，如果目标位置已经存在同名文件，文件将被覆盖。

【示例 6-16】移动、复制文件。

```
1.   import shutil
2.
3.   src1 = 'src_files/230114.log'  # 原文件路径
4.   dst1 = 'dst_files/230114.log'  # 目标文件路径
5.   shutil.move(src1, dst1)  # 移动文件
6.
7.   src2 = 'src_files/230115.log'  # 原文件路径
8.   dst2 = 'dst_files/230115.log'  # 目标文件路径
9.   shutil.copy(src2, dst2)  # 复制文件
```

6.4.2 删除文件

Python 内置模块 os 中的 remove() 函数可用于删除文件，示例 6-17 展示了使用 remove() 函数删除文件的方法。remove() 函数需要指定要删除的文件的路径，此操作不可逆，即删除后无法通过回收站还原。

【示例 6-17】删除文件。

```
1.   import os
2.
3.   file_path = 'src_files/230116.log'
4.   os.remove(file_path)
```

6.4.3 创建和删除目录

Python 内置模块 os 中的 mkdir() 函数用于创建目录，rmdir() 函数用于删除目录，示例 6-18 展示了它们的使用方法。

【示例 6-18】创建和删除目录。

```
1.   import os
2.
3.   dir_path = 'test_dir1'
4.   os.mkdir(dir_path)
5.   os.rmdir(dir_path)
```

6.4.4 遍历目录

Python 提供了多种方法遍历目录树。通过遍历，可以获取指定路径下的所有子文件夹和文件，

从而获取更多的文件数据，例如文件种类统计、大小统计、检索等。示例 6-19 和示例 6-20 展示了两种常用的遍历目录的方法。

示例 6-19 使用了 os 模块的 walk()函数，它接收要遍历的根目录作为参数。该函数会递归遍历子目录，每一次都返回一个三元组：(dirpath, dirnames, filenames)。dirpath 是当前正在遍历的目录路径，dirnames 是该目录下的子目录列表，filenames 是该目录下的非目录文件列表。本例将遍历"E:\src\"路径下的所有子目录和非目录文件，但只输出文件的完整路径。

【示例 6-19】使用 os.walk()遍历目录树。

```
1.  import os
2.
3.  for root, dirs, files in os.walk('E:/src/'):
4.      for file in files:
5.          print(os.path.join(root, file))
```

示例 6-20 使用了 os 模块的 listdir()函数，返回指定目录下的所有文件和子目录列表，不递归遍历子目录。

【示例 6-20】使用 os.listdir()遍历目录内容。

```
1.  import os
2.
3.  files = os.listdir('../chapter06')
4.  for file in files:
5.      print(file)
```

6.4.5　处理文件路径

Python 的 os 模块提供了许多用于处理文件路径的函数，这些函数可用于处理文件路径字符串，完成路径拼接、解析和规范化等操作。

1.　os.path.exists()

os.path.exists()函数用于检查指定文件或目录是否存在，如果存在则返回 True，否则返回 False。该函数在文件操作中广泛使用，例如以只读方式打开文件、删除文件、复制文件等操作之前，先判断目标文件是否存在，以保证操作的安全性。示例 6-21 展示了 os.path.exists()函数的用法，复制文件时，在目标位置已经存在同名文件的情况下，由用户决定如何处理。

【示例 6-21】os.path.exists()函数的用法。

```
1.  import os
2.  import shutil
3.
4.  src = 'src_files/230115.log'  # 原文件路径
5.  dst = 'dst_files/230115.log'  # 目标文件路径
6.
7.  if os.path.exists(dst):
8.      next_step = input(f'{dst}已存在，仍要复制吗? (Y/N): ')
9.      if next_step == 'Y':
10.         shutil.copy(src, dst)
11.         print('复制完成! ')
12.     else:
13.         print('复制停止! ')
```

2.　os.path.join()

os.path.join()函数用于将多个路径拼接成一个完整的文件路径字符串，它会自动选择操作系统使用的路径分隔符（Windows 系统中用\，UNIX 系统和 Linux 系统中用/）拼接路径。示例 6-22 展示了 os.path.join()函数的用法。

【示例 6-22】os.path.join()函数的用法。

```
1.    import os
2.
3.    root = r'E:\src'
4.    sub_dir = 'chapter06'
5.    file_name = 'demo.txt'
6.
7.    full_path = os.path.join(root, sub_dir, file_name)
8.    print(full_path)  # 输出结果: E:\src\chapter06\demo.txt
```

3. os.path.abspath()

os.path.abspath()函数返回指定文件的绝对路径。如果给定的路径已经是绝对路径，则返回该路径，否则将其转换为绝对路径再返回。示例 6-23 展示了 os.path.abspath()函数的用法，运行结果以源代码实际存放路径为准，可能与示例结果不同。

【示例 6-23】os.path.abspath()函数的用法。

```
1.    import os
2.
3.    relative_path = '6-18.py'
4.    absolute_path = os.path.abspath(relative_path)
5.    print(absolute_path)  # 输出结果: E:\src\chapter06\6-18.py
```

4. os.path.dirname()、os.path.basename()和 os.path.splitext()

以上 3 个函数用于解析文件路径：os.path.dirname()返回指定文件的目录部分，不含文件名部分；os.path.basename()返回指定路径的文件名部分，不含目录部分；os.path.splitext()将文件路径按最后一个 "." 分割，返回包含文件名和扩展名的元组。示例 6-24 为文件路径解析的具体操作。

【示例 6-24】文件路径解析。

```
1.    import os
2.
3.    full_path = r'E:\src\demo.py'
4.    dir_path = os.path.dirname(full_path)          # 获取目录部分
5.    base_name = os.path.basename(full_path)        # 获取完整文件名
6.    file_name, ext = os.path.splitext(base_name)   # 获取文件名、扩展名
7.
8.    print(dir_path)     # 输出结果: E:\src
9.    print(base_name)    # 输出结果: demo.py
10.   print(file_name)    # 输出结果: demo
11.   print(ext)          # 输出结果: .py
```

【实战 6-3】目录操作应用：编写音乐库管理脚本文件

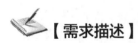 【需求描述】

假设有一个包含各种音乐文件（如 MP3、WAV 等）的音乐库，每个音乐文件都符合"乐曲名_艺术家.格式后缀"的命名要求。现需要编写一个 Python 脚本文件，用于管理这个音乐库，包括添加新音乐文件、删除指定音乐文件、搜索指定音乐文件以及生成音乐库的目录报告。

【实战解析】

本实战涉及的编程要点如下。

1. 移动和删除文件

程序需要有移动、删除文件的 API 实现添加新音乐文件、删除指定音乐文件的功能。

2. 遍历目录

程序需要遍历目录，实现查找指定音乐文件和生成目录报告的功能。

3. 封装函数

程序需要将这些功能封装在独立的函数中，使代码更加清晰和便于管理。

【实战指导】

具体编程步骤如下。

1. 导入库

导入 os 库和 shutil 库。os 库用于对文件和目录进行操作，shutil 库用于提供文件复制、移动、删除、路径处理等高级功能。

2. 编写功能函数

（1）编写用于添加新音乐文件的函数 add_music_to_library()，该函数接收两个参数：新音乐文件路径、音乐库路径。首先检查音乐库路径是否存在，如果不存在则创建它，然后使用 shutil.move() 函数将新音乐文件移动到音乐库目录中，并输出一条消息提示文件已添加。

（2）编写用于从音乐库中删除指定音乐文件的函数 delete_music_from_library()，该函数接收两个参数：音乐库路径、待删除的音乐文件名。函数需要遍历音乐库目录，找到与指定文件名匹配的文件，使用 os.remove() 函数删除音乐文件，然后输出一条消息提示文件已删除。

（3）编写用于在音乐库中检索特定音乐文件的函数 search_music_in_library()，该函数接收两个参数：音乐库的路径、检索关键词。函数需要创建一个列表对象用于存放匹配结果，然后遍历音乐库目录，找到文件名中包含指定关键词的文件，使用 os.path.join() 函数得到该音乐文件的完整路径，并将完整路径加入匹配列表，当所有文件都遍历完之后返回这个列表对象。

（4）编写用于生成音乐库目录报告的函数 generate_library_report()，该函数接收一个参数：音乐库路径。函数需要遍历音乐库目录，通过 os.path.getsize() 函数可以获取每个音乐文件的大小（以字节为单位），累加即可得到音乐库的总文件大小；通过 os.path.splitext() 函数可以分离文件名和扩展名，利用字典对象实现同类型文件的计数，其中键为扩展名，值为该类型文件的数量；通过字符串对象的 split() 函数切分音乐文件名，得到艺术家信息；利用字典对象保存每个音乐文件的信息，其中键为音乐文件的完整路径，值为艺术家信息。遍历完所有文件后，就能收集到音乐库的总文件大小、总文件数量、不同类型文件的数量，以及每个音乐文件和它的艺术家信息，最后根据这些信息输出音乐库目录报告。

3. 主程序

在主程序部分，初始化相关变量，如新音乐文件路径、音乐库路径、待删除音乐文件名、检索关键词，依次调用封装好的函数，测试对应的功能。

【参考代码】

```
1.    import os
```

```
2.    import shutil
3.
4.    # 添加新音乐文件到音乐库
5.    def add_music_to_library(new_music_path, library_path):
6.        # 检查并创建目标目录
7.        if not os.path.exists(library_path):
8.            os.makedirs(library_path)
9.        # 移动文件到音乐库
10.       shutil.move(new_music_path, library_path)
11.       print(f'已添加 {new_music_path} 至 {library_path}')
12.
13.   # 根据文件名删除音乐文件
14.   def delete_music_from_library(library_path, music_name):
15.       # 遍历音乐库并删除符合条件的文件
16.       for root, dirs, files in os.walk(library_path):
17.           for file in files:
18.               if music_name == file:
19.                   file_path = os.path.join(root, file)
20.                   os.remove(file_path)
21.                   print(f'已删除 {file_path}')
22.
23.   # 根据关键词搜索特定音乐文件
24.   def search_music_in_library(library_path, keyword):
25.       match_files = []
26.       # 遍历音乐库并查找匹配的文件
27.       for root, dirs, files in os.walk(library_path):
28.           for file in files:
29.               # 如果关键词在文件名中，则加入匹配列表
30.               if keyword.lower() in file.lower():
31.                   match_files.append(os.path.join(root, file))
32.       # 返回匹配结果
33.       return match_files
34.
35.   # 辅助功能函数：根据 "filename_artist" 格式解析
36.   def parse_metadata_from_filename(file_name):
37.       cols = file_name.split('_')
38.       return cols[0], cols[1]
39.
40.   # 辅助功能函数：将字节(Byte)转换为兆字节(MB)，方便报告显示
41.   def bytes_to_mb(bytes_num):
42.       return bytes_num / 1048576  # bytes_num/(1024*1024)
43.
44.   # 生成音乐库目录报告
45.   def generate_library_report(library_path):
46.       file_counts = {}  # 记录同类型文件的个数
47.       total_size = 0  # 记录音乐库总文件大小
48.       musics = {}  # 记录音乐文件信息，key 为文件全路径，value 为艺术家信息
49.       # 遍历音乐库并收集信息
50.       for root, dirs, files in os.walk(library_path):
51.           for file in files:
52.               full_path = os.path.join(root, file)
53.               file_size = os.path.getsize(full_path)
```

```
54.                total_size += file_size
55.
56.             # 分离文件名和扩展名
57.             name, ext = os.path.splitext(file)
58.             # 更新同类型文件的数量
59.             if ext not in file_counts:
60.                 file_counts[ext] = 0
61.             file_counts[ext] += 1
62.
63.             # 分类文件名中的艺术家信息，添加音乐文件
64.             file_name, artist = parse_metadata_from_filename(name)
65.             musics[full_path] = artist
66.
67.     # 输出报告
68.     print(f'总大小{bytes_to_mb(total_size):.1f}M, 总文件{len(musics)}个')
69.     for key in file_counts:
70.         print(f'{key}: {file_counts[key]}个')
71.     for file, artist in musics.items():
72.         print(file, artist)
73.
74. # 主程序
75. def main():
76.     new_music = r'E:\G弦上的咏叹调_巴赫.aac'
77.     del_music = '1903_未知.mp3'
78.     search_music = '水边的阿狄丽娜'
79.     library = r'E:\music'
80.     add_music_to_library(new_music, library)
81.     print('-----------------------------')
82.     delete_music_from_library(library, del_music)
83.     print('-----------------------------')
84.     results = search_music_in_library(library, search_music)
85.     print(f'查询到 {len(results)}条 {search_music} 记录')
86.     for music in results:
87.         print(music)
88.     print('-----------------------------')
89.     generate_library_report(library)
90.
91. if __name__ == '__main__':
92.     main()
```

运行结果如图 6-14 所示。注意，参考代码中仅展示了实现需求的主要代码，许多容错场景、使用细节等并未处理，例如移动新音乐文件至音乐库时，没有处理已经存在同名文件的情况；检索音乐文件时只使用单个关键词进行匹配，不支持多个关键词匹配和按艺术家信息检索等；报告中没有展示完整的音乐文件信息，如专辑、单个文件的大小、发行年份等元数据。读者可以尝试使用第三方库获取更多的音乐文件元数据，处理不同的应用场景，完善管理脚本文件。

```
已添加 E:\G弦上的咏叹调_巴赫.aac 至 E:\music
-----------------------------
已删除 E:\music\1903_未知.mp3
-----------------------------
查询到 0条 水边的阿狄丽娜 记录
-----------------------------
总大小88.4MB, 总文件6个
.mp3: 2个
.aac: 2个
.wav: 2个
E:\music\Canon in D_帕切贝尔.mp3 帕切贝尔
E:\music\G弦上的咏叹调_巴赫.aac 巴赫
E:\music\四季·春第一乐章_维瓦尔第.wav 维瓦尔第
E:\music\土耳其进行曲_莫扎特.wav 莫扎特
E:\music\天鹅湖_柴科夫斯基.aac 柴科夫斯基
E:\music\致爱丽丝_贝多芬.mp3 贝多芬
```

图 6-14 【实战 6-3】参考代码的运行结果

141

本章小结与知识导图

　　本章概述了 Python 的文件操作，包括对文本文件、CSV 文件的处理方法，以及移动、复制、遍历等目录的基本操作，熟练掌握这些操作可实现对文件的高效读写与数据管理。

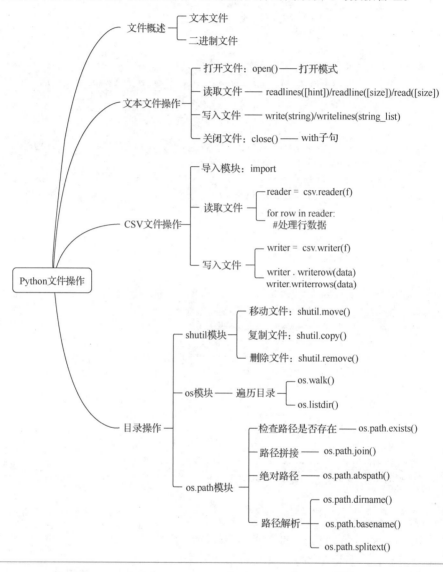

Python 二级考点梳理

　　本章涉及的考点为 Python 文件操作的核心概念和使用方法，主要包括如下内容。

【考点 1】文件类型

掌握文件的含义，掌握文本文件和二进制文件的基本概念和常见类型。

【考点 2】文件的打开和关闭

掌握内置文件操作函数 open() 和 close() 的使用方法。

【考点 3】文件的读/写操作

掌握内置文件读取函数（read()/readline()/readlines()）和写入函数（write()/writelines()）的使用方法，掌握使用读写函数处理普通文本数据的方法。

【考点 4】二维文本数据的处理

掌握对二维表格数据（*.txt/*.csv）进行读取、解析、写入等的方法。

【考点 5】目录处理

掌握创建目录、复制文件、遍历目录等常用的目录和文件操作。

习题

一、选择题

1. 在 Python 中打开一个文件仅用于读取，应使用（　　）模式。

    A. 'r'　　　　　　　B. 'w'　　　　　　　C. 'a'　　　　　　　D. 'b'

2. 打开文件后，为了确保文件被正确关闭，应（　　）。

    A. 无须关闭　　　　　　　　　　B. 使用 close()函数关闭文件

    C. 使用 del 语句删除文件对象　　D. 不管它，直到程序结束自动关闭

3. 下列函数中，（　　）可判断一个文件是否存在。

    A. os.path.exists()　B. os.path.isfile()　C. os.listdir()　D. os.walk()

4. with 语句在文件操作中的作用是（　　）。

    A. 提高读取速度　　　　　　　　B. 自动关闭文件

    C. 简化文件路径　　　　　　　　D. 加密文件

5. CSV 文件通常使用（　　）作为字段分隔符。

    A. 逗号　　　　　　B. 制表符　　　　　C. 分号　　　　　　D. 冒号

6. 使用 os.walk()函数遍历目录时，返回结果是一个（　　）。

    A. 列表　　　　　　B. 元组　　　　　　C. 生成器　　　　　D. 字典

7. 下列函数中，（　　）可获取文件的绝对路径。

    A. os.path.abspath()　　　　　　B. os.path.relpath()

    C. os.path.dirname()　　　　　　D. os.path.basename()

8. 在 Python 中打开一个不存在的文件用于读取，将会（　　）。

    A. 程序自动创建一个空文件　　　B. open()函数返回一个空的文件对象

    C. 引发一个 FileNotFoundError 异常　　D. 程序将正常执行，但文件内容为空

9. 使用 open()函数打开一个文件时，如果文件不存在且为写入模式（'w'），将会（　　）。

    A. 抛出一个异常　　　　　　　　B. 创建文件，如果可能的话

    C. 创建文件，但无法写入　　　　D. 程序将正常运行，但文件内容为空

10. 使用 os.path.join()函数拼接目录和文件名的好处是可以（　　）。

    A. 提高代码的可读性　　　　　　B. 保证文件路径在不同操作系统上的兼容性

    C. 提高文件的读写速度　　　　　D. 简化文件路径的字符串操作

11. 使用 open()函数打开 Window 系统 E 盘下的文件，下列路径名错误的是（　　）。

    A. E:\src\demo.py　B. E:\\src\\demo.py　C. E:/src/demo.py　D. E://src//demo.py

12. names.csv 文件内容如下：

```
Rose,Lily,Orchid
Apple,Banana,Orange
```

下列代码的输出结果是（　　）。

```
with open('names.csv') as f:
    s = f.read().split(',')
print(s)
```

    A. ['Rose', 'Lily', 'Orchid\nApple', 'Banana', 'Orange']

    B. ['Rose', 'Lily', 'Orchid', 'Apple', 'Banana', 'Orange']

    C. ['Rose, Lily, Orchid, Apple, Banana, Orange']

    D. ['Rose', 'Lily', 'Orchid', '\n', 'Apple', 'Banana', 'Orange']

13. 下列代码的输出结果是（　　　）。

```
f = open('program.txt', 'w')
p = ['C++', 'Java', 'HTML', 'Python']
f.writelines(p)
f.close()
```

    A. 'C++' 'Java' 'HTML' 'Python'　　　　B. ['C++', 'Java', 'HTML', 'Python']

    C. [C++, Java, HTML, Python]　　　　　D. C++JavaHTMLPython

二、简答题

1. 简述 Python 文件对象的 read()函数和 write()函数的作用，并给出使用它们的基本示例。

2. 为什么处理大文件时使用逐行读取的方式更优？在 Python 中，如何打开一个文件并逐行读取其内容？

3. 简述 os.walk()函数返回值的结构，并结合示例 6-19 说明如何通过遍历目录树的方式查找特定类型（如*.txt）的文件。

三、实践题

1. 有一组人员信息如下，信息间采用空格分隔。

```
褚红 女 28
柳青 男 32
石楠 男 25
汪橙 女 30
```

将这组信息存放于文本文件 info.txt，编程实现数据统计：读取 info.txt 中的数据，计算全组的平均年龄（保留 1 位小数）和其中男性、女性分别的总人数，并将结果保存于 result.txt 文件中。保存内容格式参考"平均年龄：××，其中男性××人，女性××人"。

2. 现有一组毕业生就业岗位的数据，岗位包括 HR、文秘和软件开发。将这组信息存放于文本文件 info.txt，编程实现数据统计：读取 info.txt 文件中的数据，统计各岗位就业的毕业生数量，并按数量从大到小排序，保存于 result.txt 文件，保存内容格式参考如下。

```
软件开发: 3
HR: 2
文秘: 1
```

3. 有如下代码：

```
head_paper_dist = 15
holding_dist = 2
light = 320
if not 260 <= light <= 360 or head_paper_dist < 25 or holding_dist < 2:
    print('响铃! ')
```

将这段代码保存于 demo.py 文件，编程实现添加行号的功能：读取 demo.py 文件中的数据，在每行的行首处添加行号和两个空格，后面是该行原本的内容，然后将添加了行号的新内容写回 demo.py 文件。保存后的内容应为：

```
1  head_paper_dist = 15
2  holding_dist = 2
3  light = 320
4  if not 260 <= light <= 360 or head_paper_dist < 25 or holding_dist < 2:
5      print('响铃! ')
```

07 第 7 章 Python 面向对象编程

导言

面向对象编程是 Python 编程的核心思想之一，具有封装、继承和多态三大特性。封装有助于隐藏对象的内部实现细节，增强了代码的安全性和可维护性；继承则使程序能够从已有的类中派生出新的类，实现代码的重用，提高开发效率；多态则通过允许一个接口存在多种实现，完成不同功能的开发，增强了代码的灵活性和可扩展性。

本节将探讨 Python 面向对象编程这一编程范式，将现实世界中的对象抽象为程序中的类和实例，构建更强大、更灵活的软件应用程序。

学习目标

知识目标	● 识记：定义类、属性、方法的语法 ● 理解：类和对象的含义；类的不同属性/方法的应用场景；魔术方法的含义；面向对象三大特性的含义 ● 掌握：类的定义与对象的使用；派生类的方法；多态的使用
能力目标	● 能够理解和使用封装，定义 Python 类并调用对象实现模块化 ● 能够理解和使用继承，实现代码的重用 ● 能够理解和使用多态，提高代码的灵活性和可扩展性

7.1 面向对象程序设计概念

面向对象程序设计（Object-Oriented Programming，OOP）是一种革命性的程序设计思想，它彻底改变了构建软件的方式。与传统的面向过程编程相比，OOP 提供了更加直观和自然的模型来描述现实世界。本节主要介绍 OOP 的基本概念，包括面向对象编程与面向过程编程的对比、类与对象的概念以及面向对象程序设计的三大特性，为后续的学习奠定坚实的基础。

7.1.1 面向过程与面向对象程序设计

在编程领域，面向过程和面向对象是两种主要的程序设计范式。

面向过程程序设计是一种以算法为中心的程序设计方法，它关注如何将问题拆分成一系列可管理的步骤，并独立设计每个步骤。例如"制作蛋糕"的过程可能会被分解为准备材料、搅拌面糊、烤制蛋糕坯、涂抹奶油、裱花装饰等流程，每个流程都可以被视为一个独立的过程，根据这些过程设计出多个函数，如 mix_batter(flour)、bake_cake(power, minites)、spread_cream(color)、decoration(cream, ftruits, chocolate) 等。这些函数将在合适的控制结构下被调用执行，完成蛋糕制作。

面向对象程序设计则是一种以对象为中心的程序设计方法，它通过模拟现实世界中的对象来构建程序，从而使代码更接近现实世界概念，关注的是对象有哪些属性、能做哪些事情及对象与对象之间的关系。用面向对象的思想"制作蛋糕"，最先考虑的是参与制作过程的角色有哪些、每个角色负责哪些工作。显然蛋糕师负责调制面糊、涂抹奶油和装饰蛋糕，烤箱负责烤制蛋糕坯，不同种类的蛋糕知道自己需要哪些装饰，面向对象程序设计还要考虑角色与角色之间的关系，例如蛋糕师将面团交给烤箱，烤箱将烤好的蛋糕坯还给蛋糕师等，面向对象程序设计通过定义"类"来模拟这些"角色"，各角色协作完成蛋糕的制作。

通过对比面向过程和面向对象编程在"制作蛋糕"这一项目上的应用，可以发现两者在分析需求角度上的不同：面向过程编程分析事务处理的流程，而面向对象编程分析需求中的实体。这两种方法没有优劣之分，实际开发中应从项目需求、团队技能、开发工具、维护扩展等方面综合考量进行选择。

7.1.2 类与对象

在现实生活中，"类"通常是对一群具有相似特征或行为的个体的统称，而"对象"则是属于某个类的一个具体实例，具有该类的属性和行为。面向对象程序设计是对现实世界的模拟，"类"和"对象"的概念也与之对应："类"是一个模板或者蓝图，规定了一组属性（即变量）和一组方法（即函数），属于自定义的数据类型；"对象"是根据模板或蓝图将属性值具体化之后得到的一个类的实例个体，不仅拥有具体的属性值，还能使用类中定义的方法。以下是几个类与对象的例子。

1. 人类

"人"是一个类，拥有名字、年龄、血型等属性，可以进行饮食、休息等行为。张三是"人"这个类的一个对象，名字为张三，年龄为 25，血型为 AB，张三可以进行饮食、休息等行为。张三的数据类型是"人"这个类。

2. 宠物类

"宠物"是一个类，拥有品种、名字等属性，可以进行玩耍等行为。肉包是"宠物"这个类的一个对象，品种为萨摩耶犬，名字为肉包，肉包可以进行玩耍等行为。肉包的数据类型是"宠物"这个类。

3. 微波炉类

"微波炉"是一个类，拥有品牌、型号、颜色、出厂时间等属性，可以进行解冻、加热等行为。摆在超市货架上某品牌的红色微波炉是"微波炉"这个类的一个对象，它有确切的型号、出厂时间等属性值。其数据类型是"微波炉"这个类。

7.1.3 面向对象程序设计三大特性

面向对象程序设计的三大特性是封装、继承和多态，它们在面向对象编程中起着至关重要的作用。

封装是指将数据和操作数据的函数捆绑在一起，形成一个类。在类中不仅定义了每个类应当负责的工作、隐藏了内部实现细节、提高了代码的可读性和可维护性，还能通过访问权限控制只暴露必要的接口供外部使用，增加了数据的安全性和可靠性。

继承是指从已有的类中派生出新类。新类不仅继承了原有类的所有属性和方法，还能添加新属性和新方法，或者重写继承的方法。通过继承，子类可以重用父类的代码，避免重复编写相同的代码，方便系统扩展。

多态是指继承体系中，不同对象对父类的同一个接口可以表现出不同行为。多态有效地提高了代码的灵活性和可扩展性，使程序能够更好地适应不同的场景和需求。

7.2 类的定义与对象的使用

类是构建对象的模板，它定义了对象拥有的属性和方法，其中属性是定义在类内部的变量，用于存储数据，分为"类属性"和"实例属性"；方法是封装了对象相关行为的函数，分为"类方法""实例方法""静态方法"。图 7-1 展示了一个完整的类结构，本节将详细介绍 Python 中类的定义语法、属性及方法的分类，以及如何创建对象并调用其属性和方法。

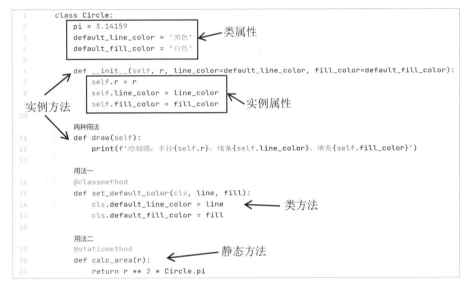

图 7-1　完整的类结构

7.2.1　关键字 class

在 Python 中，类的定义从关键字 class 开始，后跟类名和冒号。类的实现从冒号的下一行开始，相关语句应向右缩进。基本语法结构为：

```
class 类名:
    # 类体
```

如果一个类尚未完成或不需要做任何事情，可以使用关键字"pass"占位，提供一个空的类结构，以便稍后添加代码。示例 7-1 定义了一个名为 Circle 的空类。

【示例 7-1】定义 Circle 类。

```
1.   class Circle:
2.       pass
```

7.2.2　类属性和类方法

1. 类属性

在 Python 中，类属性是指那些与类本身相关联的属性，通常用于存储与类的对象群体相关的信息，即所有对象能够共享的属性，一般对具体的实例来说意义不大。例如圆周率之于圆类、可以从事的全部职业之于人类等，它们不属于任何特定的实例，而是属于类本身。

类属性通常位于类的顶部，定义在类的任何方法之外，基本定义语法结构为：

```
class 类名:
    类属性 1 = 值 1
    类属性 2 = 值 2
```

示例 7-2 的第 2～4 行代码展示了类属性的定义，Circle 类有 3 个类属性：圆周率 pi（初始值为 3.14159）、默认线条颜色 default_line_color（初始值为"黑色"）、默认填充颜色 default_fill_color（初始值为"白色"）。

【示例 7-2】类属性的定义和使用。

```
1.    class Circle:
2.        pi = 3.14159
3.        default_line_color = '黑色'
4.        default_fill_color = '白色'
5.
6.    print(Circle.pi)
7.    Circle.default_line_color = '红色'
```

类属性不与类的实例关联，可通过类名直接访问，这也是推荐的安全做法，基本使用语法为：

类名.类属性名

示例 7-2 的第 6～7 行代码用于获取类属性 pi 的值、修改类属性 default_line_color 的值。

2. 类方法

类方法是指与类关联而不是与特定实例关联的方法，通常用于封装与类属性有关、与实例无关的功能，不能直接访问实例属性和实例方法。

定义一个类方法只需在类体中定义一个函数,并用装饰器@classmethod 将其标记为类方法即可,定义基本语法为;

```
class 类名:
    @classmethod
    def 类方法名(cls, 参数列表)
        # 函数体
```

其中，类方法的第一个参数一般使用约定俗成的"cls"，它代表该方法所属的类，所以在类方法内部可以将参数 cls 当作类名使用，通过"cls.类属性名"调用该类的类属性。示例 7-3 的第 6～9 行代码定义了类方法 set_default_color()，用于更改创建新实例时使用的默认线条颜色和默认填充颜色，其内部通过 cls.default_line_color 和 cls.default_fill_color 访问 Circle 类的两个类属性。参数 cls 之后的两个参数 fill 和 line 是需要类方法从外部获取的其他参数。

【示例 7-3】类方法的定义和使用方法。

```
1.    class Circle:
2.        pi = 3.14159
3.        default_line_color = '黑色'
4.        default_fill_color = '白色'
5.
6.        @classmethod
7.        def set_default_color(cls, line, fill):
8.            cls.default_line_color = line
9.            cls.default_fill_color = fill
10.
11.   Circle.set_default_color('深蓝色', '浅蓝色')
```

类方法不与类的实例关联，也是通过类名直接调用，基本调用语法为：

类名.类方法 (除 cls 之外的参数值)

示例 7-3 的第 11 行代码展示了类方法的调用。调用类方法时，参数 cls 不需要传入，其值由 Python 自动传入。调用类方法传入了两个颜色字符串，"深蓝色"传递给参数 line，表示新的默认线条颜色；"浅蓝色"传递给参数 fill，表示新的默认填充颜色。

7.2.3　实例属性和实例方法

1.　实例属性与 __init__()方法

实例属性是类的对象各自持有的属性，用来标识对象本身的特征值。实例属性与对象自身密切关联，不应与其他对象共享，例如每个人的身份证号、每台洗衣机的品牌和型号、每本书的书名和作者等。没有实例就没有实例属性，通常将实例属性写在类的 __init__()方法中。

__init__()方法是 Python 类的"魔术方法"之一。"魔术方法"是 Python 中的一组特殊方法，命名以双下画线"__"开始和结尾，在一些特定的场景下，Python 会自动调用魔术方法，而具体该如何处理这些特殊场景，则是由开发者根据实际需求实现。

__init__()方法用于初始化类中即将被创建的实例对象，使用 __init__()方法初始化对象实例属性的基本语法为：

```
class 类名：
    def __init__(self, 参数 1, 参数 2, ..., 参数 n)
        self.实例属性 1 = 参数 1
        self.实例属性 2 = 参数 2
        ...
        self.实例属性 n = 参数 n
```

其中，__init__()方法的第一个参数一般使用约定俗成的"self"，代表即将被创建出来的新对象，在方法内部通过"self.实例属性名=值"的方式为新对象初始化实例属性。该类的每个对象都有一组自己的实例属性，不同对象之间实例属性名相同，但值不一定相同。如示例 7-4 的第 2~8 行代码所示，Circle 类通过 __init__()方法创建出来的新对象拥有 3 个实例属性：半径 r、线条颜色 line_color、填充颜色 fill_color。半径 r 需要在创建新对象时从外部传入，line_color 和 fill_color 是默认参数，使用类属性 default_line_color 和 default_fill_color 作为默认值。

【示例 7-4】实例属性的定义和使用。

```
1.   class Circle:
2.       pi = 3.14159
3.       default_line_color = '黑色'
4.       default_fill_color = '白色'
5.       def __init__(self,
6.                    r,
7.                    line_color=default_line_color,
8.                    fill_color=default_fill_color):
9.           self.r = r
10.          self.line_color = line_color
11.          self.fill_color = fill_color
12.
13.  c1 = Circle(1.0)
14.  c2 = Circle(2.0, '红色', '黄色')
15.  print(f'半径{c1.r}，线条{c1.line_color}，填充{c1.fill_color}')
```

Python 中创建一个类的新实例的基本语法为：

```
变量名 = 类名(__init__()方法中除了 self 之外的参数)
```

Python 将创建一个指定类的实例对象，然后自动调用该类的__init__()方法，参数 self 不需要传入，Python 自动将这个已创建但尚未初始化的对象传递给 self，已初始化的对象将存放在指定变量中。示例 7-4 的第 10～11 行代码展示了创建 Circle 类实例的方法。第 10 行代码中传入了半径值 1.0，其他两个参数使用默认值，初始化好的对象存放在变量 c1 中；第 11 行代码中传入了半径值 2.0、线条颜色"红色"和填充颜色"黄色"，初始化好的对象存放在变量 c2 中。

实例属性需要通过对象访问，其语法为：

```
对象.实例属性名
```

如示例 7-4 的第 12 行代码所示，"c1.r""c1.line_color""c1.fill_color"分别用于获取对象 c1 的半径值、线条颜色和填充颜色。

2. 实例方法

实例方法是与具体的对象关联的方法，是需要对象执行的行为，其定义的基本语法为：

```
class 类名:
    def 实例方法名(self, 参数 1, 参数 2, ..., 参数 n)
        # 代码块
```

实例方法的第一个参数一般使用约定俗成的"self"，代表正在调用这个实例方法的对象，所以在方法内部可以通过"self."的方式使用该对象的实例属性和其他实例方法，self 之后是需要从外部获取的参数。示例 7-5 展示了实例方法的定义和使用，__init__()是一个实例方法，此外还新增了实例方法 draw()，它模拟了在画布上绘制圆形的过程。

【示例 7-5】实例方法的定义和使用。

```
1.   class Circle:
2.       pi = 3.14159
3.       default_line_color = '黑色'
4.       default_fill_color = '白色'
5.
6.       def __init__(self,
7.                    r,
8.                    line_color=default_line_color,
9.                    fill_color=default_fill_color):
10.          self.r = r
11.          self.line_color = line_color
12.          self.fill_color = fill_color
13.
14.      def draw(self):
15.          print(f'绘制圆: 半径{self.r}，线条{self.line_color}，填充{self.fill_color}')
16.
17.  c1 = Circle(2.0, '红色', '黄色')
18.  c1.draw()
```

通过对象调用实例方法的基本语法为：

```
对象.实例方法(除 self 之外的其他参数)
```

如示例 7-5 的第 17～18 行代码所示，要使用 Circle 类的实例方法 draw()，必须先创建一个 Circle 类的对象，然后通过对象 c1 调用 draw()。c1.draw()中不需要给 self 参数传值，Pyhton 会自动把调用 draw() 的对象（即 c1）传递给 self，于是在函数内部，通过 self 访问的半径等属性值即对象 c1 的属性值。

7.2.4　静态方法

Python 中类的方法除了上面提到的类方法、实例方法之外，还有一种静态方法。这类方法不依赖类或者对象，也没特殊的第一个参数，只是因为在逻辑上它们的功能和类相关，所以放在类中更合适，通常用来实现一些通用的功能、简化调用、实现单例模式、管理共享资源等。

静态方法的定义和普通函数没有差别，只是需要用装饰器@staticmethod 标记，定义的基本语法为；

```
class 类名:
    @staticmethod
    def 方法名(参数列表)
        # 函数体
```

示例 7-6 展示了静态方法的定义和使用。第 4～6 行代码定义了静态方法 calc_area()，接收外部传入的半径值，计算并返回圆的面积。

【示例 7-6】静态方法的定义和使用。

```
1.    class Circle:
2.        pi = 3.14159
3.
4.        @staticmethod
5.        def calc_area(r):
6.            return r ** 2 * Circle.pi
7.
8.    print(Circle.calc_area(2.0))
```

静态方法也是通过类名直接调用，如示例 7-6 第 8 行代码，计算半径为 2 的圆的面积。

7.3　封装

封装是面向对象编程的三大特性之一。封装只对外提供必要的属性和方法，外部只能通过定义好的方式访问对象持有的数据，防止外部误用代码或错误修改，提高了代码的安全性。同时外部不需要关心对象内部的实现细节，也简化了编程过程。

在面向对象程序设计中，一般将属性或方法的可访问性分为公有的、受保护的和私有的。外部可以通过类名或者对象使用公有的属性或方法，但不能使用受保护的和私有的；如果一个类派生了子类，子类可以继承父类公有的和受保护的属性和方法，但不继承私有的；私有的属性和方法只能在所属类的内部使用。本节将介绍 Python 类封装属性和方法的相关知识。

7.3.1　Python 实现封装

在 Python 中，一般使用前置双下画线 "__" 命名私有的属性或方法、前置单下画线 "_" 命名受保护的属性或方法、不以下画线开始的名称表示公有的属性或方法。

1. 前置双下画线 "__" 命名

如示例 7-7 所示，Demo1 类定义了私有实例属性__private_data 和私有实例方法__private_method()，另一个实例方法 info()则是公有方法。可以在 info()方法内部使用私有属性或私有方法，但如第 15 行代码和第 17 行代码所示，当通过对象 d1 使用私有的实例属性和实例方法时就会报错。

【示例 7-7】以前置双下画线命名私有的属性和方法。

```
1.    class Demo1:
2.        def __init__(self):
3.            self.__private_data = 0
4.
5.        def __private_method(self):
6.            print('一个使用前置双下画线命名的私有方法')
```

```
7.
8.       def info(self):
9.           print(self.__private_data)
10.          self.__private_method()
11.
12.  d1 = Demo1()
13.
14.  # 报错: AttributeError: 'Demo1' object has no attribute '__private_data'.
15.  print(d1.__private_data)
16.
17.  # 报错: AttributeError: 'Demo1' object has no attribute '__private_method'.
18.  d1.__private_method()
19.
20.  print(d1._Demo1__private_data)    # 输出结果: 0
21.  d1._Demo1__private_method()       # 输出结果: 一个使用前置双下画线命名的私有方法
```

这是因为 Python 解释器对以前置双下画线方式命名的属性或方法，会自动为名字加上前缀 "_类名"，原来的名字自然就找不到了。显然，使用前置双下画线方式命名的属性和方法并不是真正的"私有化"，只是被重命名了而已。如第 20～21 行代码所示，当使用 "_Demo1__private_data" "_Demo1__private_method" 时依然可以调用它们，但不推荐这样做。

2. 前置单下画线 "_" 命名

在 Python 中，前置单下画线表明当前属性或方法是受保护的，不建议随意使用。但这是一种命名规范，而非强制机制。Python 解释器不会对使用前置单下画线命名的属性或方法重命名，所以如示例 7-8 的第 13～14 行代码所示，外部通过对象调用它们时并不会报错，但仍然不推荐这样做。

【示例 7-8】前置单下画线命名受保护的属性和方法。

```
1.   class Demo2:
2.       def __init__(self):
3.           self._protected_data = 0
4.
5.       def _protected_method(self):
6.           print('一个使用前置单下画线命名的受保护的方法')
7.
8.       def info(self):
9.           print(self._protected_data)
10.          self._protected_method()
11.
12.  d2 = Demo2()
13.  print(d2._protected_data)    # 输出结果: 0
14.  d2._protected_method()       # 输出结果: 一个使用前置单下画线命名的受保护的方法
```

总体来说，Python 实现私有的和受保护的属性与方法更多地依赖命名规范。不论是使用第三方库还是发布自己开发的库，都应遵守这些规范，令代码清晰，不随意破坏封装性。

7.3.2 @property

封装使开发者可以保护重要的数据，让外部按照自己定义好的方法读取或修改数据。如示例 7-9 所示，Circle 类将半径设置为私有属性，外部只能通过实例方法 get_r() 和 set_r() 读写半径，这样程序就可以对外部设置的半径值进行校验。

【示例 7-9】为私有数据提供读/写方法。

```
1.   class Circle:
2.       def __init__(self):
```

```
3.            self.__r = None
4.
5.        def get_r(self):
6.            return self.__r
7.
8.        def set_r(self, r):
9.            if (isinstance(r, int) or isinstance(r, float)) and r > 0:
10.               self.__r = r
11.           else:
12.               print('r 必须是大于 0 的整数或浮点数.')
13.
14.   c1 = Circle()
15.   c1.set_r(2.0)
16.   print(c1.get_r())   # 输出结果：2.0
```

但有时给每个属性都提供 get()方法和 set()方法，会让代码变得比较繁杂。Python 的装饰器 @property 用于定义对象属性访问器，可令访问属性的代码变得简洁。

@property 将一个实例方法伪装成实例属性，外部可以像使用属性那样使用该方法。示例 7-10 展示了使用@property 定义只读属性的例子。本例中首先导入了 datetime 库中的 date 模块，用于处理日期（年、月、日），提供日期格式化、比较等相关操作。Person 类有两个实例属性——姓名和出生日期，由__init__()方法初始化。现在希望有一个实例属性"年龄"，能通过当前时间和对象的出生日期自动算出来，并且是只读属性。

可以使用 age()方法实现自动计算年龄的功能。被@property 装饰后，可以将函数名 age 当成属性名使用，所以第 18 行代码在输出 p1 的年龄时，使用的是"p1.age"而非"p1.age()"，但其实际效果相当于"p1.age()"。

【示例 7-10】@property 定义只读属性。

```
1.    from datetime import date
2.
3.    class Person:
4.        def __init__(self, name, born):
5.            self.name = name
6.            self.born = born
7.
8.        @property
9.        def age(self):
10.           today = date.today()
11.           birthday = self.born.replace(year=today.year)
12.           if birthday > today:
13.               return today.year - self.born.year - 1
14.           else:
15.               return today.year - self.born.year
16.
17.   p1 = Person('', date(1990, 5, 15))
18.   print(p1.age)   # 输出结果：33
```

示例 7-11 展示了以@property、@属性名.setter 方式定义读写参数的例子。本例中"@property"装饰第 6～7 行代码定义的实例方法 r()用于获取半径值；第 10～14 行代码定义的同名实例方法 r()用于设置半径值，由"@r.setter"装饰，注意这里是"r"而不是"property"。此时 Circle 类有了一个可读写的实例属性"r"，第 17 行代码在给对象 c1 的 r 赋值时，程序会自动调用第 10～14 行代码定义的 r()；第 18 行代码在输出 c1.r 时，程序会自动调用第 6～7 行定义的 r()。

【示例 7-11】@property 定义读/写属性。

```
1.    class Circle:
2.        def __init__(self):
```

```
3.        self.__r = None
4.
5.        @property
6.        def r(self):
7.            return self.__r
8.
9.        @r.setter
10.       def r(self, r):
11.           if (isinstance(r, int) or isinstance(r, float)) and r > 0:
12.               self.__r = r
13.           else:
14.               print('r 必须是大于 0 的整数或浮点数.')
15.
16.   c1 = Circle()
17.   c1.r = 2.0
18.   print(c1.r)  # 输出结果: 2.0
```

【实战 7-1】类的抽象与封装：制作可保存任务的番茄钟

【需求描述】

第 3 章的【实战 3-2】构建了一个即输即用的番茄钟，在其核心逻辑基础上，本例需要使用面向对象设计方法，实现一个能够管理任务、保存任务信息的番茄钟，具体需求如下。

1. 任务管理

（1）添加任务：用户能够向番茄钟添加新任务，每个任务都包含名称、优先级、截止日期和完成状态。

（2）查看任务：用户能够查看当前所有任务的信息。

（3）设置任务状态：用户能够更改任务状态，包括未开始、进行中、已完成、暂停和废弃。

（4）任务的保存与载入：程序退出时保存所有任务的状态，下次启动时恢复之前的任务信息。

2. 番茄时间管理

（1）开始番茄时间：用户能够启动一个番茄时间的倒计时，当倒计时为 0 时，番茄钟发出提醒。

（2）自定义设置：用户能够自定义番茄时间的长度，以适应个人的工作习惯。

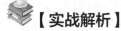

【实战解析】

本实战涉及的编程要点如下。

1. 类和对象

程序需要设计类（如任务类 Task、番茄钟类 TomatoClock 等），抽象出属于任务和番茄钟的属性、方法，然后创建并使用这些类的对象以实现需求。

2. 构造函数

程序需要设计正确的构造函数以初始化对象。

3. 数据容器与迭代

程序需要使用合理的数据容器存放多个任务对象，并能够遍历它们以获取所有任务的信息。考虑到"查看""设置"任务的需求，应为每个任务赋予唯一的 ID 并使用字典存放任务对象，使检索任务更容易完成。

4. 文件操作

程序启动时需要使用文件 API 载入任务信息，初始化任务对象，并在退出时将任务对象信息保存在磁盘文件中。保存的内容可以是普通文本、CSV 格式文件，也可以是 JSON、XML 等便于交换数据的格式文件。此外，程序还需要保存用户自定义的工作时长，程序的配置参数可以放在普通文本文件中，也可以考虑使用.ini 文件，导入 Python 内置模块 configparser 对其进行读写。

5. 函数封装

程序要对任务类、番茄钟类的功能进行分解，封装为类的方法，其中需要考虑哪些为公有方法、哪些为私有方法。

6. 时间模块

程序需要使用"定时器+循环"定期检查倒计时是否结束。

7. 输入输出

程序需要使用 input()函数接收用户输入的菜单项、设置值等，使用 print()函数提示用户功能菜单。

【实战指导】

具体编程步骤如下。

1. 实现 Task 类

（1）使用 Task 类封装任务，定义该类的__init__()方法初始化新 Task 对象。该函数接收 name（任务名）、level（任务级别）、status（任务状态）、deadline（任务截止日期）4 个参数，并用这 4 个参数初始化 Task 对象的实例属性。

（2）定义实例方法 set_status()，用于更新任务的状态，该函数接收一个新的状态作为参数，并将传入的新状态赋值给 Task 对象的"状态"实例属性。由于本例是一个命令行程序，新状态由用户输入，为了方便用户输入数据，可以考虑用数字代替字符串，用户只需要输入状态对应的数字，由程序将数字转换为描述状态的字符串，供后续输出更具可读性的交互信息。

（3）定义实例方法 to_string()，该方法没有参数，一般在需要输出任务信息时调用。它将任务对象的实例属性拼接为字符串，并返回该字符串。

（4）定义实例方法 is_executable()，该方法没有参数，用于判断任务是否可以启动。如果是"未开始""进行中""暂停" 3 种状态，返回 True，否则返回 False。

（5）定义实例方法 to_file()，该方法没有参数，当需要将任务信息保存到文件时，该函数负责把任务的实例属性组装成符合写出需求的格式。

2. 实现 TomatoClock 类

（1）使用 TomatoClock 类封装番茄钟，定义该类的__init__()方法，用于初始化新 TomatoClock 对象。该方法没有参数，需要执行的初始化工作如下。

① 从文件中读取全局的番茄时间值（默认 25 分钟），保存在实例属性中。

② 从文件载入所有任务信息，根据每条任务信息初始化 Task 对象，并使用一个字典类型的实例属性存放这些对象。其中 key 为任务序号，value 为 Task 对象，方便用户根据序号指定要操作的任务，保存任务的文件。

③ 输出欢迎信息。

（2）定义实例方法 show_menu()，该方法没有参数，负责展示功能菜单，包括"开启番茄时间"设置任务状态"设置番茄时间"退出"。该函数提示用户输入菜单序号，并将输入的序号返回。

（3）定义实例方法 start_clock()，该方法没有参数，用于实现"开启番茄时间"菜单的处理，主要逻辑如下。

① 显示所有任务的信息，包括任务序号、任务名称、任务状态等，方便用户选择。

② 进入循环，等待用户输入任务序号。如果输入 R，则退出循环返回主菜单。

③ 根据用户输入的任务序号，从任务字典中获取对应的任务对象。

④ 检查任务是否存在，并调用 is_executable() 方法判断其是否可执行。如果满足条件则启动番茄时间，否则提示用户重新选择。

⑤ 启动番茄时间后需要将任务状态更新为"进行中"，将设定的番茄时间转换为总秒数，然后循环进行倒计时。循环体中调用 time 模块的 sleep() 方法让程序每次休眠 1 秒，休眠结束后将总秒数减 1，调用函数 divmod(剩余秒数, 60) 分离分钟数和秒数，格式化为 "HH:MM:SS" 形式。当总秒数为 0 时倒计时结束，可以调用 winsound 模块的 Beep() 函数发出蜂鸣提示音。

（4）定义实例方法 set_task_status()，该方法没有参数，用于实现"设置任务状态"菜单的处理，主要逻辑如下。

① 显示所有任务的信息，方便用户选择。

② 提示用户按照"任务号 状态号"的格式输入，并说明状态号的含义（未开始、进行中、已完成、暂停、废弃）。

③ 进入循环，等待用户输入。如果用户输入 R，则退出循环返回主菜单。

④ 使用字符串的 split() 方法解析用户输入的内容，获取任务号和状态号。

⑤ 根据任务号从任务列表中获取对应的任务对象。如果任务对象存在，则调用 set_status() 方法设置新的状态，显示更新后的任务信息，否则提示用户重新选择。

（5）定义实例方法 set_tomato_time()，该方法没有参数，用于实现"设置番茄时间"菜单的处理，主要逻辑如下。

① 显示当前的番茄时间。

② 提示用户输入新的番茄时间，获取输入后，将信息更新至对应的实例属性中，同时保存到配置文件。

（6）定义实例方法 save()，该方法没有参数，通过遍历任务字典里的任务对象，将当前所有任务的信息保存到文件。注意使用 with 子句或相应的文件关闭方法，以保证文件正常关闭。

3. 主程序

主程序负责持续显示菜单供用户选择操作，直到用户选择退出程序，主要逻辑如下。

（1）创建一个 TomatoClock 类的对象 tc，用于后续的操作。

（2）使用 while 无限循环，在循环体中首先显示功能菜单，用于获取用户选择，使用 if 结构判断用户的选择，相应操作如下。

① 如果选择'1'，调用 tc 的 start_clock() 方法开启番茄时钟。

② 如果选择'2'，调用 tc 的 set_task_status() 方法设置任务状态。

③ 如果选择'3'，调用 tc 的 set_tomato_time() 方法设置番茄时间。

④ 其他情况调用 tc 的 save() 方法保存任务信息，退出循环，主程序结束。

【参考代码】

Task 类的参考代码如下。

```
1.    import time
2.    import configparser
3.    import csv
```

```
4.    import winsound
5.
6.    # 初始化任务状态的全局设定：状态编号与状态字符串的对应关系
7.    status_cfg = {'0': '未开始', '1': '进行中', '2': '已完成', '3': '暂停', '4': '废弃'}
8.
9.    class Task:
10.       # Task 类对象的初始化函数
11.       def __init__(self, name, level, status, deadline):
12.           self.__name = name
13.           self.__level = level
14.           self.__status = status
15.           self.__deadline = deadline
16.
17.       # 设置任务的状态
18.       def set_status(self, status):
19.           self.__status = status
20.
21.       # 将 Task 信息转换为字符串，方便输出
22.       def to_string(self):
23.           return '%s(%s) %s %s' % (self.__name, self.__level,
24.                                    status_cfg[self.__status],
25.                                    self.__deadline)
26.
27.       # 将 Task 信息转换为列表对象，本例采用 csv.writer 写出任务信息
28.       # 因此需要将任务信息拼装成一个列表
29.       def to_file(self):
30.           return [self.__name, self.__level,
31.                   self.__status, self.__deadline]
32.
33.       # 判断 Task 是否可执行，"未开始""进行中""暂停"的任务可以开始
34.       def is_executable(self):
35.           executable = True if self.__status in {'0', '1', '3'} else False
36.           return executable
```

TomatoClock 类的参考代码如下。

```
class TomatoClock:
    # TomatoClock 类对象的初始化函数
    def __init__(self):
        self.__init_configuration()  # 从文件中读取程序的配置参数
        self.__init_tasks()  # 从文件中载入任务信息
        self.__show_welcome()  # 显示欢迎信息

    # 展示主菜单，返回用户选择的菜单序号
    @staticmethod
    def show_menu():
        print('功能菜单：\n'
              '1. 开启番茄时间\n'
              '2. 设置任务状态\n'
              '3. 设置番茄时间\n'
              '4. 退出')
        print('--------------------------------')
        choose = input('请输入菜单序号：')
```

```
            return choose

    # 处理用户选择"1. 开启番茄时间"的情况
    def start_clock(self):
        self.__show_all_tasks()  # 显示所有任务的信息，方便用户选择
        while True:
            choose = input('请输入任务序号(R 返回主菜单): ')
            if choose == 'R':
                break
            # 根据任务序号获取任务对象
            task = self.__tasks.get(int(choose))
            # 如果找到了任务且任务是可执行的，则启动一个番茄时间
            if task is not None and task.is_executable():
                self.__start(task, int(self.__cfg['time']['work_time']))
            else:
                print(f'任务{choose}非可执行状态，请重新选择! ')


    # 处理用户选择"2. 设置任务状态"的情况
    def set_task_status(self):
        self.__show_all_tasks()  # 显示所有任务的信息，方便用户选择
        while True:
            print('请按"任务号 状态号"输入(R 返回主菜单): \n'
                  '未开始(0)\t进行中(1)\t已完成(2)\t暂停(3)\t废弃(4)')
            in_str = input('请输入: ')
            if in_str == 'R':
                break
            in_str = in_str.split(' ')  # 切分任务号和状态号
            # 根据任务序号获取任务对象
            task = self.__tasks.get(int(in_str[0]))
            # 找到任务后才修改任务状态
            if task is not None:
                task.set_status(in_str[1])
                print(in_str[0], task.to_string())  # 显示新状态
                print('-------------------------------')
                break
            else:
                print(f'任务{in_str[0]}不存在，请重新选择! ')

    # 处理用户选择"3. 设置番茄时间"的情况
    def set_tomato_time(self):
        print(f"当前番茄时间: {self.__cfg['time']['work_time']}分钟")
        self.__cfg['time']['work_time'] = input('请输入新时间(分钟): ')
        with open('tomato_clock.ini', 'w') as f:  # 写入配置文件
            self.__cfg.write(f)
        print('设置完成! ')
        print(f"当前番茄时间: {self.__cfg['time']['work_time']}分钟")
        print('-----------------------------')

    # 保存任务信息至文件
    def save(self):
        with open('tasks.csv', 'w', newline='', encoding='utf-8') as f:
```

```python
            writer = csv.writer(f)
            for idx in self.__tasks:
                writer.writerow(self.__tasks[idx].to_file())

    # 以下为私有方法
    # 从配置文件中读取程序相关的配置参数
    def __init_configuration(self):
        self.__cfg = configparser.ConfigParser()
        self.__cfg.read('tomato_clock.ini')

    # 从任务文件中载入任务信息
    def __init_tasks(self):
        # 存放任务对象，key 是按任务读入顺序生成的索引值
        self.__tasks = {}

        with open('tasks.csv', encoding='utf-8') as f:
            reader = csv.reader(f)
            idx = 1
            for t in reader:
                if t:
                    task = Task(t[0], t[1], t[2], t[3])
                    self.__tasks[idx] = task
                    idx += 1

    # 显示欢迎信息
    def __show_welcome(self):
        print(f"欢迎使用番茄钟! 番茄时间: {self.__cfg['time']['work_time']}分钟")

    # 显示所有任务信息
    def __show_all_tasks(self):
        print('当前任务信息: \n------------------')
        for idx in self.__tasks:
            print(idx, self.__tasks[idx].to_string())
        print('------------------------------')

    # 启动一个番茄时间
    def __start(self, task, minutes):
        task.set_status('1')  # 将任务状态改为 "进行中"
        print(f'{task.to_string()} 开始! ')

        total_seconds = minutes * 60  # 计算总秒数
        while total_seconds > 0:
            mins, secs = divmod(total_seconds, 60)  # 分离分钟数和秒数
            print(f'00:{mins:02d}:{secs:02d}', end='')  # 输出倒计时
            time.sleep(1)  # 程序暂停 1 秒
            total_seconds -= 1
            print(end='\r')  # 让光标回到行首
        else:
            winsound.Beep(1000, 1000)
            print(f'{self.to_string()} 一个番茄时间结束! ')
```

主程序参考代码如下。

```python
1.  def main():
```

```
    tc = TomatoClock()
    while True:
        choose = TomatoClock.show_menu()
        if choose == '1':
            tc.start_clock()
        elif choose == '2':
            tc.set_task_status()
        elif choose == '3':
            tc.set_tomato_time()
        else:
            tc.save()
            break

if __name__ == '__main__':
    main()
```

程序运行后，3 个菜单项对应的运行结果分别如图 7-2～图 7-4 所示。

```
欢迎使用番茄钟！番茄时间：25分钟
功能菜单：
1. 开启番茄时间
2. 设置任务状态
3. 设置番茄时间
4. 退出
--------------------------------
请输入菜单序号：1
当前任务信息：
------------------
1 完成市场分析报告初稿(高) 进行中 2023-12-22
2 观看Python视频(中) 未开始 2024-6-31
3 回复客户产品功能咨询邮件(高) 已完成 2023-12-18
4 整理2023-度工作总结文档(低) 暂停 2023-12-31
5 准备下周产品发布会材料(高) 进行中 2023-12-28
--------------------------------
请输入任务序号(R返回主菜单)：1
完成市场分析报告初稿(高) 进行中 2023-12-22 开始!
00:24:52
```

图 7-2 “1. 开启番茄时间”菜单运行结果

```
欢迎使用番茄钟！番茄时间：25分钟
功能菜单：
1. 开启番茄时间
2. 设置任务状态
3. 设置番茄时间
4. 退出
--------------------------------
请输入菜单序号：2
当前任务信息：
------------------
1 完成市场分析报告初稿(高) 进行中 2023-12-22
2 观看Python视频(中) 未开始 2024-6-31
3 回复客户产品功能咨询邮件(高) 已完成 2023-12-18
4 整理2023-度工作总结文档(低) 暂停 2023-12-31
5 准备下周产品发布会材料(高) 进行中 2023-12-28
--------------------------------
请按"任务号 状态号"输入(R返回主菜单)：
未开始(0)    进行中(1)    已完成(2)    暂停(3)  废弃(4)
请输入：5 4
5 准备下周产品发布会材料(高) 废弃 2023-12-28
--------------------------------
```

图 7-3 “2. 设置任务状态”菜单运行结果

```
欢迎使用番茄钟！番茄时间：25分钟
功能菜单：
1. 开启番茄时间
2. 设置任务状态
3. 设置番茄时间
4. 退出
--------------------------------
请输入菜单序号：3
当前番茄时间：25分钟
请输入新时间(分钟)：20
设置完成！
当前番茄时间：20分钟
--------------------------------
```

图 7-4 “3. 设置番茄时间”菜单运行结果

7.4 继承

继承是面向对象编程的三大特性之一，它支持从已有的类派生新的子类，子类完全继承父类的公有属性和公有方法，从而实现代码复用，解决类与类之间代码冗余问题。同时，子类也可以添加新的属性和方法，使程序在复用已有功能的基础上，灵活扩展新功能。本节将介绍 Python 类的继承语法以及子类的使用方法，实现代码复用以及扩展新特性。

7.4.1　代码复用

以经典 RPG（Role-Playing Game，角色扮演游戏）中的角色设计为例，将一个游戏单位称为"精灵"，它有一些基本的属性，如生命值、攻击值、攻击倾向等，也会有一些基本的能力，如角色状态判定、伤害判定等。当为精灵贴上不同的图片时，它可能变成 NPC、野外怪物、玩家角色、宠物、雇佣兵等，显然，这些游戏单位有相似的属性和功能。若定义父类 Spirit，由其派生出子类宠物类 Pet 和怪物类 Monster，子类 Pet、Monster 就会继承父类的非私有属性和方法，复用 Spirit 类的代码。

Python 中派生子类的语法为：

```
class 子类名(父类名):
    # 子类实现
```

示例 7-12 展示了 Spirit 类及其子类的定义。父类 Spirit 有 life（生命值）、current_life（当前生命值）和 aggro（攻击倾向）3 个实例属性，以及两个实例方法：is_live()，用于判定生存状态；is_aggro()，用于判定是否主动攻击。子类 Pet 和 Monster 从 Spirit 类派生后，类体中只有 pass 语句，暂未新增自己的代码，这种情况下子类仅拥有从父类继承而来的属性和方法。当第 19～20 行代码创建 Pet 类和 Monster 类的对象时，程序调用的是父类 Spirit 的 __init__() 方法，创建对象时也应按父类 __init__() 方法的参数传参。

【示例 7-12】Spirit 类派生子类 Pet 和 Monster。

```
1.   class Spirit:
2.       def __init__(self, life=100, aggro=False):
3.           self.life = life
4.           self.current_life = life
5.           self.aggro = aggro
6.
7.       def is_live(self):
8.           return False if self.current_life <= 0 else True
9.
10.      def is_aggro(self):
11.          return self.aggro
12.
13.  class Pet(Spirit):
14.      pass
15.
16.  class Monster(Spirit):
17.      pass
18.
19.  p1 = Pet(100, True)  # 调用父类的 __init__() 方法
20.  m1 = Monster(400, False)  # 调用父类的 __init__() 方法
21.  print(p1.life, p1.current_life, p1.aggro)  # 输出结果: 100 100 True
22.  print(m1.life, m1.current_life, m1.aggro)  # 输出结果: 400 400 False
```

7.4.2　扩展新特性

子类可以添加新的属性和方法，从而扩展新特性。类属性、类方法、实例方法可以按 Python 类的语法直接添加，若要增加新的实例属性，则需要实现自己的 __init__() 方法。在方法内部先调用父类的 __init__() 方法初始化继承的实例属性，再初始化自己的实例属性。基本使用语法为：

```
class 子类名(父类名)
    子类类属性 = 值
```

```
def __init__(self, 参数列表):
    super().__init__(参数列表)  # 初始化继承的实例属性
    self.子类实例属性 = 值

def 子类实例方法(self, 参数列表):
    # 函数体

@classmethod
def 子类类方法(cls, 参数列表)
    # 函数体

@staticmethod
def 子类静态方法(参数列表)
    # 函数体
```

其中，super()是一个内置函数，用于调用父类的方法，子类重写或扩展父类的方法时常常用到。当子类实现了自己的__init__()方法后，创建子类对象时就只会调用子类的__init__()方法。因此要在子类的__init__()方法中主动调用父类的__init__()方法，确保父类中的初始化代码能正确执行，以继承父类的功能。需要注意的是，子类__init__()方法的参数列表常常要包含父类初始化所需的参数。

如示例 7-13 所示，子类 Monster 定义了新的属性 exp（经验值），以及两个新方法 escape（逃跑）和 calc_damage（计算伤害）。第 4～6 行代码实现了 Monster 类的__init__()方法，其参数列表中，参数 life 和 aggro 用于父类初始化，exp 用于初始化自己的实例属性 self.exp。当怪物受到伤害时，escape()根据伤害计算当前生命值，若当前生命值小于 100，则会触发"逃跑"行为，有 40%的概率逃跑成功。

【示例 7-13】子类 Monster 添加新方法。

```
1.   import random
2.
3.   class Monster(Spirit):
4.       def __init__(self, life=100, aggro=False, exp=200):
5.           super().__init__(life, aggro)
6.           self.exp = exp
7.
8.       def escape(self):
9.           p = random.randint(1, 100)
10.          if p <= 40:
11.              print('逃跑成功! ')
12.              self.current_life = self.life
13.          else:
14.              print('逃跑失败! ')
15.
16.      def calc_damage(self, damage):
17.          self.current_life -= damage
18.          if self.current_life <= 0:
19.              print('怪物被消灭! ')
20.          elif self.current_life < 100:
21.              print('触发逃跑事件! ')
22.              self.escape()
23.
24.  m1 = Monster(400, False, 100)  # 调用 Monster 的__init__()方法
25.  m1.calc_damage(320)  # 怪物受到 320 点伤害
```

7.5　多态

在面向对象程序设计中，多态是指同一个继承体系中，子类对于父类的同名方法有不同的行为。这使得子类可以在保留相同方法名的情况下扩展父类的功能，大大提高代码的重用性和扩展性。

多态的应用十分广泛，例如前文提到的 RPG，不同的游戏角色，如怪物、宠物、玩家等，都可以具有"攻击"的行为，但对伤害结果的计算方式可能有所不同；在桌面应用程序中，按钮、下拉框、文本框等控件都可以响应用户鼠标单击的行为，但不同控件对应的处理方式不同；每个图形都有"面积"，但不同的图形计算面积的方式不同等。

由于 Python 是动态类型的语言，它对多态特性的支持采用了名为"鸭子类型"的动态类型编程风格。在这种风格下，程序关注的是当前对象是否提供正在使用的属性或方法，如果不提供将引发运行时错误；如果提供则执行相应的代码，不会纠结对象是什么类型、是否和其他对象派生自同一个父类。

示例 7-14 展示了在 Python 动态语言特性下多态的具体实现。Shape 类、Circle 类和 Rectangle 类处于同一个继承体系，它们模拟了几何图形面积计算系统：父类 Shape 中定义了实例方法 area()，由于父类并不确定自己的对象是什么图形，自然也无法计算其面积，所以该方法没有实现。然后定义了两个继承自 Shape 的子类：Circle 类和 Rectangle 类，分别表示圆形和矩形，各自实现了 area() 方法。Dog 类不在 Shape 类的继承体系中，但它也定义了实例方法 area()。在主程序中创建一个包含不同类的对象的列表，并使用 for 循环调用每个对象的 area() 方法。由于是"鸭子类型"的编程风格，尽管只有一行代码调用了相同名称的方法，程序还是会根据每个对象的实际类型正确地执行相应的代码。

【示例 7-14】Python 的多态使用。

```
1.   class Shape:
2.       def area(self):
3.           pass
4.
5.   class Circle(Shape):
6.       def __init__(self, radius):
7.           self.radius = radius
8.
9.       def area(self):
10.          return self.radius ** 2 * 3.14
11.
12.  class Rectangle(Shape):
13.      def __init__(self, width, height):
14.          self.width = width
15.          self.height = height
16.
17.      def area(self):
18.          return self.width * self.height
19.
20.  class Dog:
21.      def __init__(self, name):
22.          self.name = name
23.
24.      def area(self):
25.          return f'或许可以计算{self.name}影子的面积? '
26.
27.  shapes = [Circle(2.0), Rectangle(4, 2), Dog('Lucky')]
28.  for s in shapes:
29.      print(s.area())  # 输出结果：12.56
30.                       #  8
31.                       # 或许可以计算 Lucky 影子的面积?
```

本章小结与知识导图

本章总结了 Python 面向对象编程的核心内容，具体涵盖类的定义、对象的创建和使用、封装技术的实现、继承机制下的代码重用与扩展，以及多态带来的代码灵活性和可扩展性。

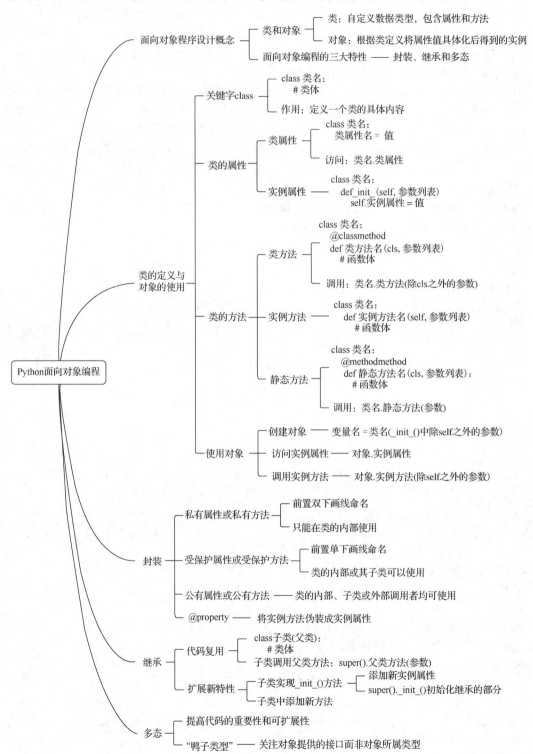

本章涉及的考点为 Python 面向对象编程的核心内容，主要包括如下内容。

【考点 1】面向对象程序设计基本概念

掌握面向对象程序设计的优点，掌握类和对象的含义与关系，掌握面向对象程序设计三大特性的含义和作用。

【考点 2】类的定义与对象的使用

理解类属性和方法的含义，掌握 Python 定义类的语法，掌握对象的创建和使用。

【考点 3】Python 面向对象编程三大特性的实现

掌握如何隐藏对象的内部状态信息，并提供公共接口访问和修改数据；掌握如何通过继承实现代码的重用和功能的扩展；掌握 Python 中多态的实现方式。

习题

一、选择题

1. 在 Python 中，关键字（　　　）用于定义类。

    A. class　　　　　　　　B. function　　　　　　C. object　　　　　　　D. method

2. 以下选项中，（　　）是 MyClass 类实例化的正确方式。

    A. instance = MyClass()　　　　　　　　B. MyClass = object()

    C. instance = MyClass.object()　　　　　　D. MyClass.object = instance

3. 在实例方法的参数列表中，self 参数代表（　　　）。

    A. 类的名称　　　　　　　　　　　　　B. 调用该方法的实例

    C. 方法的名称　　　　　　　　　　　　D. 类本身

4. 以下选项中，（　　　）是继承的正确表示。

    A. class MyClass(Parent):　　　　　　　B. class MyClass: Parent1

    C. class MyClass->Parent1:　　　　　　D. class MyClass: inherit Parent

5. 在 Python 中，@property 装饰器的主要作用是（　　　）。

    A. 定义类的方法

    B. 定义类的私有属性

    C. 将方法转换为属性，从而可以像访问数据属性一样调用方法

    D. 装饰类本身

6. 在 Python 中，pass 语句的作用是（　　　）。

    A. 表示无返回值　　　　　　　　　　　B. 表示一个占位符，用于后续实现

    C. 表示一个无效的操作　　　　　　　　D. 表示一个语法错误

7. 下列代码的输出结果是（　　　）。

```
class Animal:
    def __init__(self, name):
        self.name = name

    def speak(self):
        return 'Animal speaks'

class Dog(Animal):
    def speak(self):
        return f'{self.name} barks'
```

```
my_dog = Dog('Buddy')
print(my_dog.speak())
```

    A. Buddy speaks   B. Animal barks   C. Animal speaks   D. Buddy barks

8. 下列选项正确描述__init__()方法的是（　　）。

    A. __init__()方法用于申请内存空间   B. __init__()方法用于初始化实例的属性

    C. __init__()方法用于销毁类的实例   D. __init__()方法用于复制实例的属性

9. 下列选项中正确描述 Flower 类和 PeachBlossom 类间的关系的是（　　）。

```
class Flower:
    pass
class PeachBlossom(Flower):
    pass
```

    A. PeachBlossom 类是 Flower 类的一个实例

    B. PeachBlossom 类是 Flower 类的一个子类

    C. PeachBlossom 类和 Flower 类是同一个类

    D. Flower 类是 PeachBlossom 类的一个实例

10. 下列代码的运行结果是（　　）。

```
class Car:
    def __init__(self, engine_size):
        self.__engine_size = engine_size

    def display_engine_size(self):
        return self.__engine_size

my_car = Car(2.0)
print(my_car.__engine_size)
```

    A. 成功输出引擎大小：2.0

    B. 引发 AttributeError 异常，因为__engine_size 是 Car 类的私有属性

    C. 引发 SyntaxError 异常，因为__engine_size 的命名不合法

    D. 引发 TypeError 异常，因为__engine_size 不是一个方法

11. 下列代码中，School 类中的__init__()方法包含（　　）个形参。

```
class School:
    def __init__(self, name, address):
        self.name = name
        self.address = address
```

    A. 1   B. 2   C.3   D. 4

12. 下列对 Python 类的私有成员的命名正确的是（　　）。

    A. _xxx   B. _xxx_   C. __xxx   D. xxx

13. 下列关于类的说法错误的是（　　）。

    A. 类是一种实例

    B. 将类实例化时首先执行该类的__init__()方法

    C. 调用类的实例方法时，不需要传入 self 参数，程序会自动传入该参数

    D. 类的类方法和静态方法可以通过形参传入类的实例，从而使用类的实例属性

14. 下列对 Python 中类的继承描述错误的是（　　）。

    A. 定义子类时，必须在圆括号中指明父类的名称

    B. 如果父类的公有方法 A()中访问了父类的私有成员 B，子类对象依然可以调用父类的公有方法 A()

C．子类的公有方法中，可以调用父类的私有成员

D．程序必须先"看"到父类和子类的定义，才能正确创建子类对象

15．下列关于类和对象的描述错误的是（　　）。

A．每个对象都是根据其对应的类定义创建的

B．对象是类的实例化

C．修改类属性时，不会对已经创建的对象造成影响

D．类是具有相同属性和方法的对象的集合

二、简答题

1．在 Python 中，什么是类（Class）和对象（Object）？给出一个简单的类定义，并展示如何创建该类的对象。

2．简述面向对象程序设计三大特性的含义和作用。

3．简述 Python 中 super() 函数的作用，并给出一个例子。

三、实践题

1．定义一个名为 Vehicle 的类，该类具有 color 和 brand 两个实例属性，以及一个 describe() 方法用于描述车辆的颜色和品牌；然后定义一个名为 Car 的类，该类继承自 Vehicle 类，但添加一个实例属性 wheels 以及一个 drive() 方法，表示汽车有 4 个轮子并且可以驾驶；最后，创建一个 Bicycle 类，也继承自 Vehicle 类，但添加一个实例属性 gears 以及一个 pedal() 方法，表示自行车有变速齿轮并且可以踩踏板。创建这两个子类的实例，分别调用它们的方法演示其功能。（所有方法内部使用 print() 语句输出信息替代真实功能即可。）

2．设计一个银行账户系统，其中包含 Account 类，该类具有 account_number、balance 和 owner 等实例属性。在 Account 类中实现以下方法。

（1）deposit(amount)：向账户中存款。

（2）withdraw(amount)：从账户中取款，如果余额不足则提示错误。

（3）transfer_to(other_account, amount)：向另一个账户转账，如果余额不足则提示错误。

创建一个 Bank 类，该类包含一个账户列表。在 Bank 类中实现以下方法。

（1）create_account(owner_name)：为新客户创建一个新账户。

（2）get_account(account_number)：通过账户号码获取账户信息。

使用这些类模拟一个简单的银行系统，允许用户创建账户、存款、取款和转账。

3．设计一个动物园管理系统，其中包含 Animal 基类，具有 name、age 和 species 等属性。在 Animal 类中实现以下方法。

speak()：动物发出声音。

创建几个子类，如 Lion、Elephant 和 Penguin，分别继承自 Animal 类，并实现 speak() 方法（使用 print() 函数输出信息模拟动物叫声）。

在动物园管理系统中，还应该有一个 Zoo 类，该类包含一个动物列表。在 Zoo 类中实现以下方法。

（1）add_animal(animal)：向动物园中添加一个新动物。

（2）remove_animal(animal)：从动物园中移除一个动物。

（3）show_animals()：显示动物园中所有动物的信息和它们发出的声音。

使用这些类模拟一个动物园管理系统，允许用户添加、移除和展示动物园中的动物。

应用篇

08 第 8 章　Python GUI 编程

导言

　　Python 编程实践并不仅局限于命令行程序，图形用户界面（Graphical User Interface，GUI）编程也是 Python 实现人机交互、创建丰富应用体验的关键一环。tkinter 作为 Python 内置的 GUI 库，提供了丰富的控件和灵活的布局管理，使开发者能够轻松地构建出功能强大的图形界面应用。

　　本章将初步探讨 GUI 编程的基本框架和思路，学习如何使用 tkinter 创建窗口、添加控件、处理事件等，为后续的进阶学习和项目开发打下坚实的基础。

学习目标

知识目标	• 了解：窗口、控件、事件等核心组件在 GUI 设计中的作用 • 识记：tkinter 模块常用控件 • 理解：事件处理机制在 GUI 编程中的应用 • 掌握：tkinter 模块中窗口的基本创建方法；tkinter 添加和管理控件的方法；tkinter 处理控件事件的方法
能力目标	• 能够用 tkinter 模块设计和实现简单的 GUI • 能够编写事件处理函数，实现控件的交互功能 • 能够结合实际需求，分析并设计 GUI 应用的功能模块和交互流程 • 能够将 GUI 编程知识应用到实际项目中，如开发小型工具、管理软件界面等，提升项目的实用性和美观性

8.1　Python GUI 编程概述

　　GUI 编程是计算机编程的一个重要分支，它专注于设计具有图形界面的应用程序，以便用户可以直观、便捷地与计算机进行交互。GUI 编程涵盖窗口、控件、布局、事件处理等多个方面，是开发现代化、易用性强的软件应用的关键技术。

　　Python 拥有丰富的第三方库和工具，使开发者能够轻松地构建 GUI 应用。其中，tkinter 库是 Python 标准库之一，它实际上是对 Tk GUI 工具包的 Python 封装。Tk 是一个功能强大的轻量级跨平台 GUI 工具包，由 Tcl/Tk 语言开发，tkinter 的作用就在于为 Python 开发者提供了一个接口，使得他们能够利用 Tk 工具包方便地用 Python 开发 GUI 应用程序。

此外，Python 社区也提供了许多其他优秀的 GUI 库，以处理复杂界面、高级功能和个性化设计的要求。例如基于 Qt 框架的 PyQt，提供了大量的控件和强大的功能，适用于开发大型、复杂的 GUI 应用；wxPython 则是基于 wxWidgets 的 Python 封装，同样具有丰富的控件和灵活的布局方式，适用于跨平台的中小型项目开发。

本节将以一个简单的 tkinter 程序为例，介绍 tkinter 应用程序的基本结构，以及 GUI 编程中容器、控件、事件等核心组件的概念及应用。

8.1.1 初识 tkinter 程序

tkinter 无须另外安装，导入即可使用。示例 8-1 展示了一个简单的 tkinter 程序，构建一个 tkinter 窗口应用的基本步骤如下。

1. 导入模块

多数情况需要用到主模块 tkinter 和 tkinter.ttk 模块，其中主模块包含了 tkinter 应用的顶层对象 Tk，而 tkinter.ttk 模块（以下简称 ttk 模块）提供了一套现代化的、可主题化的控件集。

2. 构建窗口对象

创建一个最高层级的 Tk 对象，它通常是一个应用程序的主窗口。tk.Tk 类提供多种方法可以对主窗口进行设置，如第 12～13 行代码所示，title()方法用于设置窗口的标题，geometry()方法用于设置窗口的大小，它接收一个"宽度×高度"格式的字符串。

3. 创建并布局窗口内的控件

ttk 模块提供了许多控件类，如标签、文本框、按钮、复选框等，构造这些控件类的对象即创建对应的控件。如第 16 行代码所示，创建了一个 ttk 模块中的 Label 控件（标签控件）的对象 label1，初始化参数中的第一个参数传递到主窗口，意味着标签控件 label1 将放置在主窗口中，展示在标签上的文本由参数 text 指定，创建好的控件需要在"布局"后才能在窗口中显示。label1 采用了 pack 布局模式，这种布局按添加顺序排列控件，先调用 pack()方法的控件在前。类似地，第 19 行代码创建了 ttk 模块中的 Button 类（按钮控件）对象 button1，初始化参数中的第一个参数指定 button1 放置在主窗口中，text 参数指定按钮上显示的文本，command 参数指定按钮单击事件的处理函数，即按钮 button1 被单击后，程序会自动执行 button_click()函数，然后 button1 调用 pack()方法布局。

4. 启动主循环

主窗口对象调用 mainloop()方法后，显示主窗口。主窗口内部会启动一个主循环，当用户在窗口中触发交互事件时，如在文本框中输入内容、单击按钮、移动滑块控件等，主窗口将根据控件和事件类型调用相应的处理函数。

【示例 8-1】简单的 tkinter 程序。

```
1.    import tkinter as tk  # 主模块
2.    import tkinter.ttk as ttk  # 带主题的控件集模块
3.    import tkinter.messagebox as messagebox  # 消息窗口模块
4.
5.    # 按钮被单击时的处理函数
6.    def button_click():
7.        messagebox.showinfo('消息', '按钮"点我! "被单击了! ')
8.
9.    # 主程序
10.   # 1. 构建顶层 Tk 对象
```

```
11.   main_win = tk.Tk()  # 创建主窗口
12.   main_win.title('我的第一个 tkinter 窗口')  # 设置窗口标题
13.   main_win.geometry('300x100')  # 设置窗口大小：宽度 x 高度
14.
15.   # 2. 创建窗口内的控件
16.   label1 = ttk.Label(main_win, text='你好, tkinter! ')  # 创建一个标签控件
17.   label1.pack()  # 布局标签控件
18.   # 创建一个按钮控件
19.   button1 = ttk.Button(main_win, text='点我! ', command=button_click)
20.   button1.pack()  # 布局按钮控件
21.
22.   # 3. 进入主循环，等待用户操作
23.   main_win.mainloop()
```

示例 8-1 创建的主窗口如图 8-1 所示，当单击"点我!"按钮时，会弹出一个消息框，如图 8-2 所示。

图 8-1　示例 8-1 创建的主窗口

图 8-2　单击按钮后弹出的消息框

8.1.2　GUI 编程基本概念

示例 8-1 的代码虽然不长，但涉及一些 GUI 编程的基本概念，解释如下。

1. 容器

容器是一个用于承载和组织其他控件的元素。在 tkinter 中，一个顶层窗口（如 tk.Tk()）就是一个容器，它可以包含其他控件，如标签、按钮等。在示例 8-1 中，main_win 就是容器，它承载了 label1 和 button1 这两个控件。

2. 控件

控件是 GUI 中用户与之进行交互的元素，例如按钮、文本框、标签等，控件可以用于信息提示、接收用户输入、执行操作、显示结果等。在示例 8-1 中，label1 是一个标签控件，button1 是一个按钮控件。

3. 布局

布局是指控件在容器中的排列方式，布局模式决定了控件的大小、位置和相对关系。在示例 8-1 中，label1 和 button1 调用 pack()方法，将 label1 和 button1 控件添加到 main_win 容器中，并按 pack 布局模式规则进行排列。8.2 节将详细介绍 tkinter 的布局模式。

4. 事件

事件是 GUI 编程中用于描述用户动作或系统状态变化的概念，例如用户单击鼠标、按下键盘按

键、移动鼠标指针、改变窗口大小等都属于事件。在示例 8-1 中，用户单击"点我!"按钮的动作就是一个事件。

5. 事件响应

事件响应是指程序对触发的事件做出反应。当事件发生时，程序会执行与之关联的代码，以完成特定的任务或操作。在示例 8-1 中，当单击按钮的事件被触发时，事件响应是程序弹出一个消息框。

6. 绑定

绑定是将事件与事件响应关联起来的过程。在 GUI 编程中，开发者需要告诉程序当某个事件发生时应该执行哪些操作，这通过绑定来实现。绑定可以是隐式的，如通过控件的特定参数指定，也可以是显式的，如调用 bind() 方法。在示例 8-1 中，按钮 button1 的单击事件与 button_click() 函数就是在创建按钮对象时通过 command 参数隐式绑定的。

7. 回调函数

回调函数是一种常用的编程技术，它是指把函数 A 作为实参传递给另一个函数 B，然后函数 A 只在特定事件发生或特定条件满足时，才会被程序自动调用、执行的情况，其中的函数 A 即回调函数。在 GUI 编程中，当某个事件发生时，与之绑定的函数自动执行，就是回调的一种应用场景。在示例 8-1 中，button_click() 是一个回调函数。

8.2　tkinter 布局

在构建 GUI 应用时，布局模式的选择对于实现整洁、美观且易于使用的界面至关重要。tkinter 提供 pack、grid 和 place 这 3 种主要的布局模式。每种布局模式都有其独特的特点和适用场景，本节将详细介绍这 3 种布局模式。

8.2.1　pack 布局模式

pack 布局模式是一种简单的布局方式，按照组件添加到容器中的顺序进行布局，适用于少量组件或简单布局的情况，应对复杂布局时可能不够灵活。要使用该布局，可调用控件对象的 pack() 方法，通过设置参数调整组件的位置和大小。表 8-1 列出了 pack 布局模式的常用参数及其说明。

表 8-1　pack 布局模式的常用参数及其说明

参数	说明
side	指定组件在其父容器中的位置。默认值为 tk.TOP，表示将组件放置在父容器的顶部，其他可选值包括 tk.BOTTOM（底部）、tk.LEFT（左侧）和 tk.RIGHT（右侧）
expand	控制组件是否随父容器的大小变化而自动扩展。默认值为 False，表示不进行扩展。如果设置为 True，则组件会随着父容器的大小变化而自动扩展，此时 side 参数失效，使用 fill 参数指定拉伸方向
fill	控制组件在父容器中的填充方式。默认值为 None，表示不进行填充。可选值包括 tk.X（水平填充）、tk.Y（垂直填充）和 tk.BOTH（水平和垂直填充）
padx、pady	分别设置组件边框与父容器之间的水平和垂直间距，默认值为 0
ipadx、ipady	分别设置组件边框和组件内容之间的水平和垂直间距，默认值为 0
anchor	控制组件在父容器中的对齐方式。默认值为 tk.CENTER，表示居中对齐。其他可选值包括 tk.N（上对齐）、tk.S（下对齐）、tk.E（右对齐）和 tk.W（左对齐）

当 side 取 TOP 或 BOTTOM 时，组件占据整行，后加入的组件只能依次排在它的下方/上方，组

件可向行方向扩展；当 side 取 RIGHT 或 LEFT 时，组件占据整列，后加入的组件只能依次排在它的左方/右方，组件可向列方向扩展。

示例 8-2 使用 pack()布局多个按钮，展示了 side、expand、fill 参数的使用方法，运行结果如图 8-3 所示。

【示例 8-2】使用 pack()布局多个按钮。

```
1.   import tkinter as tk
2.   import tkinter.ttk as ttk
3.
4.   # 创建主窗口
5.   main_win = tk.Tk()
6.   main_win.title('pack 布局窗口')  # 设置窗口标题
7.   button_A = ttk.Button(main_win, text='A')
8.   button_B = ttk.Button(main_win, text='B')
9.   button_C = ttk.Button(main_win, text='C')
10.  button_D = ttk.Button(main_win, text='D')
11.  button_E = ttk.Button(main_win, text='E')
12.  button_F = ttk.Button(main_win, text='F')
13.  button_G = ttk.Button(main_win, text='G')
14.  button_H = ttk.Button(main_win, text='H')
15.
16.  # 使用 pack 布局控件
17.  button_A.pack(expand=True, fill=tk.BOTH)
18.  button_B.pack(expand=True, fill=tk.BOTH)
19.  button_C.pack(side=tk.LEFT, expand=True, fill=tk.BOTH)
20.  button_D.pack(side=tk.LEFT, expand=True, fill=tk.BOTH)
21.  button_E.pack(side=tk.TOP, expand=True, fill=tk.Y)
22.  button_F.pack(side=tk.TOP, expand=True, fill=tk.Y)
23.  button_G.pack(side=tk.RIGHT, expand=True)
24.  button_H.pack(side=tk.RIGHT, expand=True)
25.
26.  # 运行主循环
27.  main_win.mainloop()
```

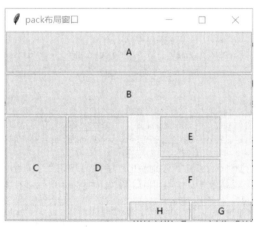

图 8-3　示例 8-2 的运行结果

8.2.2　grid 布局模式

grid 布局模式（网格布局）将容器控件划分为一张二维表格，以行和列标定网格，每个控件都可以放置在指定的网格中，适用于结构化、布局规整对齐的程序界面。要使用该布局，可调用控件对象的 grid()方法，表 8-2 列出了 grid 布局模式的常用参数及其说明。

表 8-2   grid 布局模式的常用参数及其说明

参数	说明
row	指定控件要放置的行的索引，从 0 开始，自上至下递增
column	指定控件要放置的列的索引，从 0 开始，自左向右递增
rowspan、columnspan	分别设置控件跨越的行数和列数，实现合并单元格的效果
padx、pady	分别设置控件与其所在网格边界之间的水平距离、垂直距离
sticky	指定控件填充网格空白区域的方式，可以是 N（上）、S（下）、E（右）、W（左）或它们的组合

示例 8-3 使用 grid 布局模式实现了常见的登录窗口。本例除了基本的 grid 布局设置之外，还使用了 Tk 对象的 grid_columnconfigure()函数，设置当窗口缩放时，grid 布局的第 2 列和第 3 列随之缩放的比例，同时配合 grid()函数的 sticky 参数，设置位于这两列的控件（包括用户名文本框、密码文本框、登录按钮和注册按钮）在左、右方向上跟随网格一起变化。运行结果如图 8-4 所示。

【示例 8-3】使用 grid 布局模式实现常见的登录窗口。

```
1.   import tkinter as tk
2.   import tkinter.ttk as ttk
3.
4.   main_win = tk.Tk()  # 创建主窗口
5.   main_win.title('grid 布局窗口')  # 设置窗口标题
6.   main_win.grid_columnconfigure(1,weight=1)  # 第 2 列缩放比为 1
7.   main_win.grid_columnconfigure(2,weight=1)  # 第 3 列缩放比为 1
8.
9.   # 创建控件
10.  label_user_name = ttk.Label(main_win, text='用户名：')
11.  label_password = ttk.Label(main_win, text='密码：')
12.  entry_user_name = ttk.Entry(main_win)
13.  entry_password = ttk.Entry(main_win)
14.  button_login = ttk.Button(main_win, text='登录', width=4)
15.  button_regist = ttk.Button(main_win, text='注册', width=4)
16.
17.  # 使用 grid 布局控件
18.  label_user_name.grid(row=0, column=0, padx=(10, 0), pady=(10, 0))
19.  entry_user_name.grid(row=0, column=1, columnspan=2, padx=(0, 10), pady=(10, 0),
     sticky=tk.W+tk.E)
20.  label_password.grid(row=1, column=0, padx=(10, 0), pady=(10, 0))
21.  entry_password.grid(row=1, column=1, columnspan=2, padx=(0, 10), pady=(10, 0),
     sticky=tk.W+tk.E)
22.  button_login.grid(row=2, column=1, padx=(0, 10), pady=(10, 10), sticky=tk.W+tk.E)
23.  button_regist.grid(row=2, column=2, padx=(0, 10), pady=(10, 10), sticky=tk.W+tk.E)
24.
25.  # 运行主循环
26.  main_win.mainloop()
```

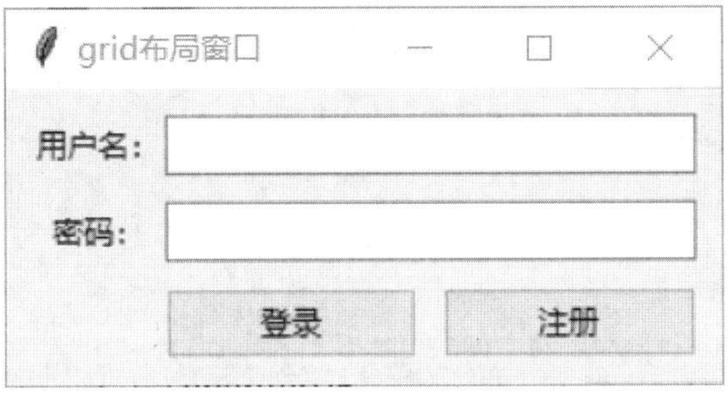

图 8-4　示例 8-3 的运行结果

8.2.3　place 布局模式

与 pack 和 grid 布局模式相比，place 布局模式提供了更高的自由度，能够精确控制控件的位置和大小，适合需要精确控制控件位置的场景，尤其是复杂的用户界面。由于需要手动计算坐标，place 布局模式可能不如其他布局模式直观、易于维护。要使用该布局模式，可调用控件对象的 place() 方法，表 8-3 列出了 place 布局模式的常用参数及其说明。

表 8-3 place 布局模式的常用参数及其说明

参数	说明
x、y	当进行绝对定位时，place 布局模式使用 x 和 y 参数指定控件在其父容器中的确切位置。x 表示水平位置坐标，y 表示垂直位置坐标，(x, y)通常相对于父容器左上角的位置(0, 0)定位
relx、rely	当进行相对定位时，place 布局模式使用 relx 和 rely 指定控件相对于父容器的百分比位置
width、height	分别用于调整控件的宽度和高度
anchor	设置控件锚点，即控件的位置是相对于其边界框的哪个部分确定的，可接受的值包括 CENTER（中心）、N（顶部）、S（底部）、W（左侧）、E（右侧）、NW（左上角）、NE（右上角）、SW（左下角）、SE（右下角）

示例 8-4 使用 place 布局模式实现了常见的搜索界面，运行结果如图 8-5 所示。在本例中，另外使用了 PhotoImage 组件，用于加载图片。创建 Label 控件时指定 image 参数的值为该组件，即可创建一个只显示图片的 Label。

【示例 8-4】使用 place 布局模式实现常见的搜索界面。

```
1.   import tkinter as tk
2.   import tkinter.ttk as ttk
3.   from tkinter import PhotoImage
4.
5.   main_win = tk.Tk()  # 创建主窗口
6.   main_win.title('place 布局窗口')  # 设置窗口标题
7.   main_win.geometry('300x100')  # 设置窗口大小：宽度 x 高度
8.
9.   # 创建 PhotoImage 对象，加载图片
10.  image_path = 'search_16.png'
11.  photo = PhotoImage(file=image_path)
12.
13.  # 创建一个 Label 显示图片
14.  search_label = ttk.Label(main_win, image=photo)
15.
16.  # 创建一个 Entry 控件
17.  search_entry = ttk.Entry(main_win)
```

```
18.
19.    # 创建一个 Button 控件
20.    search_btn = ttk.Button(main_win, text='搜索')
21.
22.    # 设置 3 个控件的位置和大小
23.    # search_label 的左上角在主窗口的(50, 20)位置
24.    search_label.place(x=50, y=20)
25.    # search_entry 的左上角在主窗口的(76, 20)位置，控件宽度为 174 像素
26.    search_entry.place(x=76, y=20, width=174)
27.    # search_entry 左侧垂直方向的中心点在主窗口的(200, 80)位置
28.    search_btn.place(x=200, y=80, anchor=tk.W)
29.
30.    # 运行主循环
31.    main_win.mainloop()
```

图 8-5　示例 8-4 的运行结果

8.3　事件绑定

tkinter 库能为某个控件对象绑定事件与处理函数，也可以为某个控件类的所有对象绑定同一事件，以及为窗口中所有控件绑定同一事件，本节主要介绍第一种类型——为单个控件对象绑定事件的方法。

8.3.1　隐式绑定

tkinter 库中隐式绑定通常是通过控件的构造函数或设置方法实现的，部分控件（如菜单、功能按钮、滑动条等）在创建对象时可以指定 command 参数为函数的名字，该函数会隐式地绑定到该控件默认的事件上。

示例 8-5 展示了 Button 控件隐式绑定单击事件处理函数的方法。如图 8-6 所示，当"隐式绑定"按钮被单击时，程序会自动调用 on_btn_click()函数，修改下面按钮的文字。

【示例 8-5】Button 控件隐式绑定单击事件处理函数。

```
1.    def on_btn_click():
2.        btn2.config(text='单击了上面的按钮！')
3.
4.    # 创建主窗口
5.    main_win = tk.Tk()
6.    main_win.title('隐式绑定')
7.
8.    btn1 = ttk.Button(main_win, text='隐式绑定', command=on_btn_click)
9.    btn1.pack(padx=20, pady=30)
```

```
10.    btn2 = ttk.Button(main_win, text='文本会改变')
11.    btn2.pack(padx=20, pady=30)
12.
13.    main_win.mainloop()
```

图 8-6　示例 8-5 单击"隐式绑定"按钮的运行结果

8.3.2　显式绑定

显式绑定是指通过控件对象的 bind()方法指定事件及其响应函数，调用语法为：

```
控件对象.bind(event, func)
```

其中，event 是具体的事件，是一个字符串，func 是响应函数的名字。当 event 事件被触发时，程序会自动调用函数 func。

tkinter 库的事件包括用户交互事件和控件虚拟事件。用户交互事件是指用户交互动作直接触发的事件，例如单击鼠标左键、双击鼠标左键、按下键盘按键等，这类事件使用单尖括号对"<>"表示；控件虚拟事件不依赖于用户的实际操作，可以通过代码触发，例如 Text 控件的剪切事件、复制事件、粘贴事件，Notebook 控件的选项卡切换事件等，这类事件使用双尖括号对"<< >>"表示。

示例 8-6 展示了 bind()方法的使用，Button 控件绑定了"右键单击"事件<Button-3>，Combobox 控件绑定了虚拟事件<<ComboboxSelected>>，该事件在下拉列表中的某个元素被选择时触发。程序运行后，使用鼠标右键单击按钮的运行结果如图 8-7 所示，在 Combobox 控件中选择"西瓜"选项的运行结果如图 8-8 所示。

【示例 8-6】bind()方法显式绑定事件。

```
1.     import tkinter as tk
2.     import tkinter.ttk as ttk
3.     from tkinter import messagebox
4.
5.     def on_btn_right_click(event):
6.         messagebox.showinfo('消息', '使用鼠标右键单击按钮')
7.
8.     def on_combo_selected(event):
9.         # 消息框显示 Combobox 控件的选项
10.        messagebox.showinfo('消息', combo.get())
11.
12.    # 创建主窗口
13.    main_win = tk.Tk()
14.    main_win.title('显式绑定')
15.
```

```
16.   btn = ttk.Button(main_win, text='显式绑定，使用鼠标右键单击')
17.   btn.bind('<Button-3>', on_btn_right_click)
18.   btn.pack(padx=10, pady=10)
19.
20.   combo = ttk.Combobox(main_win, values=('西瓜', '番茄', '柚子'))
21.   combo.bind('<<ComboboxSelected>>', on_combo_selected)
22.   combo.pack(padx=10, pady=10)
23.
24.   main_win.mainloop()
```

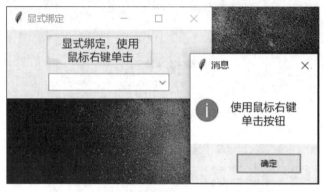

图 8-7　示例 8-6 使用鼠标右键单击按钮的运行结果

图 8-8　示例 8-6 在 Combobox 控件中选择"西瓜"选项的运行结果

8.4　tkinter 库常用控件

　　控件是构建图形用户界面的基本元素，tkinter 模块和 ttk 模块都提供了一系列控件，但它们之间存在一些差别。tkinter 模块的控件是 tkinter 库的基础组件，提供了基本的功能和外观。由于这些控件的外观样式较为有限，在不同操作系统上的表现可能会有所差异，导致跨平台一致性较差。

　　相比之下，ttk 模块基于 tkinter 模块，提供了一组更加现代化和可定制的控件，并且在不同操作系统上能够保持相似的风格，从而提高了跨平台的一致性。ttk 模块提供的 18 种控件中，有 12 种在 tkinter 模块中已经包含，分别是 Label、Entry、Button、Checkbutton、Frame、LabelFrame、Menubutton、PanedWindow、Radiobutton、Scale、Scrollbar 和 Spinbox。新增的 6 种为 Combobox、Notebook、Progressbar、Separator、Sizegrip 和 Treeview。此外，ttk 控件还支持通过 Style 对象进行样式设置，使得界面的定制更加灵活和强大。

本节介绍 tkinter 库的主要控件及其基本用法。

8.4.1　Label 控件

Label 控件是 ttk 模块中的一个基本组件，用于在屏幕上显示文本或图像，其外观如字体、颜色、背景色等可通过相应的属性定制。示例 8-7 展示了 Label 控件的创建、外观属性设置、图片显示等，运行结果如图 8-9 所示。

【示例 8-7】Label 控件基本使用。

```
1.   import tkinter as tk
2.   import tkinter.ttk as ttk
3.   from tkinter import PhotoImage
4.
5.   # 创建主窗口
6.   main_win = tk.Tk()
7.   main_win.title('tkinter.ttk Label 示例')
8.
9.   # 创建文本 Label
10.  label = ttk.Label(main_win, text='Hello, Python!')
11.  # 设置 Label 控件的属性
12.  label.configure(font=('Arial', 16),
13.             foreground='blue',
14.             background='lightgrey')
15.
16.  # 创建 PhotoImage 对象，加载图片
17.  image_path = 'logo.png'
18.  photo = PhotoImage(file=image_path)
19.  # 创建图片 Label
20.  label_img = ttk.Label(main_win, image=photo)
21.
22.  # 使用 pack 布局 Label 控件
23.  label.pack(pady=20, padx=20)
24.  label_img.pack()
25.
26.  # 运行主循环
27.  main_win.mainloop()
```

图 8-9　示例 8-7 的运行结果

8.4.2　Entry 控件

ttk 模块的 Entry 控件为用户提供一个单行的文本输入框，允许用户在其中输入字符串，如名字、

地址、手机号等，在需要用户输入文本信息的场景中非常有用。

Entry 控件提供基本的属性和方法，用于设置和获取输入框中的文本内容。例如使用 insert()方法可以将文本插入指定位置，使用 delete()方法可以删除指定位置的文本内容，使用 get()方法可以获取文本框内的文本内容等。

示例 8-8 创建了两个文本框 A 和 B，以及一个按钮，当单击按钮时，文本框 B 中将显示文本框 A 中的内容。单击按钮后的运行结果如图 8-10 所示。

【示例 8-8】Entry 控件基本使用方法。

```
1.   import tkinter as tk
2.   import tkinter.ttk as ttk
3.   # 单击 "复制" 按钮后的处理函数
4.   def copy_btn_click():
5.       # 清空文本框 B 中的内容
6.       entry_B.delete(0)
7.       # 从最开始的位置插入文本框 A 的内容
8.       entry_B.insert(0, '从 A 复制: ' + entry_A.get())
9.
10.  # 创建主窗口
11.  main_win = tk.Tk()
12.  main_win.title('tkinter.ttk Entry 示例')
13.
14.  # 创建控件
15.  entry_A = ttk.Entry(main_win)
16.  entry_B = ttk.Entry(main_win)
17.  copy_btn = ttk.Button(main_win, text='复制', command=copy_btn_click)
18.
19.  # 使用 pack 布局控件
20.  entry_A.pack(padx=10, pady=10)
21.  entry_B.pack(padx=10, pady=10)
22.  copy_btn.pack(padx=10, pady=10)
23.
24.  # 运行主循环
25.  main_win.mainloop()
```

图 8-10　示例 8-8 单击按钮后的运行结果

此外，Entry 控件还可以绑定一个 StringVar 类型的对象，通过该对象的 get()和 set()方法改变文本框的内容。示例 8-9 展示了通过绑定 StringVar 对象修改文本框内容的方法，单击按钮后，修改了 StringVar 对象的值，绑定了该对象的文本框自动修改显示内容，运行结果如图 8-11 所示。

【示例 8-9】Entry 控件绑定 StringVar 对象修改文本框内容。

```
1.   import tkinter as tk
2.   import tkinter.ttk as ttk
```

```
3.
4.    # 单击"复制"按钮后的处理函数
5.    def copy_btn_click():
6.        entry_var.set('单击了复制按钮')
7.
8.    # 创建主窗口
9.    main_win = tk.Tk()
10.   main_win.title('Entry 绑定 StringVar 示例')
11.
12.   entry_var = tk.StringVar()   # 创建 StringVar 对象
13.   entry = ttk.Entry(main_win, textvariable=entry_var)   # 绑定 entry_var
14.   copy_btn = ttk.Button(main_win, text='复制', command=copy_btn_click)
15.
16.   # 使用 pack 布局控件
17.   entry.pack(padx=10, pady=10)
18.   copy_btn.pack(padx=10, pady=10)
19.
20.   # 运行主循环
21.   main_win.mainloop()
```

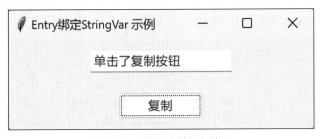

图 8-11　示例 8-9 的运行结果

8.4.3　Text 控件

Text 控件是 tkinter 模块中功能强大的文本编辑控件，支持多行输入和文本格式化，适合需要显示和编辑大量文本的场景，例如代码编辑器、文本处理工具等。

除了基本的文件编辑功能，如选取文本、删除文本、插入文本等，Text 控件还提供了丰富的属性定制接口，例如设置鼠标指针悬停在编辑框内时的样式、设置编辑框有无焦点时的样式、为不同类别文字设置不同样式等。

示例 8-10 展示了 Text 控件显示格式化文本的应用。程序第 22～35 行按古诗的标题、作者、内容创建了 3 个标签，以及每个标签对应的字体风格，然后通过 text 对象的 tag_config()方法，将标签关联到控件上。当使用 text 对象的 insert()方法插入文本内容时，第 1 个参数 tk.END 是一个特殊的索引，表示 Text 控件中文本的末尾位置，使用 tk.END 可以确保新插入的内容总是出现在当前文本的最后面，第 2 个参数是要插入的内容，第 3 个参数指明使用哪个标签样式。程序第 42～46 行将一张图片插入编辑框，这需要借助 PIL 库打开图片并将图片数据转存在 PhotoImage 类型的对象 photo 中，然后通过 text 对象的 image_create()方法将图片插入末尾，运行结果如图 8-12 所示。

【示例 8-10】Text 控件显示格式化文本。

```
1.    import tkinter as tk
2.    from tkinter import font
3.    from PIL import Image, ImageTk
```

181

```
4.
5.    # 创建主窗口
6.    main_win = tk.Tk()
7.    main_win.title('tkinter Text 显示格式化文本')
8.
9.    # 创建 Text 控件，当鼠标指针悬停在该控件上时变为 "pencil" 样式
10.   text = tk.Text(main_win, cursor='pencil')
11.
12.   # 古诗内容
13.   title = '静夜思'
14.   author = '        [唐]李白'
15.   content = '''
16.   床前明月光,
17.   疑是地上霜。
18.   举头望明月,
19.   低头思故乡。
20.   '''
21.
22.   # 定义不同样式的标签
23.   tag_title = 'title'
24.   tag_author = 'author'
25.   tag_content = 'content'
26.
27.   # 配置标签样式
28.   title_font = font.Font(family='楷体', size=48, weight='bold')
29.   author_font = font.Font(family='宋体', size=24, slant='italic')
30.   content_font = font.Font(family='楷体', size=32)
31.
32.   # 应用标签样式到 Text 控件
33.   text.tag_config(tag_title, font=title_font)
34.   text.tag_config(tag_author, font=author_font)
35.   text.tag_config(tag_content, font=content_font)
36.
37.   # 插入古诗标题、作者和正文, 并应用相应的标签样式
38.   text.insert(tk.END, title + '\n', tag_title)
39.   text.insert(tk.END, author + '\n', tag_author)
40.   text.insert(tk.END, content, tag_content)
41.
42.   # 使用 PIL 库加载图片
43.   image_path = '李白.jpg'
44.   image = Image.open(image_path)
45.   photo = ImageTk.PhotoImage(image)
46.   text.image_create(tk.END, image=photo)
47.
48.   # 使用 pack 布局控件
49.   text.pack(side=tk.LEFT, fill='both', expand=True)
50.
51.   # 运行主循环
52.   main_win.mainloop()
```

图 8-12　示例 8-10 的运行结果

8.4.4　Button 控件

　　ttk 模块的 Button 控件允许用户在单击时执行特定的操作或函数，支持通过设置样式自定义按钮的外观，例如改变前景色、背景色、字体和大小等属性。

　　示例 8-11 结合 8.4.3 小节中的 Text 控件，实现了一个文本编辑器基本的剪切、复制、粘贴、撤销功能。如图 8-13 所示，程序创建了 4 个按钮，程序第 6～22 行定义了用于处理这 4 个按钮单击事件的响应函数，第 32～35 行代码在创建按钮控件时，通过 command 参数将响应函数与对应的按钮进行绑定，在响应函数内部，通过调用 Text 控件的内置方法实现具体的编辑功能，如调用 edit_undo() 方法实现"撤销"，调用 event_generate() 方法产生虚拟事件实现"剪切"和"复制"。

　　Text 控件的撤销功能默认是禁用状态，所以第 28 行创建 Text 控件时，将 undo 参数置为 True，打开撤销功能；height 和 width 参数以字符为单位，分别用于指定控件的高度和宽度。

　　【示例 8-11】Button 控件的使用。

```
1.   import tkinter as tk
2.   import tkinter.ttk as ttk
3.   from tkinter import font
4.
5.   # 利用 Text 控件内置的方法处理"剪切"功能
6.   def cut():
7.       text.event_generate('<<Cut>>')
8.
9.   # 利用 Text 控件内置的方法处理"复制"功能
10.  def copy():
11.      text.event_generate('<<Copy>>')
12.
13.  # 利用 Text 控件内置的方法处理"粘贴"功能
14.  def paste():
15.      text.event_generate('<<Paste>>')
16.
17.  # 利用 Text 控件内置的方法处理"撤销"功能
18.  def undo():
19.      try:
```

```
20.        text.edit_undo()
21.    except tk.TclError:
22.        print('无先前动作需要撤销！')
23.
24. # 创建主窗口
25. main_win = tk.Tk()
26. main_win.title('tkinter.ttk Button 示例')
27.
28. text = tk.Text(main_win, undo=True, height=10, width=32)  # 创建 Text 控件
29. text_font = font.Font(family='楷体', size=16)  # 设置编辑区的字体
30. text.configure(font=text_font)  # 关联字体
31. # 创建按钮，并关联单击事件处理函数
32. cut_bt = ttk.Button(main_win, text='剪切', command=cut)
33. copy_bt = ttk.Button(main_win, text='复制', command=copy)
34. paste_bt = ttk.Button(main_win, text='粘贴', command=paste)
35. undo_bt = ttk.Button(main_win, text='撤销', command=undo)
36.
37. # 使用grid布局控件
38. cut_bt.grid(row=0, column=0, padx=(10, 0))
39. copy_bt.grid(row=1, column=0, padx=(10, 0))
40. paste_bt.grid(row=2, column=0, padx=(10, 0))
41. undo_bt.grid(row=3, column=0, padx=(10, 0))
42. text.grid(row=0, column=1, rowspan=4, padx=(10, 10), pady=(10, 10))
43.
44. # 运行主循环
45. main_win.mainloop()
```

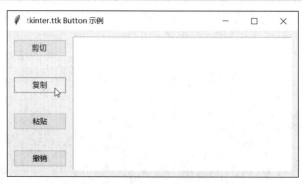

图 8-13　示例 8-11 的运行结果

8.4.5　Checkbutton 控件

ttk 模块的 Checkbutton 控件用于在 GUI 中创建复选框，允许用户从多个选项中选择一个或多个选项。Checkbutton 控件支持外观定制，如设置文本颜色、背景颜色、字体样式等，也支持绑定事件处理函数，以便在用户勾选复选框时执行特定的操作。

示例 8-12 模拟了一个注册窗口，需要用户勾选同意相关协议复选框，使用 Checkbutton 控件实现该复选框。程序第 21～27 行首先创建了一个 BooleanVar 类型的对象 check_var，并在创建 Checkbutton 控件时通过 variable 参数将控件和 check_var 绑定，之后通过 check_var.get()和 check_var.set()获取和设置复选框的状态。当单击"注册"按钮时，程序将获取复选框的状态，并根据状态决定是否显示"未勾选协议"的提示信息，运行结果如图 8-14 所示。

【示例 8-12】Checkbutton 控件的使用。

```
1.   import tkinter as tk
2.   import tkinter.ttk as ttk
3.   from tkinter import messagebox
4.
5.   # 处理"注册"按钮的单击事件
6.   def regist():
7.       value = check_var.get()  # 若勾选返回 True, 否则返回 False
8.       message = '已勾选协议' if value else '未勾选协议'
9.       messagebox.showinfo('消息', message)
10.
11.  # 创建主窗口
12.  main_win = tk.Tk()
13.  main_win.title('tkinter.ttk Checkbutton 示例')
14.
15.  # 创建输入框, 设置文字颜色模拟 placeholder 效果
16.  text_user = ttk.Entry(main_win, foreground='grey')
17.  text_user.insert(0, 'user')
18.  text_password = ttk.Entry(main_win, foreground='grey')
19.  text_password.insert(0, 'password')
20.
21.  # 创建一个 BooleanVar 变量, 并设置其初始值为 False (表示未勾选)
22.  check_var = tk.BooleanVar(value=False)
23.  # 创建 CheckButton 控件, 并将它和 check_var 绑定
24.  # 可通过 check_var 设置/获取复选框状态
25.  checkbutton = ttk.Checkbutton(main_win,
26.                               text='同意《服务条款》和《隐私政策》',
27.                               variable=check_var)
28.
29.  # 创建按钮, 关联单击事件处理函数 regist()
30.  regist_btn = ttk.Button(main_win, text='注册', command=regist)
31.
32.  # 使用 pack 布局控件
33.  text_user.pack(pady=10)
34.  text_password.pack(pady=10)
35.  checkbutton.pack(pady=10)
36.  regist_btn.pack(pady=10)
37.
38.  # 运行主循环
39.  main_win.mainloop()
```

图 8-14　示例 8-12 的运行结果

185

8.4.6 Radiobutton 控件

ttk 模块的 Radiobutton 控件用于在 GUI 中创建单选按钮，允许用户从多个选项中选择一个选项，一旦选中后，其他同组的单选按钮将被自动取消选中。通常提供同类型选项的多个 Radiobutton 控件归为一组，它们各自显示的文本不同，但都关联至同一个变量和事件处理函数，确保同组的单选按钮行为一致。当用户选择不同的按钮时，关联变量的值将更新为所选按钮对应的值。

示例 8-13 模拟了调查问卷中常见的单选题，程序第 17~28 行首先创建了一个 StringVar 类型的对象 radio_var，然后创建了 3 个单选按钮，通过 variable 参数将 radio_var 和 3 个单选按钮关联，之后 radio_var 的值即被选中的单选按钮的 value。如果 radio_var 的值改变，程序会找到其值对应的单选按钮，自动更新界面上同组单选按钮的选中状态。运行结果如图 8-15 所示，当选中"水蜜桃"单选按钮时，会弹出消息框显示用户的选择。

【示例 8-13】Radiobutton 控件的使用。

```
1.   import tkinter as tk
2.   import tkinter.ttk as ttk
3.   from tkinter import messagebox
4.
5.   # 处理单选按钮的单击事件
6.   def on_radiobutton_selected():
7.       selected_value = radio_var.get()
8.       messagebox.showinfo('您的选择', selected_value)
9.
10.  # 创建主窗口
11.  main_win = tk.Tk()
12.  main_win.title('tkinter.ttk Radiobutton 示例')
13.
14.  # 创建 Label 控件
15.  label = ttk.Label(main_win, text='10、下列水果中，您最喜欢的是？')
16.
17.  # 创建一个 StringVar 变量，用于关联单选按钮组
18.  # 初始值是 value 为"草莓"的单选按钮
19.  radio_var = tk.StringVar(value='草莓')
20.  # 创建单选按钮组
21.  # 关联同一个变量 radio_var
22.  # 关联同一个单击事件处理函数 on_radiobutton_selected
23.  rb1 = ttk.Radiobutton(main_win, text='草莓', variable=radio_var,
24.                    value='草莓', command=on_radiobutton_selected)
25.  rb2 = ttk.Radiobutton(main_win, text='水蜜桃', variable=radio_var,
26.                    value='水蜜桃', command=on_radiobutton_selected)
27.  rb3 = ttk.Radiobutton(main_win, text='柑橘', variable=radio_var,
28.                    value='柑橘', command=on_radiobutton_selected)
29.
30.  # 使用 pack 布局控件
31.  label.pack(padx=5, pady=5, anchor=tk.W)
32.  rb1.pack(padx=5, pady=5, anchor=tk.W)
33.  rb2.pack(padx=5, pady=5, anchor=tk.W)
34.  rb3.pack(padx=5, pady=5, anchor=tk.W)
35.
```

```
36.   # 运行主循环
37.   main_win.mainloop()
```

图 8-15　示例 8-13 的运行结果

8.4.7　Listbox 控件

tkinter 模块的 Listbox 控件用于在 GUI 中创建一个列表框，用户可以通过这个列表框查看或选择一个或多个列表项。Listbox 控件提供了灵活的接口用于处理选项数据，例如使用 insert() 和 delete() 方法可以插入和删除选项，使用 curselection() 和 selection_set() 方法可以获取当前所有选中项的索引和设置当前选中项，使用 get() 方法可以获取当前选中项的内容等。

Listbox 控件默认一次只选择一个选项，若需要同时选择多个选项，可以在创建 Listbox 控件时指定 selectmode 参数为 tk.MULTIPLE。此外，Listbox 控件支持绑定事件处理函数，如选择事件，以便在用户选择不同项目时执行特定的操作。

示例 8-14 模拟了文本编辑器中切换文本字体的功能，如图 8-16 所示，左侧的 Listbox 控件中列出了系统当前已经安装的所有字体，当选择其中的某个字体时，右侧的 Text 控件中将使用该字体作为样式，插入一行新的内容。程序第 27～33 行首先创建了一个 Listbox 控件，接着通过 for 循环调用 Listbox 控件的 insert() 方法，将所有字体名称字符串插入 Listbox 控件，然后调用 bind() 方法将事件"<<ListboxSelect>>"与函数 on_select() 绑定，当选择 Listbox 控件中的某个选项时，程序会自动调用 on_select() 函数处理。

在 on_select() 函数中，首先调用 Listbox 控件的 curselection() 方法获取所有选中项的索引，由于 Listbox 控件支持多选，该函数的返回值是一个元组，当控件处于单选模式时，元组中至多只有一个元素。在当前有选项被选中的情况下，selected[0] 为唯一被选中选项的索引，通过该索引可以获取对应选项的字体名称，接着检查以该字体名命名的标签是否已经存在，如果不存在则创建新标签名并关联到 Text 控件，最后用字体名对应的标签样式插入新内容。

【示例 8-14】Listbox 控件的使用。

```
1.    import tkinter as tk
2.    from tkinter import font
3.
4.    # 处理字体列表框的 item 被选中事件
5.    def on_select(event):
6.        # 所选取项目的索引，selected 是一个元组，元素为所有被选中项的索引
7.        selected = font_listbox.curselection()
8.        if selected:
9.            # 本例为单选模式，所以只需获取 selected 的第一个元素
10.           sel_font = font_listbox.get(selected[0])
```

187

```
11.        # 若以字体名为名的 tag 不在 Text 控件的 tag 中，则加入以字体名命名的新 tag
12.        if sel_font not in text.tag_names():
13.            tag_new = sel_font
14.            new_font = font.Font(family=sel_font)
15.            text.tag_config(tag_new, font=new_font)
16.        # 使用以该字体名为名的 tag 样式插入新内容
17.        text.insert(tk.END, f'选择了新字体{sel_font}\n', sel_font)
18.
19.    # 创建主窗口
20.    main_win = tk.Tk()
21.    main_win.title('tkinter Listbox 示例')
22.
23.    # 获取系统所有字体
24.    fonts = font.families()
25.    fonts = sorted(fonts)
26.
27.    # 创建 Listbox 控件
28.    font_listbox = tk.Listbox(main_win, width=30)
29.    # 添加选项，使用 tk.END 每次在末尾添加新选项
30.    for item in fonts:
31.        font_listbox.insert(tk.END, item)
32.    # 将 "选中选项事件" 与处理函数 on_select 绑定
33.    font_listbox.bind('<<ListboxSelect>>', on_select)
34.
35.    # 创建 Text 控件
36.    text = tk.Text(main_win)
37.    text.insert(tk.END, '这是默认字体\n\n')
38.
39.    # 使用 pack 布局控件
40.    font_listbox.pack(side=tk.LEFT, padx=5, pady=5, fill=tk.BOTH)
41.    text.pack(side=tk.RIGHT, padx=5, pady=5)
42.
43.    # 运行主循环
44.    main_win.mainloop()
```

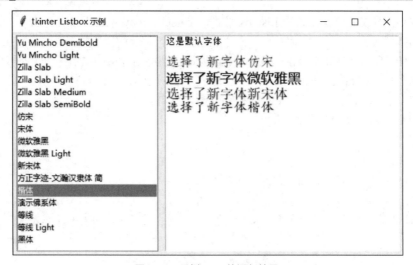

图 8-16 示例 8-14 的运行结果

8.4.8 Scale 控件

ttk 模块的 Scale 控件是一种滑动条控件，允许用户通过滑块设置一个数字值，特别适合在特定范围内选择一个值时使用，例如评价等级、分数等。Scale 控件支持设置滑块的最大值、最小值、水平或垂直放置、绑定变量等参数，也支持事件绑定。

示例 8-15 模拟了操作系统中的音量控制面板，如图 8-17 所示，Scale 控件提供一个滑块，该控件和其后 Label 控件产生联动效果，当用户左右拖动滑块时，滑块位置对应的音量值由其后的 Label 控件显示。程序第 22～23 行创建了 Scale 控件，参数 from_ 和 to 分别用于设置滑动范围的起始值和结束值，内部以浮点数表示；参数 orient 用于设置控件水平或垂直放置；参数 length 用于设置控件总体的长度；以像素为单位；参数 command 用于关联滑块滑动事件的处理函数。

程序第 25～27 行创建显示滑块当前位置值的 Label 控件，并将该控件与 StringVar 类型的变量 volume_var 关联，通过修改 volume_var 的值，可自动更新 GUI 上 Label 控件显示的文本。在滑块滑动事件处理函数 on_scale_change()中，参数 event 由系统自动传入，它是以字符串类型表示的滑块位置值，因此先转为 float 类型取整数部分，再转为字符串传递给 Label 控件显示，运行结果如图 8-17 所示。

【示例 8-15】Scale 控件的使用。

```
1.   import tkinter as tk
2.   import tkinter.ttk as ttk
3.   from PIL.ImageTk import PhotoImage
4.
5.   # 处理滑块滑动事件
6.   # 获取滑块的位置值，转换为整数后，再转为字符串，传递给显示音量值的控件
7.   def on_scale_change(event):
8.       current = int(float(event))
9.       volume_var.set(str(current))
10.
11.  # 创建主窗口
12.  main_win = tk.Tk()
13.  main_win.title('扬声器(Realtek(R) Audio)')
14.
15.  # 创建 PhotoImage 对象，加载图片
16.  image_path = '音量_16.png'
17.  photo = PhotoImage(file=image_path)
18.  # 创建图片 Label
19.  volume_img = ttk.Label(main_win, image=photo)
20.
21.  # 创建 Scale 控件，并设置其属性
22.  volume_scale = ttk.Scale(main_win, from_=0, to=100, orient='horizontal',
23.                   length=200, command=on_scale_change)
24.
25.  # 创建 Label 控件显示当前音量
26.  volume_var = tk.StringVar()
27.  volume_var.set('0')
28.  volume_label = ttk.Label(main_win, textvariable=volume_var)
29.
30.  # 使用pack布局控件
31.  volume_img.pack(side=tk.LEFT, padx=10, pady=10)
32.  volume_scale.pack(side=tk.LEFT, padx=10, pady=10)
```

```
33.  volume_label.pack(side=tk.LEFT, padx=10, pady=10)
34.
35.  # 运行主循环
36.  main_win.mainloop()
```

图 8-17　示例 8-15 的运行结果

8.4.9　Menu 控件

菜单是 GUI 程序与用户进行交互的重要组件，它将一系列功能或命令进行分组，每个分组可以包含多个功能。常见的菜单类型有顶层菜单、下拉式菜单、弹出式菜单，其中顶层菜单通常位于窗口顶部，提供程序所有功能的入口；下拉式菜单通常与某个按钮或控件相关联，当用户单击该按钮或控件时显示；弹出式菜单通常在用户使用鼠标右键单击某个区域时弹出，提供一组在当前上下文中的快捷命令或选项。

tkinter 库提供的菜单类控件有 tkinter 模块的 Menu 和 Menubutton、ttk 模块的 Menubutton 和 OptionMenu 等，本节主要介绍 Menu。

Menu 控件提供了丰富的接口，用以创建不同样式的菜单和设置不同的菜单风格，表 8-4 列出了一些常用的方法及说明。

表 8-4　Menu 控件常用的方法及说明

方法	说明
add_cascade()	当某个菜单项的作用是引出子菜单时，可调用该方法进行关联，通过 menu 参数指定关联的子菜单
add_command()	向菜单对象中添加菜单项。如果菜单对象被指定为窗口的顶层菜单，菜单项按照添加顺序从左至右排列；如果菜单对象作为子菜单或弹出式菜单，菜单项按照添加顺序从上至下排列。主要的参数如下。 ● label：设置菜单项的文本 ● command：设置菜单项单击事件关联的处理函数 ● accelerator：设置菜单项的快捷键 ● underline：设置下画线的位置
add_radiobutton()	向菜单对象中添加 radiobutton 类型的菜单项
add_checkbutton()	向菜单对象中添加 checkbutton 类型的菜单项
add_separator()	向菜单对象中添加一条分割线

示例 8-16 使用 Menu 控件模拟 Windows 操作系统中记事本的顶层菜单，两个菜单效果分别如图 8-18 和图 8-19 所示。程序第 11～14 行创建了一个 Menu 对象 menu_bar，通过主窗口对象的 config() 方法将该菜单设置为窗口的顶层菜单；程序第 16～19 行分别创建了两个 Menu 对象，分别作为"文件"和"格式"两个菜单项的子菜单，它们的父容器都是 menu_bar，tearoff 为 False 表示该菜单不能独立于主程序窗口出现，activebackground 和 activeforeground 分别用于设置鼠标指针悬停在菜单项上时，菜单项的背景色和前景色，参数 selectcolor 对 radiobutton 和 checkbutton 类型的菜单项有效，指定了这类菜单被选中时，前面的"√"的颜色。由于"文件"和"格式"两个菜单项的具体功能都由其子菜单提供，因此调用 menu_bar 对象的 add_cascade() 方法加入顶层菜单，程序第 24～38 行

用于向"文件""格式"菜单中添加多个菜单项。

【示例 8-16】使用 Menu 控件实现顶层菜单。

```python
1.   import tkinter as tk
2.
3.   # 处理"文件"-"退出"菜单项的单击事件
4.   def on_exit():
5.       main_win.quit()
6.
7.   # 创建主窗口
8.   main_win = tk.Tk()
9.   main_win.title('无标题 - 记事本')
10.
11.  # 创建一个菜单对象，此时菜单里是空的
12.  menu_bar = tk.Menu(main_win)
13.  # 将该菜单设置为窗口的顶层菜单
14.  main_win.config(menu=menu_bar)
15.
16.  # 创建"文件"菜单
17.  file_menu = tk.Menu(menu_bar, tearoff=False, activebackground='#91C9F7',
     activeforeground='#000000')
18.  # 创建"格式"菜单
19.  format_menu = tk.Menu(menu_bar, tearoff=False, activebackground='#91C9F7',
     activeforeground='#000000', selectcolor='red')
20.  # 在顶层菜单中加入"文件"和"格式"菜单
21.  menu_bar.add_cascade(label='文件', menu=file_menu)
22.  menu_bar.add_cascade(label='格式', menu=format_menu)
23.
24.  # 向"文件"菜单中添加菜单项
25.  file_menu.add_command(label='新建', accelerator='Ctrl+N')
26.  file_menu.add_command(label='新窗口', accelerator='Ctrl+Shift+N')
27.  file_menu.add_command(label='打开', accelerator='Ctrl+O')
28.  file_menu.add_command(label='保存', accelerator='Ctrl+S')
29.  file_menu.add_command(label='另存为', accelerator='Ctrl+Shift+S')
30.  file_menu.add_separator()
31.  file_menu.add_command(label='页码设置')
32.  file_menu.add_command(label='打印', accelerator='Ctrl+P')
33.  file_menu.add_separator()
34.  file_menu.add_command(label='退出', command=on_exit)
35.
36.  # 向"格式"菜单中添加菜单项
37.  format_menu.add_checkbutton(label='自动换行')
38.  format_menu.add_command(label='字体')
39.
40.  # 运行主循环
41.  main_win.mainloop()
```

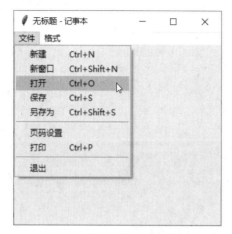

图 8-18　示例 8-16 文件菜单效果

图 8-19　示例 8-16 格式菜单效果

示例 8-17 使用 Menu 对象让 Text 控件支持弹出式菜单，运行结果如图 8-20 所示，在编辑窗口中手动输入一段测试文本，选中其中的"菜单"二字后，单击鼠标右键可调出菜单测试功能。程序第 25～30 行构建了一个菜单对象 pop_menu 并添加菜单项。在 Text 控件绑定的鼠标右键单击事件处理函数 popup()中，调用 pop_menu 对象的 post()方法，它接收 x 坐标和 y 坐标两个参数，在(x,y)处弹出菜单。

【示例 8-17】使用 Menu 控件实现弹出式菜单。

```
1.   import tkinter as tk
2.   from tkinter import font
3.
4.   # 处理 Text 控件内的鼠标右键单击事件
5.   def popup(event):
6.       # 在单击位置上打开弹出式菜单
7.       pop_menu.post(event.x_root, event.y_root)
8.
9.   # 利用 Text 控件内置的方法处理"剪切"功能
10.  def cut():
11.      text.event_generate('<<Cut>>')
12.
13.  # 利用 Text 控件内置的方法处理"复制"功能
14.  def copy():
15.      text.event_generate('<<Copy>>')
16.
17.  # 利用 Text 控件内置的方法处理"粘贴"功能
18.  def paste():
19.      text.event_generate('<<Paste>>')
20.
21.  # 创建主窗口
22.  main_win = tk.Tk()
23.  main_win.title('无标题 - 记事本')
24.
25.  # 创建一个菜单对象
26.  pop_menu = tk.Menu(main_win, tearoff=False)
27.  # 向菜单中添加菜单项
28.  pop_menu.add_command(label='剪切', command=cut)
29.  pop_menu.add_command(label='复制', command=copy)
```

```
30.    pop_menu.add_command(label='粘贴', command=paste)
31.
32.    # 创建 Text 控件
33.    text = tk.Text(main_win, undo=True, height=10, width=32)
34.    text_font = font.Font(size=16)  # 设置编辑区的字体
35.    text.configure(font=text_font)  # 关联字体
36.    # 使用 Text 控件绑定鼠标右键单击事件和事件处理函数 popup()
37.    text.bind('<Button-3>', popup)
38.
39.    # 使用pack 布局控件
40.    text.pack(padx=10, pady=10)
41.
42.    # 运行主循环
43.    main_win.mainloop()
```

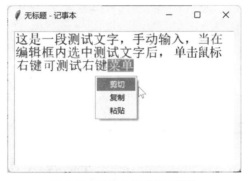

图 8-20　示例 8-17 的运行结果

8.4.10　Frame 控件

ttk 模块的 Frame 控件用于在程序窗口上创建一个矩形区域作为容器，将其他控件放置在 Frame 中可以实现有效的组织和管理，使界面布局更加整洁、有序，在布局复杂的情况下尤其有用。Frame 控件支持自定义其外观和行为，例如设置背景色、边框样式、边框宽度等。

示例 8-18 使用 Frame 控件将窗口分成"标题区""侧栏区""主内容区"，每个区域中放置一个 Label 控件，运行结果如图 8-21 所示。程序第 8~11 行创建了上、左、右 3 个 Frame 控件，第 13~16 行创建了 3 个 Label 控件，在构建 Label 对象时，第 1 个参数指定了不同的 Frame 作为父容器，就能使 3 个 Label 分别位于指定的 Frame 中。

【示例 8-18】Frame 控件的使用。

```
1.     import tkinter as tk
2.     import tkinter.ttk as ttk
3.
4.     # 创建主窗口
5.     main_win = tk.Tk()
6.     main_win.title('tkinter.ttk Frame 示例')
7.
8.     # 创建 3 个 ttk.Frame, 分别作为标题区、侧边栏和主内容区
9.     top_frame = ttk.Frame(main_win, borderwidth=2, relief=tk.RAISED)
10.    left_frame = ttk.Frame(main_win, borderwidth=2, relief=tk.RAISED)
11.    right_frame = ttk.Frame(main_win, borderwidth=2, relief=tk.RAISED)
12.
```

```
13.  # 在标题区、侧边栏和主内容区中添加小部件
14.  title_label = ttk.Label(top_frame, text='标题区', background='blue',
     foreground='white', anchor=tk.CENTER)
15.  sidebar_label = ttk.Label(left_frame, text='侧边栏', background='red',
     foreground='white', anchor=tk.CENTER)
16.  content_label = ttk.Label(right_frame, text='主内容区', background='green',
     foreground='white', anchor=tk.CENTER)
17.
18.  # 使用 pack 布局 Frame 控件
19.  top_frame.pack(fill=tk.X)
20.  left_frame.pack(side=tk.LEFT, fill=tk.BOTH)
21.  right_frame.pack(side=tk.RIGHT, expand=True, fill=tk.BOTH)
22.
23.  # 使用 pack 布局 Frame 中的小部件
24.  title_label.pack(fill=tk.X, expand=True, padx=10, pady=10)
25.  sidebar_label.pack(anchor=tk.NW, expand=True, fill=tk.BOTH, padx=10, pady=10)
26.  content_label.pack(anchor=tk.NW, expand=True, fill=tk.BOTH, padx=10, pady=10)
27.
28.  # 运行主循环
29.  main_win.mainloop()
```

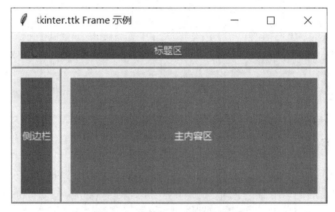

图 8-21　示例 8-18 的运行结果

8.4.11　Treeview 控件

ttk 模块的 Treeview 控件用于显示层级结构的数据，能够以树结构或表结构呈现数据，每个数据项都有一个文本标签、一个可选的图片和一个可选的数据值列表。

Treeview 控件中的每个项称为"节点"，节点可以是叶节点（没有子节点的节点）或内部节点（有子节点的节点），每个节点都由一个唯一 ID 引用。Treeview 控件会自动创建一个不显示的根节点，其 ID 为空字符串，可以用作添加第一级节点的父节点。

Treeview 控件提供接口对节点进行管理以及事件绑定，例如使用 insert()方法可以插入节点，使用 delete()方法可以删除节点，使用 item()方法可以查询或修改某个节点的属性，使用 next()方法可以返回指定节点的下一个相邻节点等。此外，Treeview 控件也提供了丰富的配置选项，能够定制树的外观，例如设置节点标签的前景色、背景色、字体等。

示例 8-19 使用 Treeview 控件显示树结构数据，运行结果如图 8-22 所示。程序第 16 行创建了一个 Treeview 控件，参数 show 为"tree"表示使用树结构；程序第 18～26 行调用 insert()方法插入节点，第 1 个参数为父节点的 iid，若插入的节点是根节点则传入空字符串，第 2 个参数指定节点插入

的位置，0 表示插入当前级别的最开始位置，tk.END 表示插入当前级别的最末位置，第 3 个参数是节点的 iid，默认为 None，不传入则由控件分配，参数 text 用于指定节点的文本。

　　第 29 行代码将 Treeview 控件选中项发生变化的事件绑定到处理函数 on_select()，该函数首先通过 focus()方法得到当前选中项的 ID，然后调用 item()方法从 ID 得到节点的详细信息。这是一个字典结构，取其中"text"的内容更新到 Label 控件关联的变量值，使 GUI 自动更新 Label 的文本。

　　【示例 8-19】使用 Treeview 控件显示树结构数据。

```
1.   import tkinter as tk
2.   import tkinter.ttk as ttk
3.
4.   # 处理 Treeview 选中节点变化事件
5.   # 获取当前焦点节点 iid，通过 iid 获取该节点的详细信息，取节点文本设置给 Label
6.   def on_select(event):
7.       iid = tree.focus()
8.       node = tree.item(iid)
9.       volume_var.set(f'当前选中：{node['text']}')
10.
11.  # 创建主窗口
12.  main_win = tk.Tk()
13.  main_win.title('Treeview 显示部门结构')
14.
15.  # 创建 Treeview 控件，以树结构显示（无标题行）
16.  tree = ttk.Treeview(main_win, show='tree')
17.
18.  # 插入节点
19.  root = tree.insert('', 0, text='总经理')
20.  production = tree.insert(root, tk.END, text='生产部')
21.  marketing = tree.insert(root, tk.END, text='市场部')
22.  technology = tree.insert(root, tk.END, text='技术部')
23.  finance = tree.insert(root, tk.END, text='财务部')
24.  tree.insert(finance, tk.END, text='财务计划')
25.  tree.insert(finance, tk.END, text='会计核算')
26.  tree.insert(finance, tk.END, text='收支活动')
27.
28.  # 绑定选项发生变化时的事件处理函数
29.  tree.bind('<<TreeviewSelect>>', on_select)
30.
31.  # 创建 Label 显示所选信息
32.  volume_var = tk.StringVar()
33.  volume_var.set('开始')
34.  volume_label = ttk.Label(main_win, textvariable=volume_var)
35.
36.  # 使用 pack 布局控件
37.  tree.pack(padx=10, pady=10)
38.  volume_label.pack(padx=10, pady=10)
39.
40.  # 运行主循环
41.  main_win.mainloop()
```

图 8-22   示例 8-19 的运行结果

示例 8-20 展示了使用 Treeview 控件显示表结构数据。程序第 9 ~ 12 行创建 Treeview 对象时，指定了参数 columns，其值是一个元组，一个元素代表一列；参数 show 有 3 种取值，字符串'tree'表示使用树结构，'headings'表示使用表结构，'tree headings'则表示将树与表结合，可以在表格中展开或收起节点；参数 displaycolumns 用于设置要展示的列，"#all"表示显示所有列，运行结果如图 8-23 所示。

【示例 8-20】使用 Treeview 控件显示表结构数据。

```
1.   import tkinter as tk
2.   import tkinter.ttk as ttk
3.
4.   # 创建主窗口
5.   main_win = tk.Tk()
6.   main_win.title('Treeview 显示表结构')
7.
8.   # 创建树控件，columns 参数中一个元素代表一列
9.   tree = ttk.Treeview(main_win,
10.                 columns=('stuID', 'name', 'major', 'class'),
11.                 show='headings',  # 使用表结构
12.                 displaycolumns='#all')  # 显示所有列
13.  # 设置每列的标题
14.  tree.heading('stuID', text='学号')
15.  tree.heading('name', text='姓名')
16.  tree.heading('major', text='专业')
17.  tree.heading('class', text='年级班')
18.  # 设置列属性
19.  tree.column('stuID', width=100, anchor='center')
20.  tree.column('name', width=100, anchor='center')
21.  tree.column('major', width=100, anchor='center')
22.  tree.column('class', width=100, anchor='center')
23.
24.  # 插入数据
25.  tree.insert('', tk.END, values=('12191001', '李梅梅', '软件工程', '2301'))
26.  tree.insert('', tk.END, values=('12191052', '王圆', '软件工程', '2302'))
27.  tree.insert('', tk.END, values=('12181003', '张一', '物联网', '2201'))
28.
29.  # 使用 pack 布局控件
30.  tree.pack(fill=tk.BOTH, expand=True, padx=10, pady=10)
31.
```

```
32.    # 运行主循环
33.    main_win.mainloop()
```

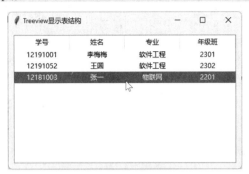

图 8-23　示例 8-20 的运行结果

8.4.12　Combobox 控件

　　ttk 模块的 Combobox 控件由一个输入框和一个下拉列表组成，用户不仅可以通过下拉列表选择选项，还可以在输入框中直接编辑或输入文本，既有下拉列表的方便性，又有输入框的灵活性。

　　Combobox 控件是 Entry 控件的子类，因此继承了 Entry 控件的 delete()、insert()等方法，另外提供 get()、set()、current()方法实现控件值的基本操作，当用户从下拉列表中选择某个选项时，可以绑定事件"<<ComboboxSelected>>"进行处理。

　　示例 8-21 展示了 Combobox 的使用方法，程序第 20～22 行创建 Combobox 控件时，参数 values 指定了一个元组，每个元素都是 Combobox 下拉列表中的选项，然后通过 bind()方法将按"Enter"键事件绑定到函数 on_return()进行处理。

　　在处理函数 on_return()中，期望的行为是当输入内容不为空且不在当前下拉列表中时，将输入内容添加到下拉列表中。由于 Combobox 控件的 values 属性是一个元组，所以应先将现有列表项和输入内容合并到一个 list 对象中，再传递给 values 属性，最后清空输入框中的内容。

　　程序运行后下拉列表的初始内容如图 8-24 所示，当在输入框中输入"HTML"并按"Enter"键后，"HTML"将加入下拉列表的末尾，结果如图 8-25 所示。

　　【示例 8-21】Combobox 基本使用。

```
1.    import tkinter as tk
2.    import tkinter.ttk as ttk
3.
4.    # 处理 Combobox 的按"Enter"键事件
5.    def on_return(event):
6.        val = combo.get()   # 获取 Entry 框中输入的文本
7.        # 如果 val 不为空且不在 Combobox 的下拉列表中，将 val 加入下拉列表
8.        if val != '' and val not in combo['values']:
9.            items = list(combo['values'])
10.           items.append(val)
11.           combo['values'] = tuple(items)
12.           combo.delete(0, tk.END)   # 清空输入框中的内容
13.       else:
14.           combo.set(val)
15.
16.    # 创建主窗口
17.    main_win = tk.Tk()
18.    main_win.title('tkinter.ttk Combobox 示例')
```

```
19.
20.  # 创建 Combobox 控件
21.  combo = ttk.Combobox(main_win,
22.                       values=('C++', 'C', 'JavaScript', 'Python', 'Java'))
23.  # 绑定输入框按 "Enter" 键事件
24.  combo.bind('<Return>', on_return)
25.
26.  # 使用 pack 布局控件
27.  combo.pack(fill=tk.BOTH, expand=True, padx=10, pady=10)
28.
29.  # 运行主循环
30.  main_win.mainloop()
```

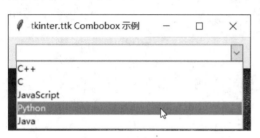

图 8-24　示例 8-21 下拉列表的初始内容

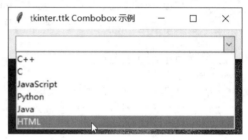

图 8-25　示例 8-21 在输入框中输入 "HTML" 并按 "Enter"
键后的结果

8.4.13　Notebook 控件

ttk 模块的 Notebook 控件是一个多选项卡的容器控件，选择不同的选项卡，可以看到不同的子控件内容。Notebook 控件提供对选项卡的基本管理功能，如增加、插入、隐藏、选中等，也支持各种定制选项提升用户体验。

当用户选择一个新选项卡之后，控件会生成一条 "<<NotebookTabChanged>>" 虚拟事件，可以在此事件的响应函数中处理选项卡切换时的逻辑。

示例 8-22 使用 Notebook 控件实现了在多个选项卡中编辑不同文本内容的界面。程序第 57～63 行首先初始化了两个用于记录全局资源的变量，字典 images 保存选项卡使用的不同图标对象，变量 total 记录本次运行期间已经创建的选项卡数量，以便更好地命名选项卡标题；第 65～79 行代码用于创建主窗口的顶层菜单，并将 "文件" 菜单中的 "新建" 菜单项关联至 create_text_tab() 函数，该函数用于新建一个选项卡，即每当选择 "新建" 菜单项时，都会新建一个选项卡；第 81～89 行代码用于配置 Notebook 控件，首先创建了一个 Notebook 控件对象 notebook，它绑定了双击鼠标左键事件，并关联至 notebook_double_click() 函数进行处理，然后调用 create_text_tab() 函数创建选项卡，所以程序运行后会有一个选项卡存在，启动初始界面如图 8-26 所示。

当在 Notebook 控件的选项卡上双击时，notebook_double_click() 函数将被调用。在该函数中，首先调用 notebook 对象的 index() 方法得到被选中的选项卡的索引，要求传入选项卡的 ID。Notebook 控件支持多种表示选项卡 ID 的方式，其中 "@(x,y)" 是以坐标位置唯一标识一个选项卡。得到选项卡 ID 后，继续调用 notebook 对象的 tab() 方法，获取对应的选项卡信息，参数 option 可以指定具体获取哪个属性，第 45 行代码表示获取被双击的选项卡的标题文本。最后程序弹出一个带有 "确定" 和 "取消" 按钮的消息框，如图 8-27 所示，询问是否确定关闭，只有单击 "确定" 按钮才会关闭该选项卡。

在添加新选项卡的函数 create_text_tab() 中，新选项卡以一个 Frame 对象作为顶层容器，其他控件将在这个 Frame 中布局。第 29 行代码在 Frame 中创建了一个 Text 控件，如第 33～38 行代码所示，将变量 total 加 1 后，调用 notebook 对象的 add()方法，将 Frame 对象添加到新选项卡中，参数 text 指定新选项卡标题文本，参数 image 指定标题中的图标，参数 compound 指定当文本和图标同时使用时，图标在文本的哪个方位。多次选择"新建"菜单项，效果如图 8-28 所示。

选项卡中的 Text 控件绑定了"Ctrl+S"组合键，如第 30 行代码所示，当编辑框获取焦点时按 "Ctrl+S"组合键，程序会调用函数 on_save()处理。该函数中调用了 tkinter 提供的文件对话框，如第 11~15 行代码所示，函数 filedialog.asksaveasfilename()将打开一个询问保存路径的对话框，参数 title 指定窗口标题，参数 initialdir 指定默认保存路径，参数 filetypes 限定文件保存类型，参数 defaultextension 指定文件名的默认后缀，该函数返回文件保存的完整路径，当该路径不为空时才获取文件名部分。最后通过 notebook 对象的 select()方法得到当前活动选项卡的 ID，再根据 ID 调用 tab() 方法，用保存后的文件名替换默认的选项卡标题，同时也将表示"未保存"的红色图标换成表示"已保存"的蓝色图标。注意，本例并没有真正实现将数据保存到磁盘的功能。保存对话框和保存后的效果分别如图 8-29 和图 8-30 所示。

【示例 8-22】Notebook 控件的基本使用。

```
1.   import os.path
2.   import tkinter as tk
3.   import tkinter.ttk as ttk
4.   from tkinter import filedialog, messagebox
5.
6.   # 处理 Text 控件响应"Ctrl+S"组合键事件
7.   # 并未真正实现内容保存，仅获取了保存的文件名
8.   def on_save(event):
9.       # 准备一个"保存"窗口
10.      file_type_filter = (('文本文件', '*.txt'),)
11.      full_path = filedialog.asksaveasfilename(
12.          title='保存',
13.          initialdir='C:/Users/',
14.          filetypes=file_type_filter,
15.          defaultextension='.txt')
16.      if file_path != '':
17.          # 获取完整保存路径中的文件名
18.          file_name = os.path.basename(full_path)
19.          # 获取当前选中的选项卡 ID
20.          tab_id = notebook.select()
21.          # 当前选项卡的标题显示保存后的文件名，图标更换为蓝色图标
22.          notebook.tab(tab_id, text=file_name, image=images['tab_save'])
23.
24.  # 为传入的 Notebook 控件添加一个带有 Text 控件的 Frame
25.  def create_text_tab():
26.      global total
27.
28.      frame = ttk.Frame(notebook)   # 创建一个 Frame 作为选项卡的顶层子容器
29.      text = tk.Text(frame)   # 在 Frame 中创建一个 Text 控件
30.      text.bind('<Control-s>', on_save)   # 使用 Text 控件绑定响应按"Ctrl+S"组合键的处理函数
31.      text.pack(fill='both', expand=True)   # 在 Frame 中布局 Text 控件
32.
33.      total += 1   # 当前 Tab 计数加 1
34.      # 将 Frame 添加到 Notebook 中
35.      notebook.add(frame,
```

199

```
36.                          text=f'无标题文档 - {total}',  # 设置新选项卡的标题
37.                          image=images['tab_unsave'],  # 新文档使用红色图标
38.                          compound=tk.LEFT)  # 选项卡的图标放在文字左侧
39.
40.  # 处理双击 Notebook 选项卡事件
41.  def notebook_double_click(event):
42.      # 根据双击位置获取选项卡 ID
43.      tab_id = notebook.index(f'@{event.x}, {event.y}')
44.      # 获取该选项卡的标题
45.      text = notebook.tab(tab_id, option='text')
46.      # 询问是否继续关闭
47.      ret = messagebox.askokcancel(title='询问',
48.                                   message=f'确定关闭 {text} 吗? ')
49.      # 确定则关闭该选项卡
50.      if ret == tk.YES:
51.          notebook.forget(tab_id)
52.
53.  # 创建主窗口
54.  main_win = tk.Tk()
55.  main_win.title('tkinter.ttk Notebook 示例')
56.
57.  # 全局图片字典
58.  images = {'tab_unsave': tk.PhotoImage(file='保存_16_red.png'),
59.            'tab_save': tk.PhotoImage(file='保存_16_blue.png'),
60.            }
61.
62.  # 选项卡计数
63.  total = 0
64.
65.  # 创建一个菜单对象，此时菜单里是空的
66.  menu_bar = tk.Menu(main_win)
67.  # 将该菜单设置为窗口的顶层菜单
68.  main_win.config(menu=menu_bar)
69.
70.  # 创建 "文件" 菜单
71.  file_menu = tk.Menu(menu_bar, tearoff=False, activebackground='#91C9F7', activeforeground='#000000')
72.  # 在顶层菜单加入 "文件"
73.  menu_bar.add_cascade(label='文件', menu=file_menu)
74.
75.  # 向 "文件" 菜单中添加菜单项
76.  # 选择 "新建" 菜单项会在 Notebook 控件中新创建一个选项卡
77.  file_menu.add_command(label='新建',
78.                        accelerator='Ctrl+N',
79.                        command=create_text_tab)
80.
81.  # 创建一个 Notebook 控件
82.  notebook = ttk.Notebook(main_win)
83.  notebook.bind("<Double-Button-1>", notebook_double_click)
84.
85.  # 创建一个带有文本编辑框的选项卡
```

```
86.   create_text_tab()
87.
88.   # 使用 pack 布局控件
89.   notebook.pack(fill=tk.BOTH, expand=True, padx=10, pady=10)
90.
91.   # 运行主循环
92.   main_win.mainloop()
```

图 8-26　示例 8-22 启动初始界面

图 8-27　示例 8-22 弹出的消息框

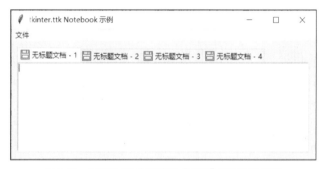

图 8-28　示例 8-22 多次选择"新建"菜单项的效果

图 8-29　示例 8-22 的保存对话框

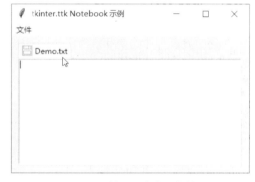

图 8-30　示例 8-22 保存后的效果

【实战 8-1】tkinter 综合运用：制作图片标注工具

【需求描述】

随着大数据和人工智能技术的快速发展，图像识别和处理技术逐渐成为众多领域的研究热点。

在这些领域中，图片标注是一项至关重要的工作。图片标注通常涉及对图片中的物体、场景、动作等进行详细的描述和分类，这些标注数据不仅可以用于训练机器学习模型，还可以作为数据集供研究人员分析研究。由于图片标注通常数据量庞大、内容多样，一个易于使用的图片标注工具是这项工作不可或缺的帮手。

本实战实现的图片标注工具需要具备以下功能。

1. 待标注数据的浏览和选择

应采用合理的结构，列出指定目录下的所有图片文件，用户可以选择图片进行标注。

2. 图片展示

应提供图片展示区，展示用户选中的图片，便于用户边观察图片边标注。

3. 标注功能

需提供合适的控件，供用户完成"图片描述"和"目标类别"两种标注任务。

4. 标注信息保存

应支持将用户的标注结果保存到文件中，以便后续使用和分析。

 【实战解析】

本实战涉及的编程要点如下。

1. 自定义窗口类的封装

在较为复杂的用户界面中，大量使用全局变量、全局函数会使代码变得凌乱、不易维护，因此可以从 tk.Tk 类派生自定义窗口类，该类继承 tk.Tk 类的所有属性和方法，同时可以扩展自己的属性和方法，从而设定合理的访问控制，用于界面管理、状态管理和功能实现。

2. 控件的布局与配置

程序涉及 tkinter 库各种控件的使用方法，包括控件的创建、布局以及属性的配置，需要使用 PanedWindow、Frame、LabelFrame 等框架控件实现复杂的控件布局。

3. 事件的绑定与处理

程序要处理控件的交互事件，如按钮单击、树控件选项切换、菜单选择等，需要选择合适的方式为控件绑定事件处理函数。

4. 图片的加载与展示

程序需要根据用户的选择加载图片并展示，这涉及 Canvas 控件与 PIL 库的使用，PIL 库负责读入图片数据，将其转换成 Canvas 控件能够识别的 PhotoImage 对象后，由 Canvas 控件显示。

5. 文件的读写操作

程序需要保存用户的标注结果，用户选择已有标注结果的图片时除了要展示图片之外，还应显示该图片对应的标注结果。文件格式应是 TXT、JSON、XML 等易于解析的规整格式。

 【实战指导】

1. 创建自定义窗口类

从 tkinter 模块的 tk.Tk 类派生自定义窗口类 MainWindow，实现 MainWindow 类的初始化函数，在该函数中调用父类的初始化函数 super().__init__()，对父类进行初始化，注意传入相应的参数。

2. 设计并布局控件

主窗口可以使用 PanedWindow 控件，该控件可以在水平或垂直方向上切分父容器，并在切分后的子窗口之间提供一个可以拖动的手柄，以便调整两侧窗口的大小。子窗口可以继续使用 PanedWindow 控件切分，也可嵌套多个 Frame 控件，实现复杂的控件布局。

可使用两个 PanedWindow 控件，垂直切分主窗口得到"左中右"布局。在左侧子窗口内提供一个 Treeview 控件，列出指定路径下所有图片文件的文件名；中间区域作为图片展示区，提供一个 Canvas 控件，展示用户选中的图片；右侧子窗口为标注区，可提供 Text、Listbox、Combobox、Button 等控件，供用户编写标注、切换图片、保存标注等。

3. 绑定与处理事件

设计控件的功能，并将实现该功能的函数绑定至相应控件上。例如当 Treeview 控件的选择项发生变化时，程序需要获取当前所选图片的完整路径，然后读入图片并在 Canvas 控件中显示，同时检查该图片是否已有标注信息，如果有则要一并载入显示，如果没有，则要还原标注区内控件的状态，以免出现图片已经切换而标注区仍显示上一张图片标注信息的情况。为此可以给 MainWindow 类设计一个实例方法__on_treeview_select()，并将它绑定至 Treeview 控件的虚拟事件"<<TreeviewSelect>>"上。

4. 分解功能与封装函数

有些功能可能与多个控件有关，例如"根据文件路径显示图片"功能，用户单击 Treeview 控件上的图片文件节点时需要，快捷切换图片的按钮也可能用到；又例如"Treeview 控件节点初始化"功能，程序刚启动时需要，中途若用户指定了新的图片数据文件夹，则要重新初始化 Treeview 控件的节点显示等，这些功能都可以封装成函数供其他地方调用。此外有些功能实现起来代码较长，如初始化窗口布局等，可以将其拆分成较小的函数，由多个小函数共同实现。

5. 实现文件操作

设计标注文件的格式以及管理方式，例如可以使一个图片文件对应一个标注文件，统一放在图片所在目录中的"labels"文件夹中。为了便于标注文件的解析和传输，可以采用 JSON 格式，这是一种以字典格式存储数据的文件，利用 Python 内置的 json 模块，可以方便地将 Python 字典对象写入 JSON 文件，或将 JSON 文件内容载入 Python 字典对象。

对于"图片描述"任务，一张图片允许有多条描述，可以在 Text 控件中以行为分隔，遇到换行符就认为是一条描述的结束。

6. 主程序

在主程序部分，创建自定义窗口类 MainWindow 的对象，调用该对象的相关方法初始化界面，然后调用其 mainloop()方法进入主循环。

【参考代码】

```
1.    import configparser
2.    import json
3.    import os
4.    import tkinter as tk
5.    import tkinter.ttk as ttk
6.    from tkinter import filedialog, messagebox, font
7.    from PIL import Image, ImageTk
8.
9.    class MainWindow(tk.Tk):
10.     def __init__(self, screenName=None, baseName=None, className='Tk',
11.              useTk=True, sync=False, use=None):
12.       super().__init__(screenName, baseName, className, useTk, sync, use)
13.       self.__photo = None  # 保存当前载入的图片数据
```

```
14.
15.        # 使用配置文件保存当前的工作目录（即图片数据所在文件夹）
16.        self.__cfg = configparser.ConfigParser()
17.        self.__cfg.read('label_tool.ini', encoding='utf-8')
18.        self.__workspace_dir = self.__cfg['workspace']['data_dir']
19.
20.     # 公有方法，初始化窗口控件及布局
21.     def init_ui(self):
22.        self.__create_menu()  # 创建菜单
23.        self.__create_main_ui()  # 创建主窗口界面
24.
25.     # 创建菜单
26.     def __create_menu(self):
27.        menu_bar = tk.Menu(self)
28.        self.config(menu=menu_bar)  # 将该菜单设置为窗口的顶层菜单
29.        file_menu = tk.Menu(menu_bar, tearoff=False, activebackground='#91C9F7',
               activeforeground='#000000')
30.        menu_bar.add_cascade(label='文件', menu=file_menu)
31.        file_menu.add_command(label='载入工作区', accelerator='Ctrl+I', command=
               self.__on_reload_workspace_menu)
32.
33.     # 创建主窗口界面
34.     def __create_main_ui(self):
35.        # pane1 将主窗口分为左右两个子窗口
36.        pane1 = tk.PanedWindow(self, orient=tk.HORIZONTAL)
37.        pane1.pack(side=tk.LEFT, fill=tk.BOTH, expand=True, padx=8, pady=8)
38.
39.        # pane1 的左侧子窗口作为工作区，用于显示指定目录下所有图片文件名
40.        # LabelFrame 也是一种容器，其内可以继续布局其他控件
41.        workspace_fm = ttk.LabelFrame(pane1)
42.        pane1.add(workspace_fm)
43.        # pane2 将 pane1 划分的右侧子窗口再分成两个子窗口
44.        pane2 = tk.PanedWindow(pane1, orient=tk.HORIZONTAL)
45.        pane1.add(pane2)
46.
47.        # pane2 的左侧用于展示图片，右侧用于标注
48.        data_fm = ttk.LabelFrame(pane2)
49.        lable_fm = ttk.LabelFrame(pane2)
50.        pane2.add(data_fm)
51.        pane2.add(lable_fm)
52.
53.        workspace_fm['text'] = '工作区'
54.        data_fm['text'] = '图片数据区'
55.        lable_fm['text'] = '标注区'
56.
57.        # 创建右侧标注区内的 Notebook 控件
58.        self.__create_label_notebook(lable_fm)
59.        # 创建左侧工作区内的 Treeview 控件
60.        self.__create_workspace_region(workspace_fm)
61.        # 创建中间图片数据区的 Canvas 控件，并尝试显示指定目录下的第 1 张图
62.        self.__create_image_region(data_fm)
63.
```

```
64.        # 创建左侧工作区里的 Treeview
65.        def __create_workspace_region(self, parent):
66.            self.__tree = ttk.Treeview(parent, show='tree')
67.            # 读取指定目录下的所有图片文件名并显示在 Treeview 上
68.            self.__load_filenames_to_tree(self.__workspace_dir)
69.            # 绑定节点被选择事件
70.            self.__tree.bind('<<TreeviewSelect>>', self.__on_treeview_select)
71.
72.            # 为 Treeview 控件添加垂直滚动条
73.            scrollbar = tk.Scrollbar(parent,
74.                                     orient="vertical",
75.                                     command=self.__tree.yview)
76.            # 设置 Treeview 与滚动条的关联
77.            self.__tree.configure(yscrollcommand=scrollbar.set)
78.            # 布局控件
79.            scrollbar.pack(side='right', fill=tk.Y)
80.            self.__tree.pack(fill=tk.BOTH, expand=True, padx=5, pady=5)
81.
82.        # 创建图片数据区的 Canvas
83.        def __create_image_region(self, parent):
84.            self.__cv = tk.Canvas(parent, bg='white', width=650, height=650)
85.            # 尝试读取指定目录下的第 1 张图片并显示
86.            self.__load_first_picture(self.__tree)
87.            # 布局控件
88.            self.__cv.pack(padx=5, pady=5)
89.            self.__cv.bind("<Button-1>", self.__on_canvas_left_click)
90.            self.__cv.bind("<Button-3>", self.__on_canvas_right_click)
91.
92.        # 创建标注区的 Notebook
93.        def __create_label_notebook(self, parent):
94.            # 标注区内自上而下是一个 Notebook 控件和一行功能按钮
95.            # Notebook 的不同选项卡可以提供不同标注任务支持
96.            # 功能按钮用于快速切换图片、保存标注，对每个选项卡通用
97.            self.__nb = ttk.Notebook(parent)
98.            self.__nb.bind('<<NotebookTabChanged>>',
99.                           self.__on_nb_tab_changed)
100.           self.__nb.pack(fill=tk.BOTH, expand=True, padx=5, pady=5)
101.
102.           # "上一张" "下一张" "保存" 3 个按钮放在同一个子 Frame 中
103.           buttons_fm = ttk.Frame(parent)
104.           buttons_fm.pack(padx=10, pady=10)
105.
106.           prev_btn = ttk.Button(buttons_fm, text='上一张',
107.                                 command=self.__on_previous_img_btn_click)
108.           next_btn = ttk.Button(buttons_fm, text='下一张',
109.                                 command=self.__on_next_img_btn_click)
110.           save_btn = ttk.Button(buttons_fm, text='保存',
111.                                 command=self.__on_save_btn_click)
112.           prev_btn.pack(side=tk.LEFT, padx=5, pady=5)
113.           next_btn.pack(side=tk.LEFT, padx=5, pady=5)
114.           save_btn.pack(side=tk.LEFT, padx=5, pady=5)
115.
```

```
116.        # frame1 是 Tab 内的顶层容器
117.        frame1 = ttk.Frame(self.__nb)
118.        self.__nb.add(frame1, text='图片描述')
119.
120.        # frame1 内自上而下，先是一个 Text 控件
121.        default_font = font.Font(size=24)
122.        self.__text = tk.Text(frame1, height=16)
123.        self.__text.config(font=default_font)
124.        self.__text.pack(fill=tk.BOTH, expand=True)
125.
126.        # Text 控件下面是一个 label 和一个 combox，为了让它们在同一行，
127.        # 将它们放在一个新的 frame2 中，左右布局
128.        # frame2 则在 Text 控件之下
129.        frame2 = ttk.Frame(frame1)
130.        frame2.pack(padx=10, pady=10)
131.
132.        # 依次创建 label 和 combo 并加入 frame2
133.        label = ttk.Label(frame2, text='类别: ')
134.        self.__combo = ttk.Combobox(frame2,
135.                                    values=('猫','狗','马','猴','羊'))
136.        label.pack(side=tk.LEFT, padx=5, pady=5)
137.        self.__combo.pack(padx=5, pady=5)
138.
139. # 将指定目录下.jpg、.png、.bmp 类型的文件名加入 Treeview 中
140. def __load_filenames_to_tree(self, initial_dir):
141.     results = os.listdir(initial_dir)
142.     counter = 0
143.     root = self.__tree.insert('', 0, text=initial_dir, iid=counter)
144.     for r in results:
145.         full_path = os.path.join(initial_dir, r)
146.         if os.path.isfile(full_path):
147.             splits = os.path.splitext(r)
148.             if splits[1].lower() in ('.jpg', '.png', '.bmp'):
149.                 counter += 1
150.                 self.__tree.insert(root, tk.END, text=r, iid=counter)
151.     self.__tree.item(root, open=True)
152.
153. # 加载指定目录下的第 1 张图片
154. def __load_first_picture(self, tree):
155.     root = tree.get_children('')  # 获取 Treeview 的根节点
156.     children = tree.get_children(root)  # 获取根节点的子节点
157.     if len(children) != 0:  # 如果有子节点
158.         idx = int(children[0])  # 取第一个子节点的索引
159.         # 让 Treeview 选择该节点
160.         self.__change_tree_selection_inner(tree, idx)
161.     else:  # 没有子节点
162.         self.__clear_current_work()  # 清空当前图片数据区和标注区内容
163.
164. # 将 "dir+img" 路径的图片读入并放在 Canvas 中显示
165. def __load_img_to_canvas(self, dir, img, cv):
166.     # 打开图片文件并创建 Image 对象
167.     path = os.path.join(dir, img)
```

```
168.        image = Image.open(path)
169.        image = image.resize(size=(650, 650))
170.        # 将 Image 对象转换为 PhotoImage 对象
171.        new_photo = ImageTk.PhotoImage(image)
172.        cv.create_image(0, 0, image=new_photo, anchor=tk.NW, tag='res')
173.        return new_photo
174.
175.    # 将 "dir+img" 路径图片的标注信息载入显示
176.    def __load_label(self, dir, img):
177.        file_name = os.path.splitext(img)
178.        label_path = os.path.join(dir, 'labels', file_name[0] + '.json')
179.        if os.path.exists(label_path):
180.            with open(label_path, 'r', encoding='utf-8') as f:
181.                data = json.load(f)
182.            for l in data['description']:
183.                self.__text.insert(tk.END, l)
184.                self.__text.insert(tk.END, '\n')
185.            self.__combo.set(data['type'])
186.
187.    # 清空 Canvas 显示的图片以及标注区控件中的内容
188.    def __clear_current_work(self):
189.        orgin_img = self.__cv.find_withtag('res')
190.        if orgin_img is not None:
191.            self.__cv.delete(orgin_img)
192.        self.__text.delete(1.0, tk.END)
193.        self.__combo.set('')
194.
195.    #让 Treeview 选择 idx 指定的项
196.    def __change_tree_selection_inner(self, tree, idx):
197.        tree.focus(idx)
198.        tree.selection_set(idx)
199.
200.    # 选择 "文件" - "载入工作区" 菜单项的响应函数
201.    def __on_reload_workspace_menu(self):
202.        if os.path.exists(self.__workspace_dir):
203.            opem_dir = self.__workspace_dir
204.        else:
205.            opem_dir = 'C:/Users/'
206.        choose_dir = filedialog.askdirectory(title='载入',
207.                                            initialdir=opem_dir)
208.        if choose_dir != '' and self.__workspace_dir != choose_dir:
209.            self.__workspace_dir = choose_dir
210.            root_node = self.__tree.get_children('')  # 获取根节点
211.            self.__tree.delete(root_node)  # 删除根节点
212.            # 用新路径初始化资源树
213.            self.__load_filenames_to_tree(self.__workspace_dir)
214.            self.__load_first_picture(self.__tree)  # 加载第 1 张图片
215.            # 保存新选择的工作区
216.            self.__cfg['workspace']['data_dir'] = self.__workspace_dir
217.            with open('label_tool.ini', 'w', encoding='utf-8') as f:
218.                self.__cfg.write(f)
219.
220.    # 响应 Treeview 的 "<<TreeviewSelect>>" 事件
221.    def __on_treeview_select(self, event):
```

```
222.        focus = self.__tree.focus()  # 获取被双击的节点 ID
223.        file_name = self.__tree.item(focus)['text']  # 获取节点的文本
224.        self.__clear_current_work()
225.        self.__photo = self.__load_img_to_canvas(self.__workspace_dir,
226.                                                  file_name,
227.                                                  self.__cv)
228.        self.__load_label(self.__workspace_dir, file_name)
229.
230.    # 单击"上一张"按钮事件处理函数
231.    def __on_previous_img_btn_click(self):
232.        focus = self.__tree.focus()  # 获取当前被选中节点 ID
233.        pre_img = self.__tree.prev(focus)
234.        if pre_img == '':
235.            messagebox.showinfo('消息', '当前已是第一张图片！')
236.        else:
237.            self.__change_tree_selection_inner(self.__tree, pre_img)
238.
239.    # 单击"下一张"按钮事件处理函数
240.    def __on_next_img_btn_click(self):
241.        focus = self.__tree.focus()  # 获取当前被选中节点 ID
242.        next_img = self.__tree.next(focus)
243.        if next_img == '':
244.            messagebox.showinfo('消息', '当前已是最后一张图片！')
245.        else:
246.            self.__change_tree_selection_inner(self.__tree, next_img)
247.
248.    # 单击"保存"按钮事件处理函数
249.    def __on_save_btn_click(self):
250.        # 检查工作区目录下是否有"labels"文件夹，没有则创建
251.        labels_dir = os.path.join(self.__workspace_dir, 'labels')
252.        if not os.path.exists(labels_dir):
253.            os.mkdir(labels_dir)
254.
255.        focus = self.__tree.focus()  # 获取当前被选中节点 ID
256.        file_name = self.__tree.item(focus)['text']  # 获取节点的文本
257.        # 获取图片描述，按行切分成多条
258.        text = self.__text.get(1.0, tk.END)
259.        labels = text.strip('\n').split('\n')
260.        # 获取目标类型
261.        object_type = self.__combo.get()
262.        if object_type == '':
263.            object_type = '无'
264.        # 组装为 JSON 数据
265.        data = {"name": file_name,
266.                "description": labels,
267.                "type": object_type}
268.        # 分离文件名和扩展名，标注文件的名字为"文件名.json"
269.        file_name = os.path.splitext(file_name)
270.        with open(os.path.join(labels_dir, file_name[0] + '.json'),
271.                  'w',
272.                  encoding='utf-8') as f:
273.            json.dump(data, f, ensure_ascii=False, indent=4)
```

```
274.
275. def main():
276.     main_win = MainWindow()  # 创建主窗口
277.     main_win.title('图片标注工具')  # 设置窗口标题
278.     main_win.wm_state('zoomed')  # 程序运行后最大化
279.     main_win.init_ui()  # 初始化界面
280.     main_win.mainloop()  # 开启主循环
281.
282. if __name__ == '__main__':
283.     main()
```

运行参考代码后的主窗口如图 8-31 所示，保存的标注文件内容如图 8-32 所示。

图 8-31　运行参考代码后的主窗口

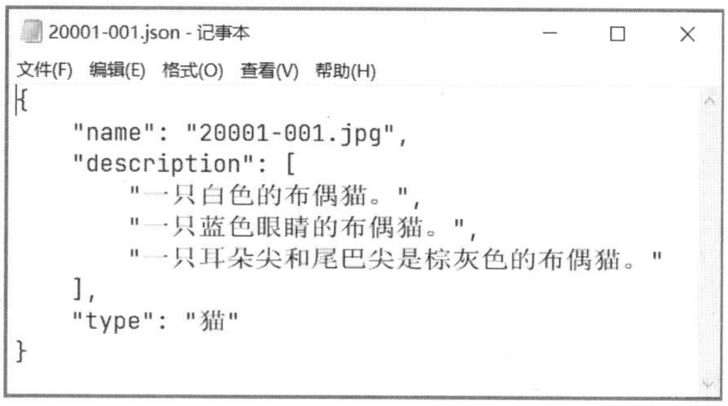

图 8-32　保存的标注文件内容

本章小结与知识导图

本章总结了 Python GUI 编程的基础知识与实践应用，具体涵盖 tkinter 库和 GUI 编程的基本概念、布局模式、事件绑定和常用控件。不同布局模式可以灵活安排控件位置，事件绑定提供了响应用户交互的处理方式，常用控件能够满足小中型 GUI 应用程序构建需求。

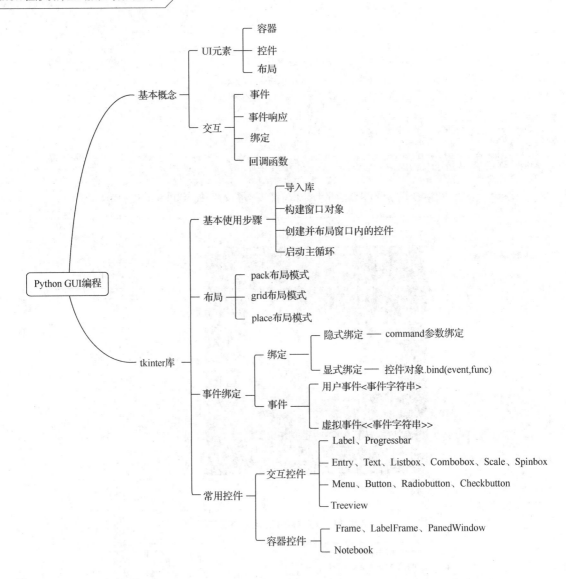

习题

一、选择题

1. 在 Python 中，（　　）是用于创建图形用户界面的标准库。

   A. tkinter　　　　　B. pygame　　　　　C. NumPy　　　　　D. Matplotlib

2. 在 tkinter 库中，用于创建主窗口的类是（　　）。

   A. Window　　　　　B. Tk　　　　　C. GUI　　　　　D. Application

3. 下列布局管理器中，可以让控件按照网格的形式进行排列的是（　　）。

   A. pack　　　　　B. grid　　　　　C. place　　　　　D. layout

4. 在 tkinter 库中，（　　）方法用于绑定一个事件到相应处理函数。

   A. bind　　　　　B. event　　　　　C. attach　　　　　D. connect

5. 在 tkinter 库中，控件（　　）用于显示文本信息。

   A. Label　　　　　B. Button　　　　　C. Entry　　　　　D. Text

6. 如果想让用户输入一些文本，应该使用 tkinter 库中的（　　）控件。

    A. Label　　　　　　　B. Entry　　　　　　　C. Button　　　　　　D. Listbox

7. 在 tkinter 库中，方法（　　）用于启动 GUI 应用程序的事件循环。

    A. run()　　　　　　　B. mainloop()　　　　　C. event_loop()　　　D. start()

8. 当使用 grid 布局管理器时，属性（　　）用于指定控件的列位置。

    A. row　　　　　　　　B. column　　　　　　　C. span　　　　　　　D. index

9. 在 tkinter 库中，改变按钮上显示文本的方法是（　　）。

    A. 使用 text 属性直接赋值

    B. 调用 set_text()方法

    C. 调用 config()方法传入 text 参数

    D. 使用 label 属性进行更改

10. 在 tkinter 库中，想要获取某个按钮被单击的次数，以下做法可行的是（　　）。

    A. 使用按钮的 command 属性绑定一个函数，并在该函数中维护一个计数器

    B. 直接访问按钮的 click_count 属性

    C. 创建一个全局变量，并在按钮 command 属性绑定的函数中递增

    D. 使用按钮的 get_clicks()方法

二、简答题

1. 在 tkinter 库中，如何创建一个简单的窗口并在窗口中显示一条文本内容？

2. 在 tkinter 库中，如何使用 grid 布局管理器安排控件的位置？

三、实践题

1. 创建一个具有基本运算能力的简单计算器，具体需求如下。

（1）提供一个文本输入框，用于显示用户输入的数字和计算结果。

（2）提供数字按钮（0～9）和基本的数学运算按钮（加、减、乘、除）。

（3）实现加、减、乘、除的基本运算功能。

（4）提供一个清除按钮，用于清除当前的输入或计算结果。

（5）提供一个等于按钮，用于执行计算并显示结果。

扩展功能如下。

（1）支持括号以及更复杂的数学表达式计算。

（2）添加一个历史记录功能，记录用户的计算历史。

（3）实现键盘快捷键进行常用操作。

2. 构建一个个人待办事项管理应用，用于添加、删除和标记待办事项，具体需求如下。

（1）主界面包含一个列表框，展示待办事项清单。

（2）提供一个文本输入框，用于输入新的待办事项。

（3）提供“添加”按钮，将输入框中输入的待办事项添加到列表中。

（4）列表中的每个待办事项旁边都有一个“完成”复选框，用于标记事项是否完成。

（5）提供“删除”按钮，用于删除选中的待办事项。

（6）提供“清空”按钮，用于清空所有未完成的待办事项。

扩展功能如下。

（1）支持对待办事项按日期或优先级排序。

（2）实现数据的持久化存储，例如使用文件保存待办事项列表等。

（3）添加分类标签，方便用户对待办事项进行分类管理。

09 第 9 章 Python 数据库编程

导言

数据库技术在各行各业都有广泛的应用，金融系统、保险系统、各类网站、办公自动化系统、网络游戏等都离不开数据库技术的支持。本章将初步探讨数据库编程的基本框架和思路，学习如何使用 sqlite3 模块访问数据库，为后续的进阶学习和项目开发打下坚实的基础。

学习目标

知识目标	● 了解：数据库技术的应用领域 ● 识记：sqlite3 常用 API 的名称 ● 理解：使用 sqlite3 模块开发数据库应用的一般流程 ● 掌握：sqlite3 模块基本 API 的使用方法
能力目标	● 能够用 sqlite3 模块编写简单的数据库应用程序

9.1 sqlite3 编程概述

SQLite3 是一个轻量级的关系数据库，由理查德·希普（Richard Hipp）使用 C 语言开发并将其开源，具有可靠性强、易于使用和部署的优点，广泛应用于嵌入式设备、移动应用开发、小中型桌面应用等领域。sqlite3 模块是 Python 的内置模块，方便开发者在 Python 程序中使用 SQLite3 数据库。本节将介绍 SQLite3 数据库的主要特点，以及使用 sqlite3 模块访问 SQLite3 数据库的基本步骤。

9.1.1 SQLite3 数据库主要特点

SQLite3 作为轻量级的关系数据库，与同类数据库 MySQL、PostgreSQL 等相比，不需要单独的服务器进程，而是将整个数据库存储在一个单一的磁盘文件中，包含一个或多个表、视图、触发器、索引等对象，实现了自给自足、无服务器、零配置、事务性的 SQL 数据库引擎。其主要特点如下。

1. 嵌入式数据库引擎

SQLite3 是一个嵌入式文件数据库，可以直接嵌入应用程序，无须独立的数据库服务器，非常适合处理资源受限环境中对关系数据库的需求，如移动设备或嵌入式系统等。

2. 无服务器架构

SQLite3 数据库存储在文件中，可直接访问文件、操作数据，简化了部署和管理，节省了与服务器通信的开销。

3. 零配置

SQLite3 数据库支持 SQL 进行数据操作，不需要复杂的配置过程，只要在应用程序中包含 SQLite3 库文件，就可以使用数据库。

4. 跨平台

SQLite3 数据库可以在多种操作系统上运行，包括 Windows、Linux、macOS 等。

9.1.2 初识 sqlite3 模块

Python 内置的 sqlite3 模块是对 SQLite3 C 语言接口的封装，使开发者可以方便地在 Python 开发环境下与 SQLite3 数据库交互。sqlite3 模块的主要特性和功能如下。

1. 连接与游标

使用 sqlite3 模块时，首先需要创建一个连接对象，关联到 SQLite3 数据库文件，然后从这个连接对象中获取一个游标对象，用于执行 SQL 命令和获取查询结果。

2. 执行 SQL 命令

通过游标对象可以执行各种 SQL 命令，如创建表（CREATE TABLE）、插入数据（INSERT INTO）、查询数据（SELECT）等。

3. 获取查询结果

可以使用游标对象的 fetchone()、fetchall()或 fetchmany()方法获取查询结果，它们分别用于获取查询结果中的单行、所有行或指定数量的行数据。

4. 事务处理

sqlite3 模块支持事务处理，可以使用游标对象的 commit()方法提交事务，以及 rollback()方法回滚事务。

5. 错误处理

如果执行 SQL 命令时出错，sqlite3 模块会抛出异常，可以使用 try...except 结构捕获和处理这些异常。

6. 数据类型支持

sqlite3 模块支持 SQLite3 的所有数据类型，包括 NULL、INTEGER、REAL、TEXT 和 BLOB。

7. 扩展功能

除了基本的 SQL 操作外，sqlite3 模块还提供了一些扩展功能，如设置隔离级别、获取数据库元数据等。

示例 8-1 展示了使用 sqlite3 模块的基本步骤。内置的 sqlite3 模块导入即可使用，程序第 3 行通过 sqlite3 模块的 connect()函数创建了一个连接对象 connection，关联到 SQLite3 数据库文件 9-1.db，如果当前目录下没有这个文件，则会创建一个同名的空数据库文件。第 5 行代码通过 connection 对象获取了一个游标对象 c，后续执行的 SQL 语句都由该对象的 execute()方法执行，如第 7~12 行创建表指令 CREATE TABLE，第 14~15 行向表中插入数据指令 INSERT INTO。第 16 行代码通过连接对象的 commit()方法，将创建表、插入数据的操作永久写入数据库文件。所有操作完成后，调用 connection 对象的 close()方法关闭数据库连接。

【示例 9-1】sqlite3 模块的基本使用。

```
1.   import sqlite3
2.
```

```
3.    connection = sqlite3.connect('9-1.db')
4.    # 创建一个游标（cursor）对象，调用游标对象的 execute()方法执行 SQL 语句
5.    c = connection.cursor()
6.    print("数据库打开成功")
7.    c.execute('CREATE TABLE company(id INT PRIMARY KEY NOT NULL,'
8.                               'name TEXT NOT NULL,'
9.                               'age INT NOT NULL,'
10.                              'address CHAR(50), '
11.                              'salary REAL);'
12.    )  # 创建表
13.    print("数据表创建成功")
14.    c.execute('INSERT INTO company(id,name,age,address,salary) '
15.                      'VALUES (1, "Paul", 32, "California", 20000 )')
16.    connection.commit()  # 提交事务
17.    c.close()  # 关闭数据库连接
```

9.2　sqlite3 常用 API

sqlite3 模块的 API 提供了创建数据库连接、执行 SQL 语句、获取查询结果以及管理数据库事务等核心功能，方便开发者操作数据库，提高程序的数据处理能力。本节将介绍 sqlite3 模块的主要API。

9.2.1　连接数据库

sqlite3 模块的 connect()函数用于创建一个连接对象并返回，该对象将关联至一个 SQLite3 数据库文件，其调用语法为：

```
连接对象名 = sqlite3.connect(database [,timeout , other_parameters])
```

其中，database 如果是字符串 ":memory:"，则创建一个内存数据库文件；如果是文件名，可以是绝对路径或相对路径，若文件存在则打开，若不存在则创建同名文件后再打开。

当一个数据库被多个连接访问，且其中一个修改了数据库时，数据库文件将被锁定，直到事务提交。timeout 参数用于设置连接等待锁定的持续时间，直到发生异常断开连接，默认为 5 秒。

示例 9-2 展示了连接数据库的方法，对象 conn 关联至磁盘数据库文件 9-2.db。若数据库打开失败，如遇到权限问题、磁盘控件不足、文件损坏等，将会抛出异常。示例中 sqlite3.Error 是 sqlite3 模块中数据库操作错误的基类，表明在操作 SQLite3 数据库时发生了错误。请注意，实际运行中根据具体错误类型，可能会抛出 sqlite3.Error 的子类，根据实际情况处理即可。

【示例 9-2】连接数据库。

```
1.    import sqlite3
2.
3.    try:
4.        # 尝试连接到 SQLite3 数据库
5.        conn = sqlite3.connect('9-2.db')
6.        print('连接成功')
7.        conn.close()
8.    except sqlite3.Error as e:
9.        # 捕获并处理连接失败时抛出的异常
10.       print(f'连接失败: {e}')
```

9.2.2　获取游标对象

连接对象的 cursor()方法用于创建一个游标对象，该对象为指向数据库数据行的指针，提供执行 SQL 命令、获取查询结果的方法，其调用语法为：

```
connection.cursor([cursorClass])
```

其中，cursorClass 参数可以指定一个自定义的游标类，该类必须是派生于 sqlite3.Cursor 的子类。示例 9-3 展示了获取游标对象的方法。

【示例 9-3】获取游标对象。

```
1.    import sqlite3
2.
3.    try:
4.        conn = sqlite3.connect('9-3.db')
5.        c = conn.cursor()  # 获取游标对象
6.        conn.close()
7.    except sqlite3.Error as e:
8.        print(f'发生异常：{e}')
```

9.2.3　执行 SQL 命令

cursor 对象的 execute()方法用于执行 SQL 命令，该方法接收一个 SQL 语句作为参数，并支持在 SQL 语句中包含参数化查询的占位符，以提高安全性和性能，其调用语法为：

```
cursor.execute(sql[, parameters])
```

其中，sql 是要执行的 SQL 语句字符串，可以是 CREATE TABLE、INSERT INTO、UPDATE、DELETE 或 SELECT 等；parameters 是可选参数，可以是一个元组或字典，为参数化查询中的占位符。示例 9-4 展示了通过游标对象创建表并插入数据的方法，程序第 7～8 行创建了 users 表；第 9～13 行使用无参数和参数化查询两种方式向 users 表中插入记录；第 14 行提交事务，将新表和两条记录真正写入数据库文件；最后关闭游标和数据库连接。

【示例 9-4】通过游标对象创建表并插入数据。

```
1.    import sqlite3
2.
3.    try:
4.        conn = sqlite3.connect('9-4.db')
5.
6.        c = conn.cursor()
7.        c.execute('CREATE TABLE IF NOT EXISTS users (id INTEGER PRIMARY KEY, '
8.                'name TEXT, age INTEGER)')
9.        # 插入一条记录，无参数
10.       c.execute('INSERT INTO users (name, age) VALUES ("John", 35)')
11.       # 插入一条记录，使用参数化查询
12.       c.execute('INSERT INTO users (name, age) VALUES (?, ?)',
13.           ('Alice', 30))
14.       conn.commit()  # 提交事务
15.
16.       c.close()  # 关闭游标
17.       conn.close()  # 关闭数据库
18.    except sqlite3.Error as e:
19.        print(f'发生异常：{e}')
```

示例 9-5 展示了通过游标对象更新数据和删除数据的方法。

【示例 9-5】游标对象更新和删除数据。

```
1.   import sqlite3
2.
3.   try:
4.       conn = sqlite3.connect('9-4.db')
5.
6.       c = conn.cursor()
7.       # 将 users 表里 name="John"的记录中的 age 字段设置为 31
8.       c.execute('UPDATE users set age=31 WHERE name="John"')
9.       # 删除 users 表中 name="Alice"的记录
10.      c.execute('DELETE FROM users WHERE name="Alice"')
11.      conn.commit()
12.
13.      c.close()
14.      conn.close()
15.  except sqlite3.Error as e:
16.      print(f'发生异常: {e}')
```

9.2.4 查询数据与遍历结果

若要在数据库中查询记录，需使用游标对象的 execute()方法执行 SELECT 语句，返回查询结果。查询结果集会存储在游标的内部缓冲区中，也可以通过调用游标对象的 fetchone()、fetchmany()或 fetchall()方法获取。

1. cursor.fetchone()

cursor 对象的 fetchone()方法从游标内部缓冲区中获取查询结果的下一行，如果成功获取一行数据，将返回包含该行数据的元组，如果没有更多数据可获取则返回 None，适合需要逐行处理查询结果的场景。

示例 9-6 展示了 fetchone()方法的使用。程序第 8 行执行 SELECT 语句查询 users 表中的所有记录，第 10 行先调用一次 fetchone()方法，获取结果集的第一条记录存放在变量 row 中，然后使用 while 循环，只要 row 不为 None，就输出相应查询结果，然后调用 fetchone()方法获取结果集的下一条记录，直到所有记录都被遍历、fetchone()方法返回 None 为止。

【示例 9-6】fetchone()方法的使用。

```
1.   import sqlite3
2.
3.   try:
4.       conn = sqlite3.connect('9-4.db')
5.
6.       c = conn.cursor()
7.       # 去 users 表里查询所有记录
8.       results = c.execute('SELECT * FROM users')
9.       # 获取查询结果的第一行
10.      row = results.fetchone()
11.      while row is not None:  # 只要获取结果不为 None
12.          print(row)  # 输出该条查询结果
13.          row = cursor.fetchone()  # 获取下一行
14.
15.      c.close()
16.      conn.close()
17.  except sqlite3.Error as e:
```

```
18.        print(f'发生异常: {e}')
19.
20.    '''
21.    输出结果:
22.    (1, 'John', 35)
23.    (2, 'Alice', 30)
24.    '''
```

2. cursor.fetchmany(size)

cursor 对象的 fetchmany(size)方法从游标内部缓冲区中获取指定数量的查询结果,返回一个以元组对象为元素的列表, 每个元组代表一行数据, 如果结果集中的记录少于指定的 size, 则返回所有记录。

示例 9-7 展示了通过 fetchmany()方法获取前 n 条记录的方法。程序第 8 行在 users 表中查询每条记录的 name 和 age,并将所有查询结果按 age 升序排列,这样结果集中的记录即按年龄从小到大排序。程序第 10 行调用 fetchmany(3)取出前 3 行记录, 即年龄最小的 3 人。

【示例 9-7】fetchmany()方法的使用。

```
1.    import sqlite3
2.
3.    try:
4.        conn = sqlite3.connect('9-6.db')
5.
6.        c = conn.cursor()
7.        # 去 users 表里查询所有记录, 取 name 列和 age 列, 并按 age 升序排列
8.        results = c.execute('SELECT name, age FROM users ORDER BY age ASC')
9.        # 获取查询结果的第 3 行, 即年龄最小的 3 个人
10.       rows = results.fetchmany(3)
11.       for r in rows:  # rows 是包含 3 个元组的列表对象
12.           print(r)  # 每个元组代表一条查询结果
13.
14.       c.close()
15.       conn.close()
16.   except sqlite3.Error as e:
17.       print(f'发生异常: {e}')
18.
19.   '''
20.   输出结果:
21.   ('Sue', 20)
22.   ('Leo', 21)
23.   ('Mary', 22)
24.   '''
```

3. cursor.fetchall()

cursor 对象的 fetchall()方法从游标内部缓冲区当前的所有结果中, 返回一个以元组对象为元素的列表, 每个元组代表一行数据。调用 fetchall()方法后, 游标内部缓冲区会清空, 后续调用 fetchone()方法或 fetchmany(size)方法不再返回任何数据, 除非再次执行 cursor 对象的 execute()方法。示例 9-8 展示了 fetchall()方法的使用方法。

【示例 9-8】fetchall()方法的使用。

```
1.    import sqlite3
2.
3.
```

```
4.    try:
5.        conn = sqlite3.connect('9-4.db')
6.
7.        c = conn.cursor()
8.        # 去 users 表里查询所有记录
9.        results = c.execute('SELECT * FROM users')
10.       # 取出当前缓冲区中的所有结果
11.       rows = results.fetchall()
12.       for r in rows:
13.           print(r)
14.
15.       # 验证游标内部缓冲区是否已经清空
16.       rows = cursor.fetchone()
17.       print('fetchone()结果: ', rows)
18.
19.       c.close()
20.       conn.close()
21.   except sqlite3.Error as e:
22.       print(f'发生异常: {e}')
23.
24.   '''
25.   输出结果:
26.   (1, 'John', 35)
27.   (2, 'Alice', 30)
28.   fetchone()结果: None
29.   '''
```

9.2.5　事务提交与回滚

connection 对象的 commit()方法用于提交当前事务。在数据库操作中，事务是一系列操作的逻辑单元，这些操作要么全部执行，要么全部不执行。事务确保了数据库从一个一致的状态转换到另一个一致的状态。如果事务中的某个操作执行失败，或者事务被显式地回滚，所有在该事务中执行的操作都会被撤销，数据库将恢复到事务开始之前的状态。

当使用 execute()方法执行修改数据库的操作（如插入、更新、删除等）时，这些操作并不会立即修改数据库文件，而是被暂存在当前的事务中，只有当事务被提交时，这些修改才会写入数据库永久保存。

commit()方法的作用就是将这些暂存的更改永久地写入数据库，示例 9-4 和示例 9-5 中都调用了该方法。如果不调用 commit()方法，而是在执行修改操作后直接关闭数据库连接或程序意外终止，这些更改可能会丢失。而查询操作不涉及数据库修改，因此不需要执行 commit()方法。

如果在执行一系列操作时遇到错误，并决定放弃更改，可以使用 connection 对象的 rollback()方法撤销更改，将数据库恢复到事务开始之前的状态。

9.2.6　关闭资源

当数据库连接、游标对象等资源使用完毕后，应当调用 close()方法正确关闭这些资源，其调用语法为：

```
cursor.close()
connection.close()
```

【实战 9-1】sqlite3 模块运用：设计学生信息数据库

【需求描述】

设计一个基于 sqlite3 模块的学生信息数据库系统，该系统能够实现对学生信息的管理，具体需求如下。

1. 学生信息数据表

设计一个包含学生姓名、学号和电话号码的数据表，用于存储学生信息。

2. 学生信息管理功能

允许用户提交新增学生信息、删除学生信息、修改学生信息和查询学生信息的任务。

3. 命令行界面菜单

设计一个简洁明了的命令行界面菜单，用户可以通过菜单选项选择不同的功能，并实现上述学生信息管理功能。

【实战解析】

本实战涉及的编程要点如下。

1. sqlite3 模块的使用

程序需要使用 sqlite3 模块完成创建数据库、创建数据表、执行 SQL 语句等操作，支持对学生信息的添加、删除、修改和查询。

2. 数据表设计

设计一个包含学生姓名、学号和电话号码的数据表是本实战的基础，这需要理解数据表的结构，包括字段名称、数据类型以及可能的约束（如学号的唯一性等），以及对数据的增、删、改、查操作。

3. 命令行界面菜单

程序实现命令行界面，需要使用基本输入输出函数，以及可能的条件判断和循环结构，以接收用户输入，并根据用户的选择调用相应的功能。

4. 错误处理和用户提示

程序需要考虑可能出现的错误情况（如输入非法字符、删除不存在的记录等），并给出相应的错误提示。

5. 数据完整性和安全性

程序需要确保数据的完整性和安全性，例如学号作为唯一标识符，应确保不重复出现。同时，对于敏感操作（如删除、修改等），应提供确认提示，以确保操作的安全性。

【实战指导】

1. 准备数据库

设计学生信息数据表 students，包含字段：学号、姓名、电话号码。可以使用 DBeaver 等可视化数据库管理工具创建数据库、数据表并插入测试数据，也可以在程序的初始化部分利用 sqlite3 模块完成。

2. 封装学生信息管理功能

（1）添加学生信息：提示用户输入新学生的姓名、学号和电话号码，使用游标对象的 execute() 方法执行 INSERT 语句将新学生信息添加到数据库。

（2）删除学生信息：提示用户输入待删除学生的学号，使用游标对象的 execute() 方法执行 DELETE 语句删除对应的学生信息。

（3）修改学生信息：提示用户输入待修改学生的学号，以及新的姓名和电话号码，使用游标对象的 execute() 方法执行 UPDATE 语句更新对应的学生信息。

（4）查询学生信息：提示用户输入查询条件（学号），使用游标对象的 execute() 方法执行 SELECT 语句查询数据库，并显示符合条件的学生信息。

应为每个功能函数添加必要的错误处理逻辑，以处理可能出现的异常情况（如输入错误、数据库连接失败等）。同时应提供友好的用户提示，指导用户正确操作，并在执行敏感操作时再次确认用户意图，例如删除、更新前提醒用户再次确认操作。

3. 主程序

在主程序部分，创建命令行界面菜单，列出所有可用功能选项，使用"while 循环+input() 函数"接收用户的选择，并根据用户的选择调用相应的功能函数。

【参考代码】

```
1.   import time
2.   import sqlite3
3.
4.   #打开数据库
5.   def conn_db():
6.       con=sqlite3.connect("stu.db")
7.       con.execute("create table if not exists  students(id primary key,name,tel)")
8.       cur=con.cursor()
9.       return con,cur
10.
11.  #查询全部记录
12.  def show_all():
13.      print("现有数据: ")
14.      cur_1=conn_db()[1]
15.      cur_1.execute("select id,name,tel from  students")
16.      for row in cur_1:
17.          print(row)
18.
19.  #输入信息
20.  def input_info():
21.      name=input("输入姓名: ")
22.      id=input("输入学号: ")
23.      tel=input("输入电话号码: ")
24.      return name,id,tel
25.
26.  #向数据库中添加内容
27.  def add_data():
28.      print("数据添加功能")
29.      one=input_info()
30.      cur_1=conn_db()
31.      cur_1[1].execute("insert into  students(id,name,tel) values(?,?,?)",(one[1],one[0],one[2]))
32.      cur_1[0].commit()
```

```
33.        print("数据添加成功")
34.
35.    #删除数据库中的内容
36.    def delete_data():
37.        print("数据删除功能")
38.        del_id=input("请输入学号: ")
39.        del_id = "'" + del_id + "'"
40.        cur_1=conn_db()
41.        cur_1[1].execute("delete from  students where id="+del_id)
42.        cur_1[0].commit()
43.        print("数据删除成功")
44.        show_all()
45.        #关闭游标对象
46.        cur_1[1].close()
47.
48.    #修改学生信息
49.    def alter_data():
50.        print("数据修改功能")
51.        change_id=input("请输入学号: ")
52.        change_id="'"+change_id+"'"
53.        cur_1=conn_db()
54.        person=input_info()
55.        #更新数据使用 SQL 语句中的 update
56.        cur_1[1].execute("update  students set name = ? ,tel = ? where id ="+change_id,
(person[0],person[2]))
57.        #游标事务提交
58.        cur_1[0].commit()
59.        show_all()
60.        cur_1[1].close()
61.
62.    #查询学生信息
63.    def query_data():
64.        print("数据查询功能")
65.        choice_id=input("输入学号: ")
66.        choice_id = "'" + choice_id + "'"
67.        cur_1=conn_db()
68.        cur_1[1].execute("select id,name,tel from  students where id ="+choice_id)
69.        print("查询结果如下。")
70.        for row in cur_1[1]:
71.            print(row)
72.        cur_1[1].close()
73.
74.
75.    if __name__=="__main__":
76.        start_clock=time.time()
77.        a=1
78.        print("**学生信息**")
79.        while a:
80.            content="""
81.    1.添加学生信息
82.    2.删除学生信息
83.    3.修改学生信息
```

```
84.      4.查询学生信息
85.      5.显示全部记录
86.      6.关闭数据库
87.      选择想要进行的操作：
88.         """
89.         choice=input(content)
90.         if choice=="1":
91.             add_data()
92.         elif choice=="2":
93.             delete_data()
94.         elif choice=="3":
95.             alter_data()
96.         elif choice=="4":
97.             query_data()
98.         elif choice=="5":
99.             show_all()
100.        elif choice=="6":
101.            a=0
102.        else:
103.            print("输入错误，请重新输入")
```

本章小结与知识导图

　　本章总结了 SQLite3 数据库的主要特点、sqlite3 模块的核心 API，同时详细叙述了如何连接数据库、查询数据库数据、插入数据库数据、更新数据库数据和删除数据库数据，最后提供了一个简单的数据库应用程序实战案例。

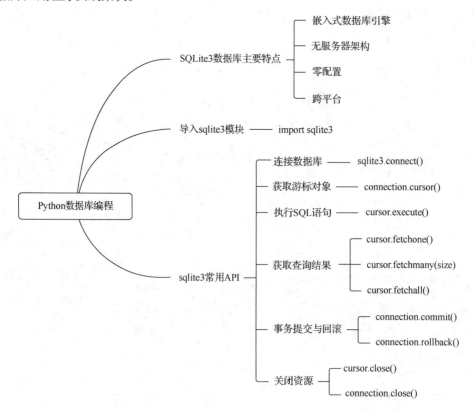

习题

一、选择题

1. 在 Python 中，模块（　　）用于操作 SQLite3 数据库。
   A. sqlite　　　　B. sqlite3　　　　C. pysqlite　　　　D. pysql

2. 使用 sqlite3 模块时，（　　）用于创建与 SQLite3 数据库的连接。
   A. sqlite3.open()　　B. sqlite3.connect()　　C. sqlite3.link()　　D. sqlite3.bind()

3. 游标对象的（　　）方法用于执行 SQL 语句并返回查询结果。
   A. execute()　　　　B. query()　　　　C. fetch()　　　　D. run()

4. 在 sqlite3 中，使用（　　）对象执行 SQL 语句和获取查询结果。
   A. connection　　　B. cursor　　　　C. row　　　　D. result

5. 当使用 sqlite3 模块向数据库中插入数据时，（　　）方法用于提交事务。
   A. commit()　　　　B. save()　　　　C. update()　　　　D. insert()

6. 在 sqlite3 中，（　　）方法用于关闭数据库连接。
   A. close_connection()　　　　　　　B. disconnect()
   C. end()　　　　　　　　　　　　　D. close()

7. 如果 SQLite3 数据库文件不存在，sqlite3.connect()函数会（　　）。
   A. 报错并退出程序　　　　　　　　B. 自动创建新的数据库文件
   C. 等待用户创建数据库文件　　　　D. 无任何反应

8. 在 sqlite3 中，（　　）方法用于获取查询结果的单条记录。
   A. fetchone()　　　B. getrow()　　　C. getrecord()　　　D. select()

9. 在 sqlite3 中，可使用（　　）检查游标对象是否有可用的查询结果。
   A. has_result()　　B. fetch_available()　　C. row_exists()　　D. fetchone() is not None

10. sqlite3 模块中，获取查询结果中所有记录的方法是（　　）
    A. fetchone()　　　B. fetchall()　　　C. getrows()　　　D. getall()

二、简答题

1. 简述 SQLite3 数据库特点。
2. 简述使用 sqlite3 模块开发数据库应用程序的一般步骤。

三、实践题

1. 结合第 7 章实战中简易番茄钟的代码，设计一个存放任务信息的数据库，将任务保存在数据库中，通过 sqlite3 模块对任务进行增、删、改、查的操作。

扩展功能：为番茄钟增加 GUI，使用户可以在 GUI 界面上方便地完成任务管理、任务启动、暂停等工作。

2. 使用 sqlite3 模块设计一个图书管理系统。创建一个名为 library.db 的 SQLite3 数据库，并设计一个包含书名、作者名、出版社和库存数量的数据表。编写 Python 脚本文件，实现以下功能。

（1）创建数据库和表结构。
（2）提供增加/删除功能，允许管理员在数据库中添加新书或者删除记录。
（3）提供查询功能，允许用户根据书名或作者名查询图书信息。
（4）提供借书功能，允许用户借阅指定书名的图书，并更新库存数量。
（5）提供还书功能，允许用户归还已借阅的图书，并更新库存数量。
扩展功能：提供 GUI，使用户能够在 GUI 上方便地管理图书数据。

3. 使用 sqlite3 模块设计一个个人记账应用。创建一个名为 accounting.db 的 SQLite3 数据库，并设计一个包含账目类型（如收入、支出）、金额、日期和备注的表。编写 Python 脚本文件，实现以下功能。

（1）创建数据库和表结构。

（2）提供增加/删除功能，允许用户在数据库中添加新的账目或删除记录。

（3）提供查询功能，允许用户根据日期范围或账目类型查询账目记录。

（4）提供统计功能，计算指定日期范围内的总收入、总支出和结余。

（5）提供导出功能，将查询结果导出为 CSV 文件，方便用户在其他程序中查看或分析。

扩展功能：提供 GUI，使用户能够在 GUI 上方便地管理账目数据。